高野保光的優美住宅設計

高野保光
遊空間設計室

瑞昇文化

contents

chapter 1

建地

連接內部與外部

8 從站在建地上做起
10 透過設計來串連記憶
12 激發出建地的魅力
14 活用高低落差的設計規劃
16 融入街道
18 格子門窗所呈現的柔和景色
20 風格很簡約的玄關四周
22 展示／關上 保持整潔
24 圍牆與籬笆要適才適用
26 因為位於市區所以要重視與外部的聯繫
28 透過我的住宅來打造街道
30 連接內部與外部空間的日式手法
32 充滿魅力的屋簷下空間
34 既方便行走又有漂亮景色的通道
36 不要受限於南側庭院
38 小庭院的大作用
40 重新審視環境是打造庭院的第一步

chapter 2

生活空間

設計舒適的生活空間

44 在現代活用數寄精神
46 自在地掌控空間的連接／區隔
48 再次審視空間的連接
50 透過留白感與偏移來營造出從容感
52 以縱向與橫向的方式來呈現縱深感
54 連接向外延伸的外部空間
56 能與外部產生聯繫的旗竿地住宅
58 小小的留白感 大大的滿足
60 設計房間配置圖時不要把起居室視為前提
62 何處是家人的聚集場所？
64 也能擺放沙發的榻榻米客廳
66 為混凝土增添表情
68 不要設計成普通的一室格局
70 讓人難以分辨日式與西式風格的界線
72 在住宅內打造一個中心
74 將住宅的中心設置在室外

chapter 3

房間

兼顧功能與設計

78 想要有可以獨處的生活空間
80 狹小住宅更應透過剖面圖來思考空間設計
82 能夠配合孩子的成長來變化的兒童室
84 採用讓人易於交流的房間布局
86 透過室內窗來進行交流
88 在和室內打造適當的高度與柔和度
90 透過極小空間來呈現住宅的縱深感
92 在榻榻米房間內設置凹間
93 需從茶室矮門進入的丈夫書房
94 男人的生活空間打造成書房
96 大家都滿意的休閒空間
98 會令人產生期待的隧道狀玄關
100 模糊的邊界也能使空間運用變得更加靈活
102 善用玄關旁邊的榻榻米房間
104 能夠有效率做家事的住宅
106 最棒的是符合我喜好的廚房
108 易於行動的住宅很舒適
110 不怕被別人看見的悠閒浴室
112 位於廂房的露天浴池氣氛很棒
114 將浴室設置在2樓的樓中樓時要留意視線
115 盥洗室也要講求舒適度
116 設置第二個盥洗區
117 讓廁所空間呈現良好的氣氛

chapter 4

光線

掌控陰影

120 微暗的通道恰到好處
122 掌控光線
124 在黑暗中靜靜地綻放光芒的光線
126 透過擴散開來的光線來打造出安穩的空間
128 在光線旁生活
130 在餐桌上打造出可以吸引人群的向心性光線
132 用來點綴生活空間的光線設計
133 透過溫和的光線來照亮深處
134 透過光線來打造舒適的樓梯空間
136 稍微調暗光線享受夜晚時光

chapter 5

細節

為了讓生活更加舒適的講究設計

140 以立體方式來搭配窗戶
141 看起來不像窗戶的室內窗
142 重點在於打開／關上之間的平衡
144 能夠帶來綠意和光線的高側窗
146 正因為是小窗戶所以更不能偷工減料
148 大門中也蘊含著款待之心
149 消除盥洗室大門的存在感
150 透過簡約的楣窗來讓空間呈現整體感
152 既美觀又實用的樓梯
154 兼具功能性與設計感的複合材質樓梯
155 最簡單也最好的鋼骨樓梯
156 能夠突顯光線的簡約家具
158 不著痕跡的優秀設計
160 就是要席地而坐的日式客廳
161 透過兼用式設計來打造出清爽的大門
162 小小的留白感能使生活更加豐富

164 column 打造一個家　試著住看看

166 index

174 後記

chapter 1

建地

連接內部與外部

雖然我家的庭院很狹小，但只要一到了春天，小蔓長春花就會持續不斷地開出小小的紫色花朵。有些地方在白天會一直照得到陽光，有些地方則只有在早上或黃昏才照得到陽光，即使是相同的花，也會呈現不同的表情與色調。令我驚訝的是，植物會直接承受些微的環境差異，表現出勇敢又頑強的生命力，我每天都會實際感受到建地內的各種特有的光線與環境。

從前，日本的住宅會藉由庭院，將時時刻刻都在變化的光線與風、四季的風景帶進室內，甚至會深深地將其烙印在居住者的內心中。透過很深的屋簷來遮蔽陽光，讓室內籠罩在隔著日式拉門照進來的柔和間接光線中。雖然處於「夏季高溫多濕、冬季低溫低濕」這種嚴苛的氣候與環境中，但還是能夠一邊與庭院（外部）保持聯繫，一邊準備好在該處生活一整年所需的必要功能，具備簡樸又清爽的設計感。

不過，隨著經濟成長，產生了所謂的「郊外」地區，性質均勻的風景持續延伸，變得不易看到各地區所擁有的固有特色與地區特性。在20世紀曾對歐洲建築與現代藝術造成很大影響的日式純淨審美觀，似乎也消失了。

實際站在建地上，思慕在該處度過的時光與生活，與光線、風、植物對話，藉此就能感受到該處的特有價值。各個建地不應是普遍性的存在，也不是抽象的符號。我們也可以說，在今後的住宅設計中，必須進行「找回特色」這項工作。

這應該也會對住戶的自我認同和居住舒適度產生影響。正因為是現代的高性能住宅，所以在住宅中，必須連接具體場所的光線、風、氣氛，讓人能夠欣賞四季變化，並讓室內與室外空間美麗地融合。

照片：羊腸小道之家

從站在建地上做起

在設計時，第一步為觀察計畫地與其周圍，並用身體去感受。

前往當地後，當然要調查建地的邊界、高低差距、設備供應、相鄰道路的狀況，同時也要確認採光、通風、排水、地基的狀態。而且還要在建地上行走，看看從該處可以看到什麼樣的景色。接著，還要在建地附近走走，從遠處眺望該片土地……。與其說是仔細觀察，不如說是去傾聽內心與身體所感受到的事物。一邊想像著土地的歷史、時光與季節的變遷，一邊看著建地進行思考，藉此就能漸漸地看出「最舒適的場所」、「最能讓人靜下心來的高度」。當然，這些也經常會對停車空間等整體計畫造成很大影響。也別忘了事先記住屋主的要求。

從東側道路所看到的建築物外觀。建地的東側．北側有櫸木行道樹等豐富綠意，像是要與其呼應似的，建地內也充滿了高聳的綠色植物。

從調查到設計規劃

「宇都宮之家」1樓平面圖 [S＝1：150]

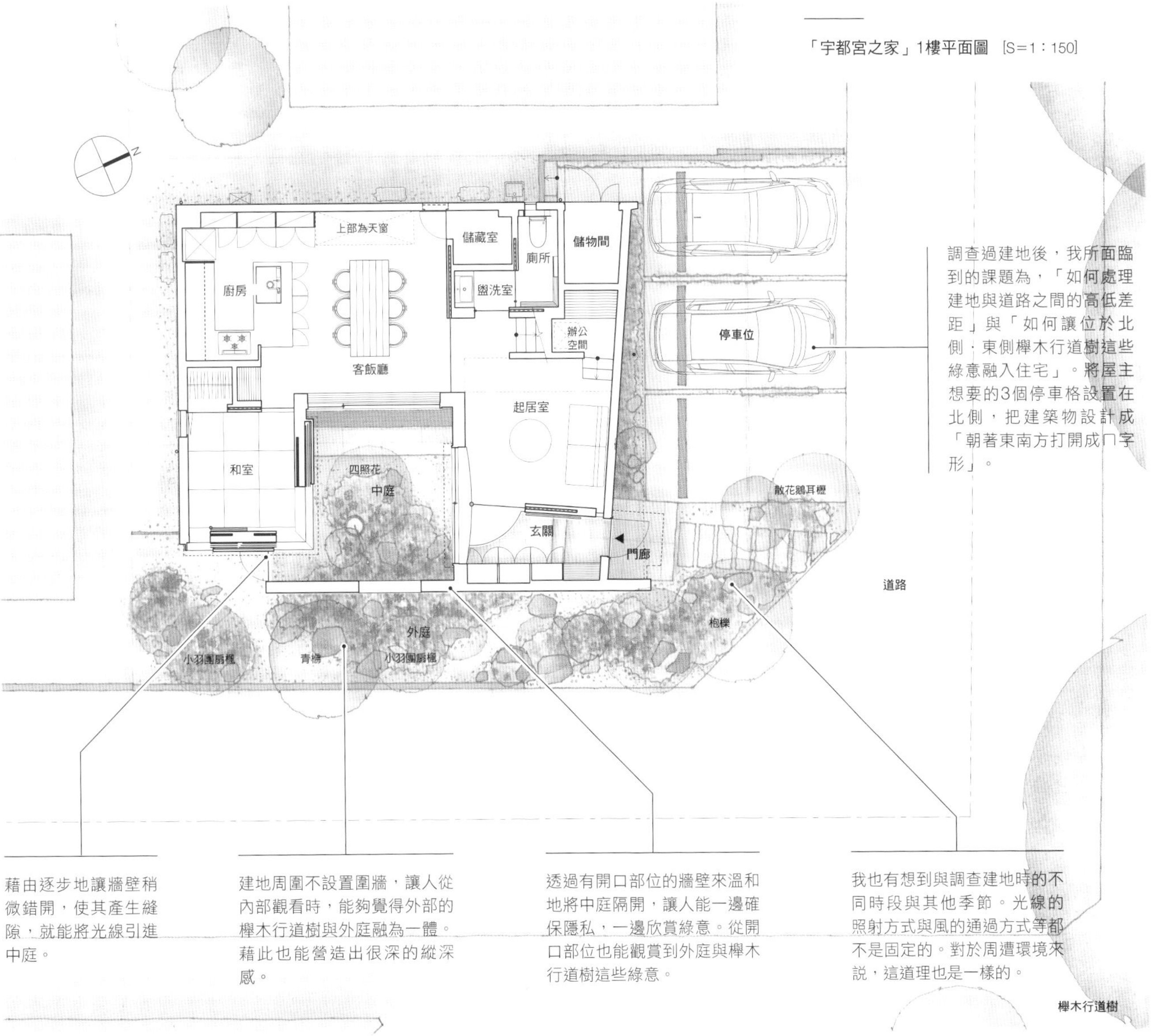
上部為天窗
儲藏室
廁所
儲物間
廚房
盥洗室
辦公空間
停車位
客飯廳
起居室
和室
四照花
中庭
散花鵝耳櫪
玄關
門廊
道路
外庭
枹櫟
小羽團扇楓
青梻
小羽團扇楓
櫸木行道樹

調查過建地後，我所面臨到的課題為，「如何處理建地與道路之間的高低差距」與「如何讓位於北側．東側櫸木行道樹這些綠意融入住宅」。將屋主想要的3個停車格設置在北側，把建築物設計成「朝著東南方打開成ㄇ字形」。

藉由逐步地讓牆壁稍微錯開，使其產生縫隙，就能將光線引進中庭。

建地周圍不設置圍牆，讓人從內部觀看時，能夠覺得外部的櫸木行道樹與外庭融為一體。藉此也能營造出很深的縱深感。

透過有開口部位的牆壁來溫和地將中庭隔開，讓人能一邊確保隱私，一邊欣賞綠意。從開口部位也能觀賞到外庭與櫸木行道樹這些綠意。

我也有想到與調查建地時的不同時段與其他季節。光線的照射方式與風的通過方式等都不是固定的。對於周遭環境來說，這道理也是一樣的。

從面向中庭的2樓屋頂陽台觀看東側的外庭、位於深處的櫸木行道樹。一邊遮蔽來自外部的視線，一邊讓綠意從內部延伸到外部。

「宇都宮之家」32／44／78／115／117／140／144／152頁

透過設計來串連記憶

無論是哪片土地，都有其獨特的故事，以及該處才有的力量。只要進行建地調查，肯定會遇見驚奇與新發現。在該處緬懷現存之物與曾經存在之物，將其與今後要住在此處的每一位家庭成員的生活型態和要求重疊在一起，構思住宅的模樣。我想要打造出，透過新的設計來繼承該土地與建築所擁有的「記憶」的住宅。

「羊腸小道之家」原本蓋在屋主的祖父母所居住的土地上。雖然是兩層樓住宅，不過藉由降低道路側的住宅高度，就能和以前的住宅一樣，在群樹的圍繞下，靜靜地佇立著。

緬懷建地的記憶

「羊腸小道之家」
老屋素描

石板路通道會通過2棵很大的楓樹，與住宅相連。從外部可以清楚地看到過去經過細心修整的庭院。

進行建地調查時所看到的老房子是採用瓦片屋頂的木造平房。

新住宅採用能夠繼承「該建地所擁有的記憶」的設計。原有的楓樹維持原狀，石板路通道會連接到屋頂較低的建築。

能夠繼承土地記憶的設計

「羊腸小道之家」
1樓平面圖 [S＝1：100]

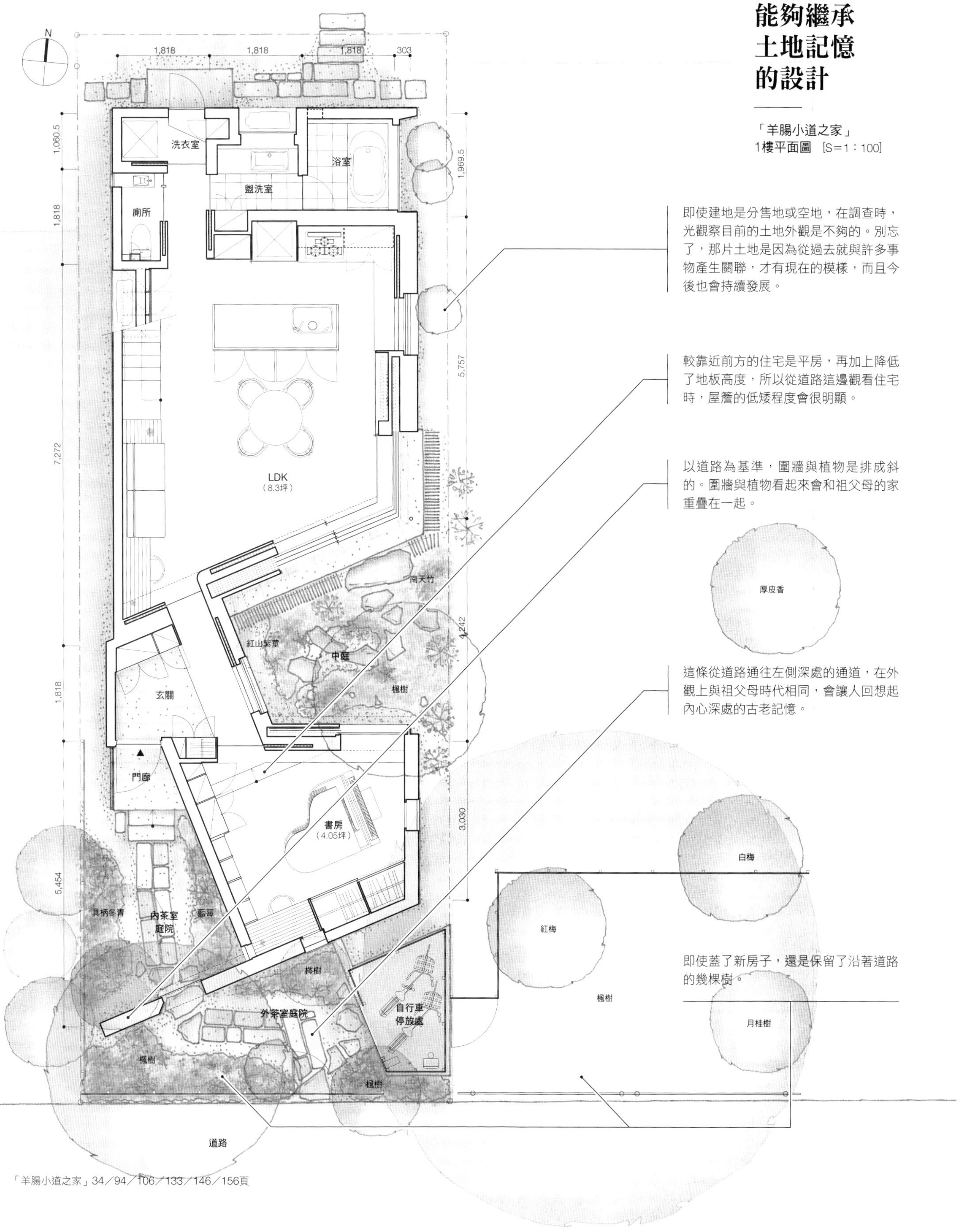
N
1,818
1,818
1,818
303
1,060.5
1,818
7,272
1,818
5,454
1,969.5
5,757
4,242
3,030
洗衣室
浴室
盥洗室
廁所
LDK
（8.3坪）
南天竹
紅山紫莖
中庭
楓樹
玄關
門廊
書房
（4.05坪）
具柄冬青
內茶室庭院
藍莓
櫸樹
外茶室庭院
自行車停放處
楓樹
楓樹
道路
厚皮香
白梅
紅梅
楓樹
月桂樹

即使建地是分售地或空地，在調查時，光觀察目前的土地外觀是不夠的。別忘了，那片土地是因為從過去就與許多事物產生關聯，才有現在的模樣，而且今後也會持續發展。

較靠近前方的住宅是平房，再加上降低了地板高度，所以從道路這邊觀看住宅時，屋簷的低矮程度會很明顯。

以道路為基準，圍牆與植物是排成斜的。圍牆與植物看起來會和祖父母的家重疊在一起。

這條從道路通往左側深處的通道，在外觀上與祖父母時代相同，會讓人回想起內心深處的古老記憶。

即使蓋了新房子，還是保留了沿著道路的幾棵樹。

「羊腸小道之家」34／94／106／133／146／156頁

無論在家中，還是在街上，都能看到遼闊天空

「光邊之家」
剖面圖 [S=1：75]

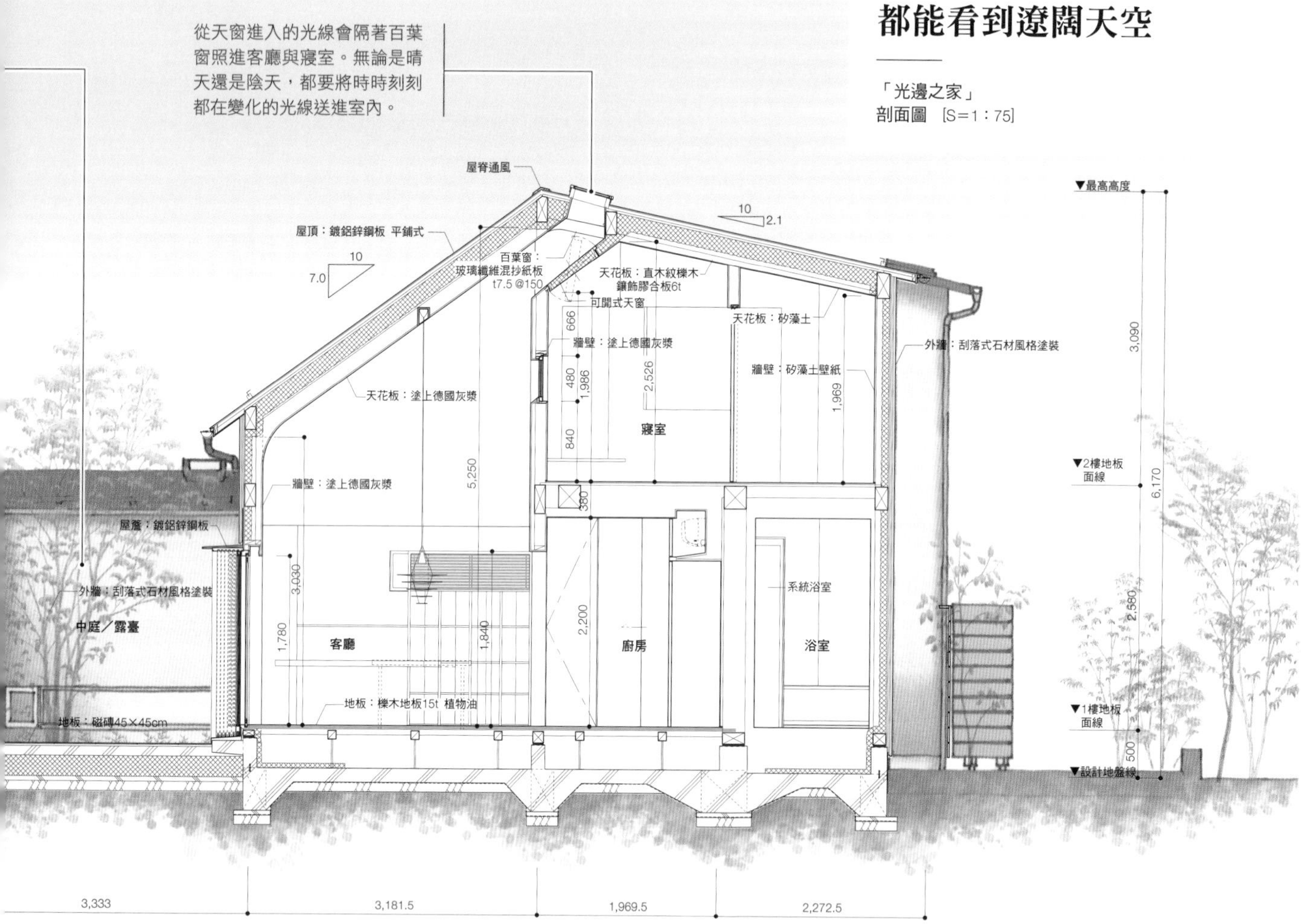
從天窗進入的光線會隔著百葉窗照進客廳與寢室。無論是晴天還是陰天，都要將時時刻刻都在變化的光線送進室內。
屋脊通風
屋頂：鍍鋁鋅鋼板 平鋪式
10
7.0
10
2.1
百葉窗：
玻璃纖維混抄紙板
t7.5 @150
天花板：直木紋櫟木
鑲飾膠合板6t
可開式天窗
天花板：矽藻土
外牆：刮落式石材風格塗裝
牆壁：塗上德國灰漿
牆壁：矽藻土壁紙
天花板：塗上德國灰漿
寢室
牆壁：塗上德國灰漿
屋簷：鍍鋁鋅鋼板
外牆：刮落式石材風格塗裝
中庭／露臺
客廳
廚房
浴室
系統浴室
地板：櫟木地板15t 植物油
地板：磁磚45×45cm
▼最高高度
▼2樓地板面線
▼1樓地板面線
▼設計地盤線
3,090
6,170
2,580
500
5,250
3,030
1,780
1,840
2,200
2,526
1,969
1,986
666
480
840
380
3,333
3,181.5
1,969.5
2,272.5

激發出建地的魅力

透過建地調查，可以找出該土地的魅力，並將其融入住宅格局中，這一點也是房屋設計的醍醐味。當然，藉由設計，也能將原本可說是缺點的部分轉變為精彩畫面。舉例來說，在住宅地內，沿著狹窄道路興建的兩層樓、三層樓住宅櫛比鱗次排列著。如果能在此處興建一棟「視線不會被任何東西遮蔽，而且可以看到一大片藍天」的住宅的話，那該有多好。

「光邊之家」是一棟蓋在住宅密集地區的中庭型住宅。雖然四周不管怎麼看都是建築物，為了不讓其他住宅出現在從窗戶看到的景色中，所以要調整窗戶的位置與大小。一走進中庭的露臺，姬沙羅的綠葉就會映入眼簾，抬頭一看，則是廣闊的清澈藍天。另外，還要將道路側的建築物設計成平房，如此一來，路上的行人也能看到廣闊的視野。

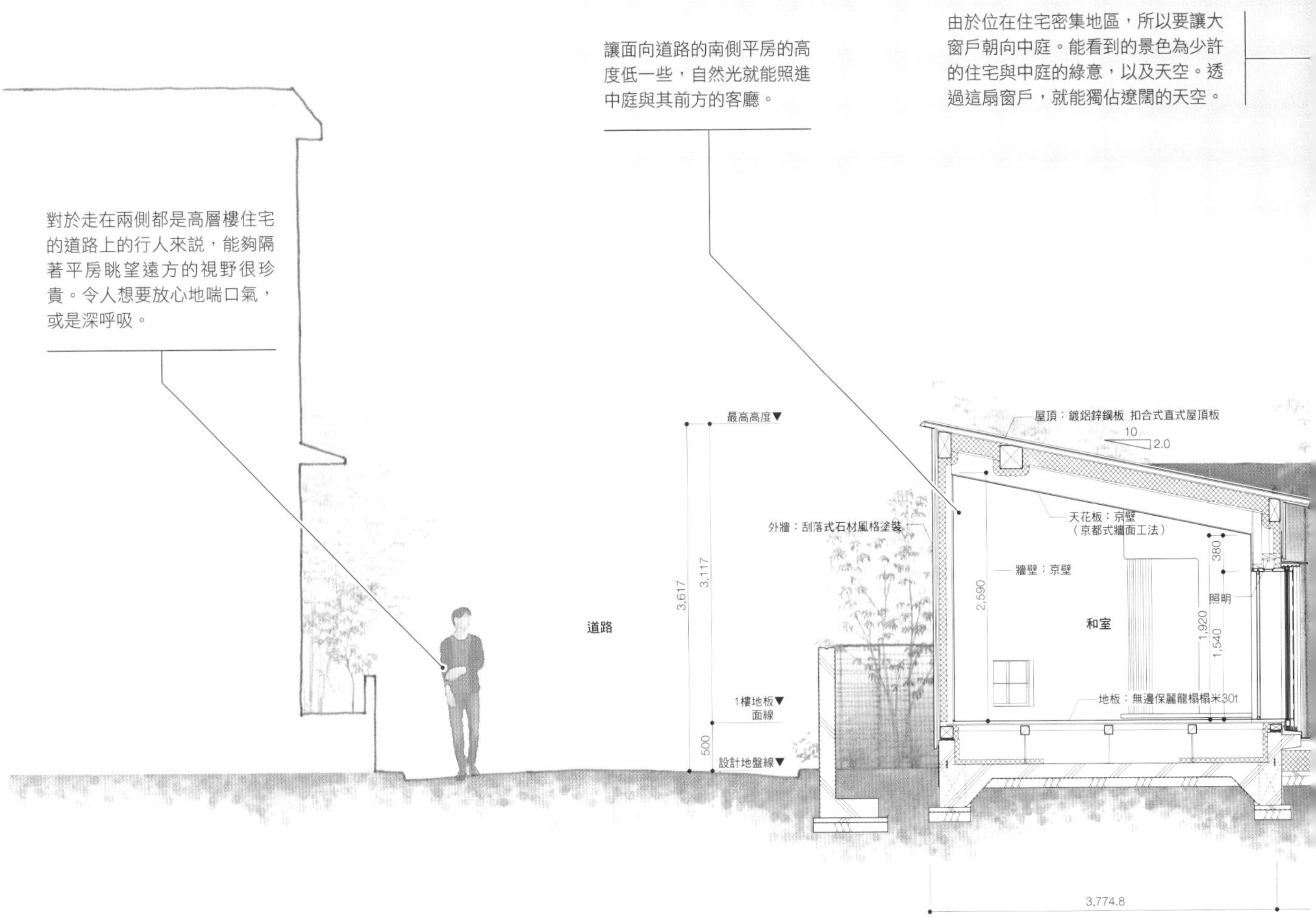
由於位在住宅密集地區，所以要讓大窗戶朝向中庭。能看到的景色為少許的住宅與中庭的綠意，以及天空。透過這扇窗戶，就能獨佔遼闊的天空。
讓面向道路的南側平房的高度低一些，自然光就能照進中庭與其前方的客廳。
對於走在兩側都是高層樓住宅的道路上的行人來說，能夠隔著平房眺望遠方的視野很珍貴。令人想要放心地喘口氣，或是深呼吸。
最高高度▼
3,617
3,117
道路
1樓地板▼面線
500
設計地盤線▼
屋頂：鍍鋁鋅鋼板 扣合式直式屋頂板
10
2.0
外牆：刮落式石材風格塗裝
天花板：京壁
（京都式牆面工法）
牆壁：京壁
2,590
380
照明
1,920
1,540
和室
地板：無邊保麗龍榻榻米30t
3,774.8

從道路上可以看到的建築物只有平房部分。街上行人的視野也會變得遼闊，可以眺望遠方的天空。在兩層樓建築宛如牆壁般地排成一列的街道上，這種景象很珍貴。

「光邊之家」24／46／92／128／155頁

活用高低落差的設計規劃

在與道路之間有高低落差的建地內進行房屋設計時，「包含通道與庭院在內，要如何連接住宅與道路？」、「要讓住宅在街道上呈現何種模樣？」會變得特別重要。要從很早的階段就透過「包含建地在內的剖面圖／立面圖的素描或模型」等來想像住宅的高度，以立體的方式來進行設計規劃。

在「千駄木之家」中，比道路高出1公尺的建地上蓋了鋼筋混凝土結構的半地下車庫，其上方的2層樓木造部分則是居住空間。1樓的高度不用在意路上行人的視線，與庭院之間的關係也不差。由於除去了通道周圍的鬆軟土壤，所以擋土牆不會往正面突出，也不會對路上行人造成壓迫感。

將缺點轉變為優點

「千駄木之家」
剖面透視圖 [S=1：75]

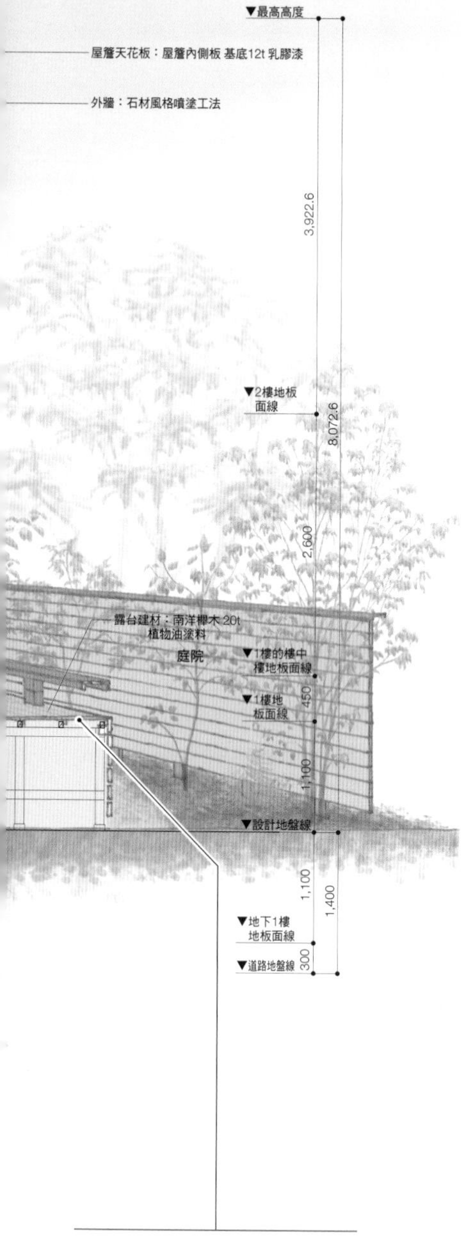
▼最高高度
屋簷天花板：屋簷內側板 基底12t 乳膠漆
外牆：石材風格噴塗工法
3,922.6
▼2樓地板面線
8,072.6
2,600
露台建材：南洋櫸木 20t 植物油塗料
庭院
▼1樓的樓中樓地板面線
450
▼1樓地板面線
1,100
▼設計地盤線
1,100
1,400
▼地下1樓地板面線
300
▼道路地盤線

由於1樓和庭院有高低落差，所以要製作露臺來順利地連接內外空間。

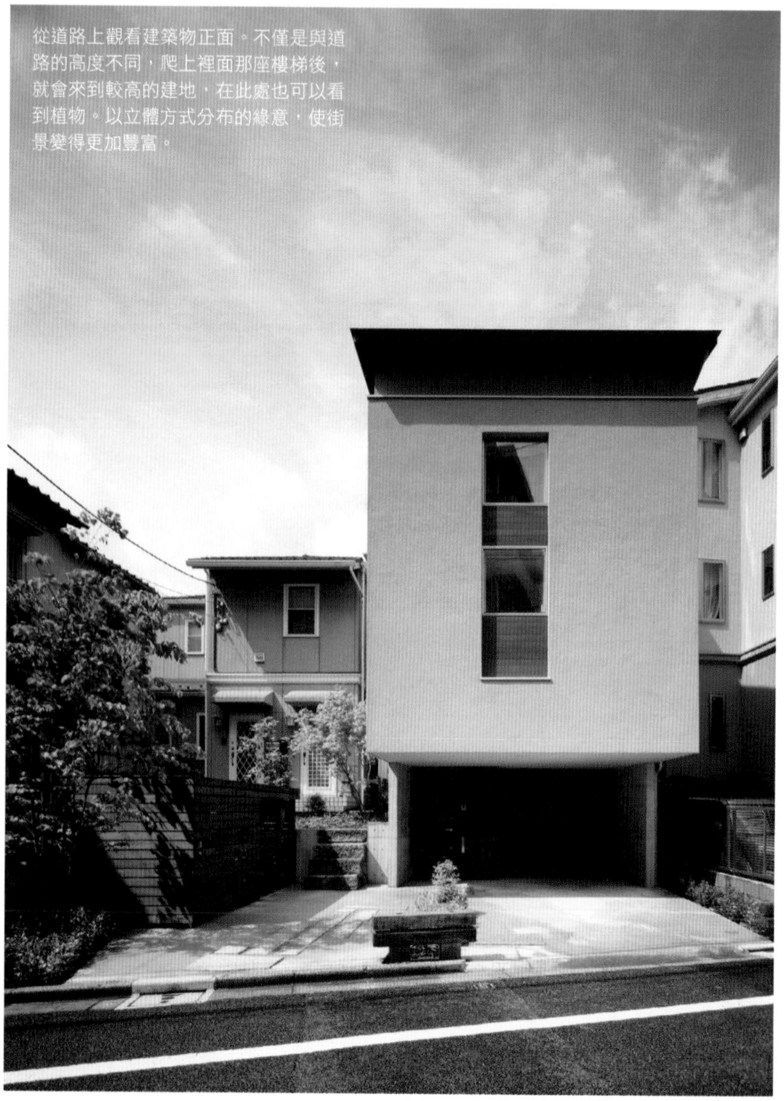

從道路上觀看建築物正面。不僅是與道路的高度不同，爬上裡面那座樓梯後，就會來到較高的建地，在此處也可以看到植物。以立體方式分布的綠意，使街景變得更加豐富。

由於1樓的高度比地盤線高1.1公尺，所以視野遼闊。

多虧有半地下空間，所以也不會發生隔著窗戶與他人四目相交的情況。

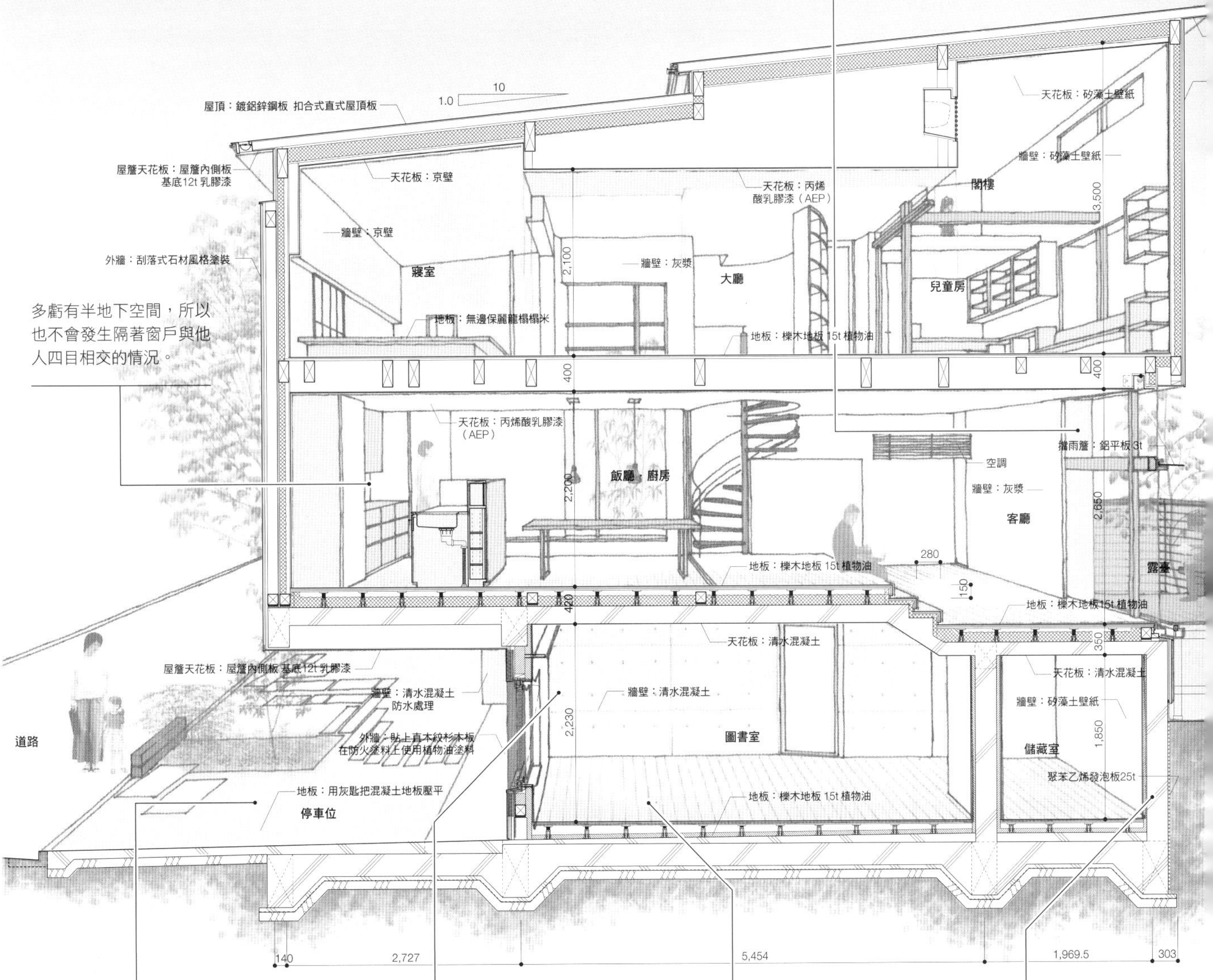
10
1.0
屋頂：鍍鋁鋅鋼板 扣合式直式屋頂板
屋簷天花板：屋簷內側板
基底12t 乳膠漆
外牆：刮落式石材風格塗裝
天花板：京壁
牆壁：京壁
寢室
地板：無邊保麗龍榻榻米
天花板：丙烯
酸乳膠漆（AEP）
牆壁：灰漿
大廳
地板：櫟木地板 15t 植物油
2,100
天花板：矽藻土壁紙
牆壁：矽藻土壁紙
閣樓
兒童房
3,500
400
400
天花板：丙烯酸乳膠漆
（AEP）
飯廳．廚房
2,200
空調
牆壁：灰漿
客廳
擋雨蓬：鋁平板 3t
2,650
露臺
280
150
地板：櫟木地板 15t 植物油
地板：櫟木地板 15t 植物油
420
350
天花板：清水混凝土
屋簷天花板：屋簷內側板 基底12t 乳膠漆
牆壁：清水混凝土
防水處理
外牆：貼上真木紋杉木板
在防火塗料上使用植物油塗料
牆壁：清水混凝土
道路
圖書室
2,230
天花板：清水混凝土
牆壁：矽藻土壁紙
儲藏室
1,850
聚苯乙烯發泡板25t
地板：用灰匙把混凝土地板壓平
停車位
地板：櫟木地板 15t 植物油
140
2,727
5,454
1,969.5
303

平常用來停放自家車輛的空間。

半地下部分為車庫（現在是圖書室）與玄關門廳。讓建築物往後退縮，使道路與建築物之間產生較多空間，藉此來打造出較寬敞的住宅。

當初為了丈夫的古董車與趣而蓋的專用車庫。

鋼筋混凝土結構的半地下部分能夠發揮擋土牆的作用。

融入街道

街道是由一棟棟聚集起來的住宅所構成的。雖然人們都特別想要把面向道路的建築物正面打造得很漂亮，但同時也要去思考「如何讓住宅融入街道」。

「內茶室庭院之家」的附近鄰居都同樣地沿著道路來設置圍牆，打開門後，就會立刻看到玄關，幾乎沒有栽種植物。我覺得這樣會給予路上行人壓迫感，所以在此住宅中，我決定不沿著道路設置圍牆，而是讓圍牆與裡面的建築物融為一體。而且還要讓腳邊的部分騰空，在此處栽種植物，為街道增添趣味。在腳邊的空隙栽種植物不僅能營造出縱深感，在晚上還能讓燈光外漏，把生活氣息傳到外部。圍牆的內側是通往玄關的通道，能夠保護隱私。宛如像是內茶室庭院般的寂靜空間。

內茶室庭院籠罩在柔和光線中，不會讓人感到狹小。

光線隔著格子門窗透過來。從懸空的牆壁下漏出的光線會照亮行人的腳下。（「居住。」No.34[2010年　泰文館]）

從空隙中漏出的燈光與氣息

「內茶室庭院之家」
左：1樓平面圖 [S=1：200]
右：剖面圖（部分）[S=1：200]

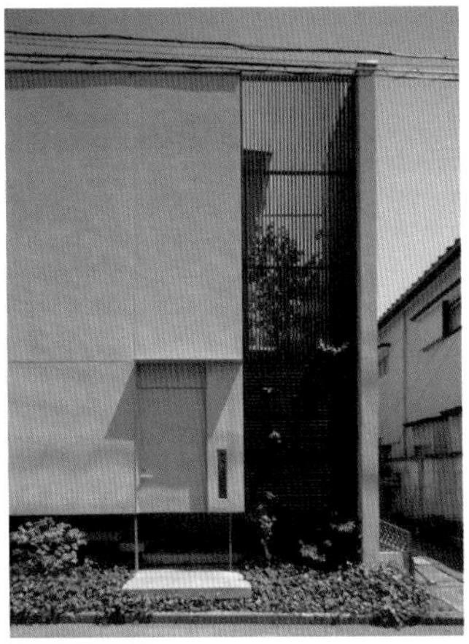

也在從道路往後退縮的部分與通道下方栽種了灌木或地被植物。能為街道增添綠意，提供行人觀賞。也能看到位於格子門窗後方的小庭院內的植物。（「居住。」No.34[2010年 泰文館]）

N
儲藏室
小庭院
玄關
寢室
內茶室
庭院
小庭院
道路

穿過大門，經由內茶室庭院通往玄關。透過腳下的空隙與小庭院來連接綠意與外部，不會產生阻塞感。雖然是狹小的土地，卻能打造出讓綠意延伸到玄關的前庭。

LDK
內茶室
庭院
玄關

能發揮通道作用的內茶室庭院。讓地板懸空，使人產生飄浮感。

穿過圍牆，經由內茶室庭院通往玄關

「內茶室庭院之家」立面圖 [S=1：75]

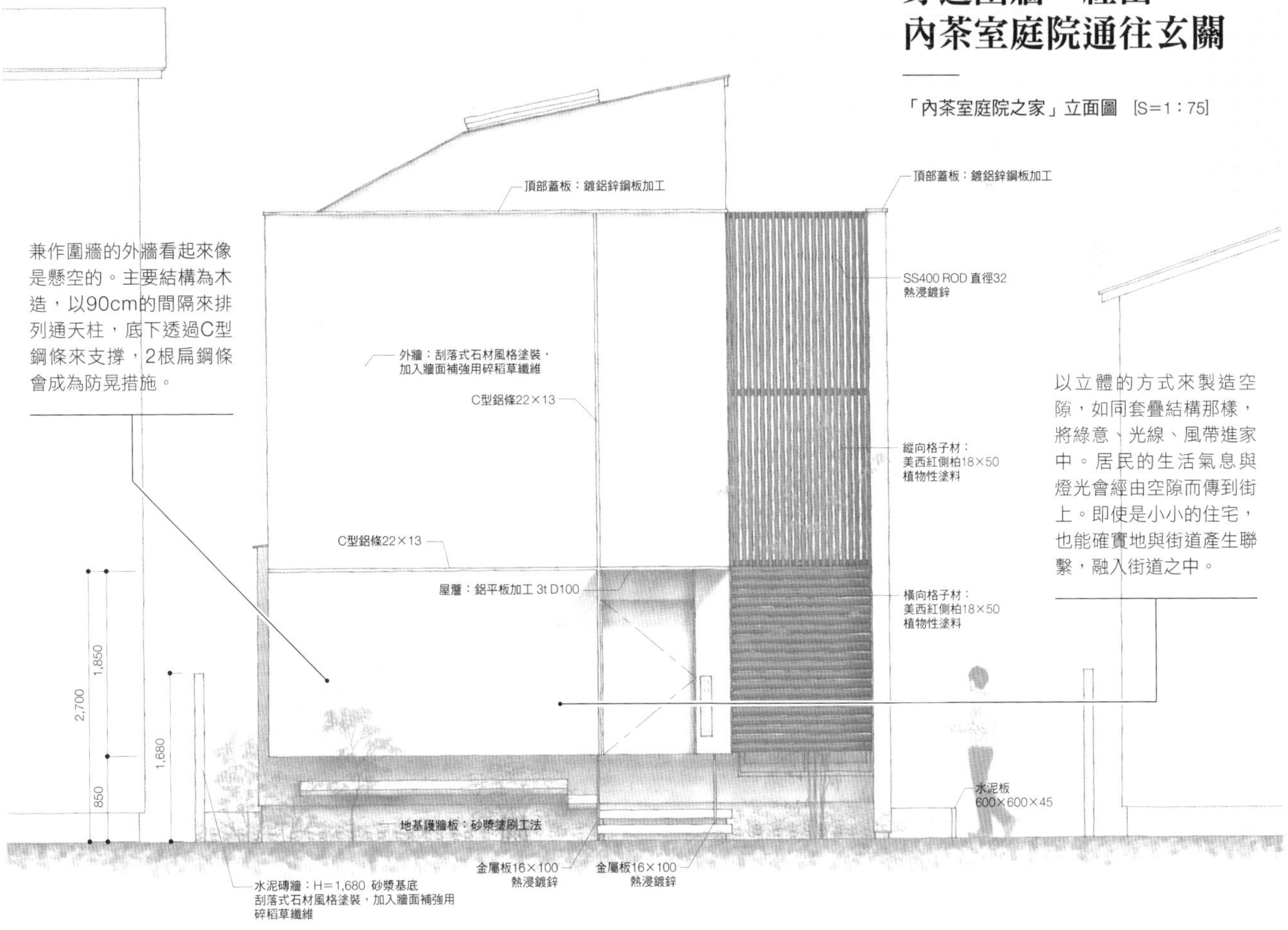
頂部蓋板：鍍鋁鋅鋼板加工
頂部蓋板：鍍鋁鋅鋼板加工
SS400 ROD 直徑32
熱浸鍍鋅
外牆：刮落式石材風格塗裝，
加入牆面補強用碎稻草纖維
C型鋁條22×13
縱向格子材：
美西紅側柏18×50
植物性塗料
C型鋁條22×13
屋簷：鋁平板加工 3t D100
橫向格子材：
美西紅側柏18×50
植物性塗料
2,700
1,850
1,680
850
水泥板
600×600×45
地基護牆板：砂漿塗刷工法
金屬板16×100
熱浸鍍鋅
金屬板16×100
熱浸鍍鋅
水泥磚牆：H=1,680 砂漿基底
刮落式石材風格塗裝，加入牆面補強用
碎稻草纖維

兼作圍牆的外牆看起來像是懸空的。主要結構為木造，以90cm的間隔來排列通天柱，底下透過C型鋼條來支撐，2根扁鋼條會成為防晃措施。

以立體的方式來製造空隙，如同套疊結構那樣，將綠意、光線、風帶進家中。居民的生活氣息與燈光會經由空隙而傳到街上。即使是小小的住宅，也能確實地與街道產生聯繫，融入街道之中。

格子門窗所呈現的柔和景色

只要走在京都、金澤、高山等古老街道上，就能看到町家（一種住宅形式）正面的格子門窗。之所以能在建築物的表情中感受到柔和感，大概要歸功於，木格子門窗所呈現的細膩陰影與木材質感吧！

用來點綴「石神井町之家II」正面的也是格子窗。格子窗面向街道，滿滿地佔據了2樓的開口部位。雖然窗戶面向道路，但可以眺望位於遠方的神社內的綠意與遼闊天空。格子門窗的好處在於，能一邊讓光線和風通過，一邊阻斷來自路上行人的視線。另一方面，由於從室內可以清楚地看到室外，所以也能帶著「內部空間變大了」這種心情來欣賞風景。到了晚上，從格子門窗洩漏到外面的室內燈光會溫和地迎接回到家的家人，並為街道帶來溫暖與安穩感。

建築物的北側正面。採用白色的灰泥牆與塗成黑色的格子門窗這種組合，來呈現民房般的沉穩風格。

抬頭看正面的格子窗。燈光隔著格子窗，從拉上了百摺窗簾的窗戶中透出。生活氣息會讓街上行人感到放心。

在現代住宅中採用木製格子門窗

「石神井町之家II」
剖面詳細圖（部分）[S=1：60]

朝向北側的大型水平長窗。考慮到來自街上行人與道路另一側住家的視線，所以裝上了簡約的格子窗。

雖然從室內可以清楚地看到室外，但從室外不易看到室內。

不會完全阻斷室內與室外空間的就是格子窗。在夜晚，生活氣息會與燈光一起適度地傳到室外。

鋁製窗框特有的俐落感搭配上木製格子窗與灰泥牆，藉此就能讓建築物產生細膩的表情。

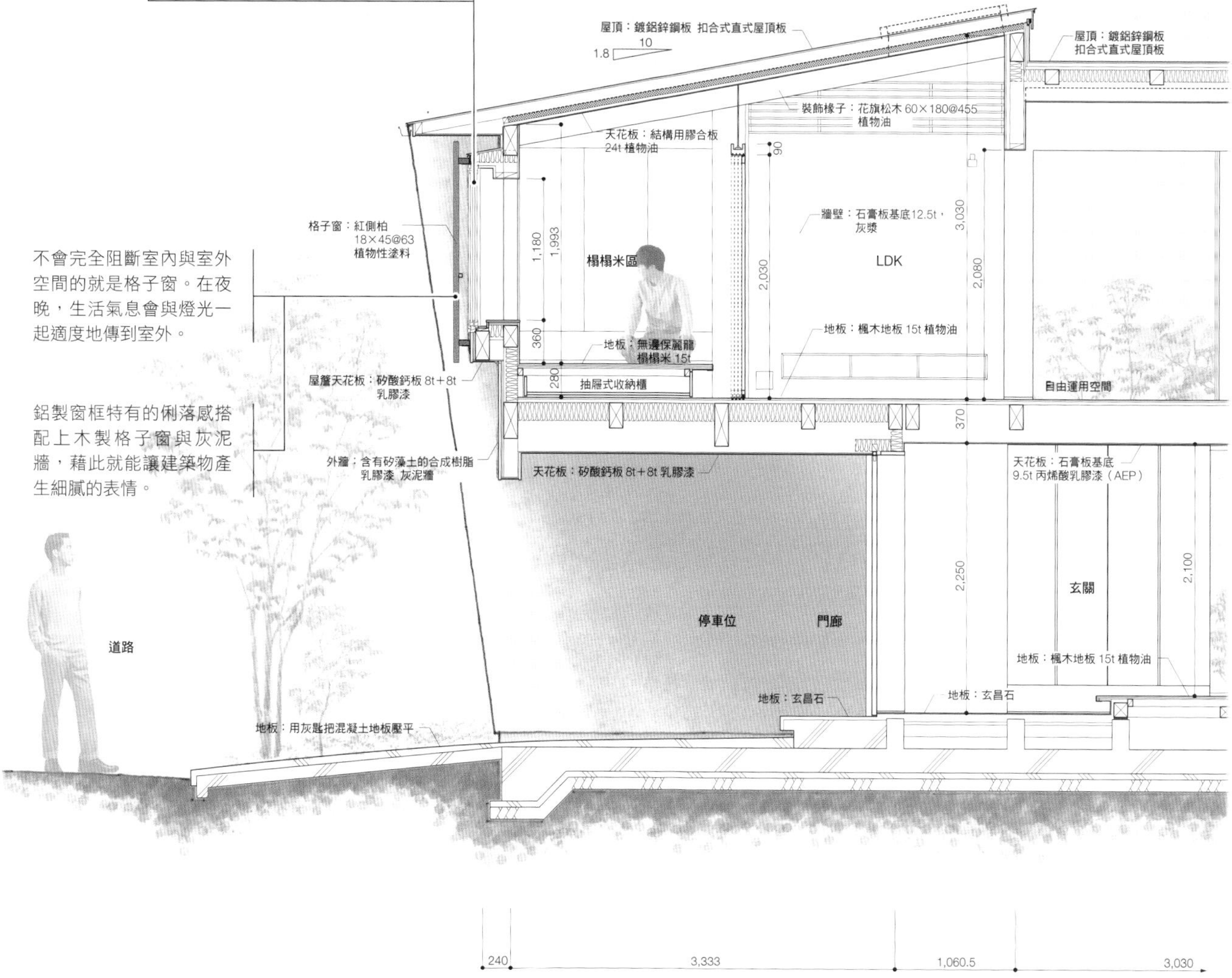
屋頂：鍍鋁鋅鋼板 扣合式直式屋頂板
1.8
10
屋頂：鍍鋁鋅鋼板
扣合式直式屋頂板
裝飾椽子：花旗松木 60×180@455
植物油
天花板：結構用膠合板
24t 植物油
90
格子窗：紅側柏
18×45@63
植物性塗料
1,180
1,993
榻榻米區
牆壁：石膏板基底12.5t，
灰漿
3,030
LDK
2,030
2,080
地板：楓木地板 15t 植物油
360
地板：無邊保麗龍
榻榻米 15t
280
屋簷天花板：矽酸鈣板 8t＋8t
乳膠漆
抽屜式收納櫃
自由運用空間
370
外牆：含有矽藻土的合成樹脂
乳膠漆 灰泥牆
天花板：矽酸鈣板 8t＋8t 乳膠漆
天花板：石膏板基底
9.5t 丙烯酸乳膠漆（AEP）
2,250
2,100
玄關
停車位
門廊
道路
地板：楓木地板 15t 植物油
地板：玄昌石
地板：玄昌石
地板：用灰匙把混凝土地板壓平
240
3,333
1,060.5
3,030

從LDK觀看榻榻米區的窗戶。隔著格子窗可以看到街上的情況。

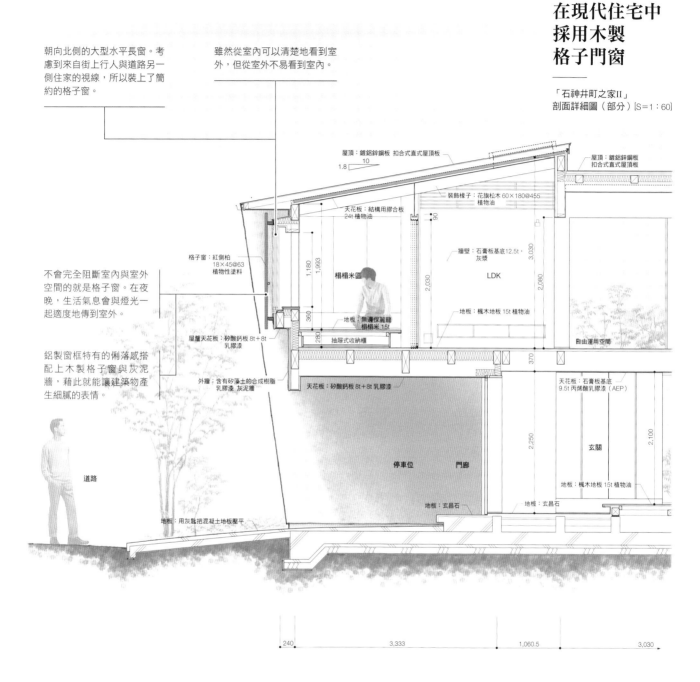

風格很簡約的玄關四周

玄關四周是住宅的門面。將信箱、姓氏門牌、門鈴對講機等項目整合在一起，也是一種設計方式。另外，如果玄關附近很零亂的話，就太沒有美感了，所以從設計階段就要事先準備好戶外用品的放置場所。

雖然「常盤之家」是所謂的狹小住宅，但有設置停車位的玄關前方很清爽。在門廊的斜牆上製作壁龕，將信箱之類的設備集中在此處，下方則因應屋主的要求，設置了洗手台。雖然有3輛自行車，但可以收進樓梯下方的室外型置物空間。外觀給人一種靜謐的感覺，從道路上也無法看出這些設計的「功能」。

面向道路的東側外觀。由於將玄關附近容易佔據空間的設備都集中設置在小空間內，所以住宅正面會給人一種清爽靜謐的印象。

在玄關前方的壁龕內，除了門鈴對講機與信箱口（上方）以外，還設置了洗手台。藉由使用相同材質來呈現整體感。並非只是將必要的設備排列在一起，使其外露，而是要縮減要素，取得平衡，將設備整合在較小的空間內。

將物品集中收納的清爽玄關

「常盤之家」
上：玄關周圍平面圖 [S=1：50]
下：玄關門廊剖面圖 [S=1：30]

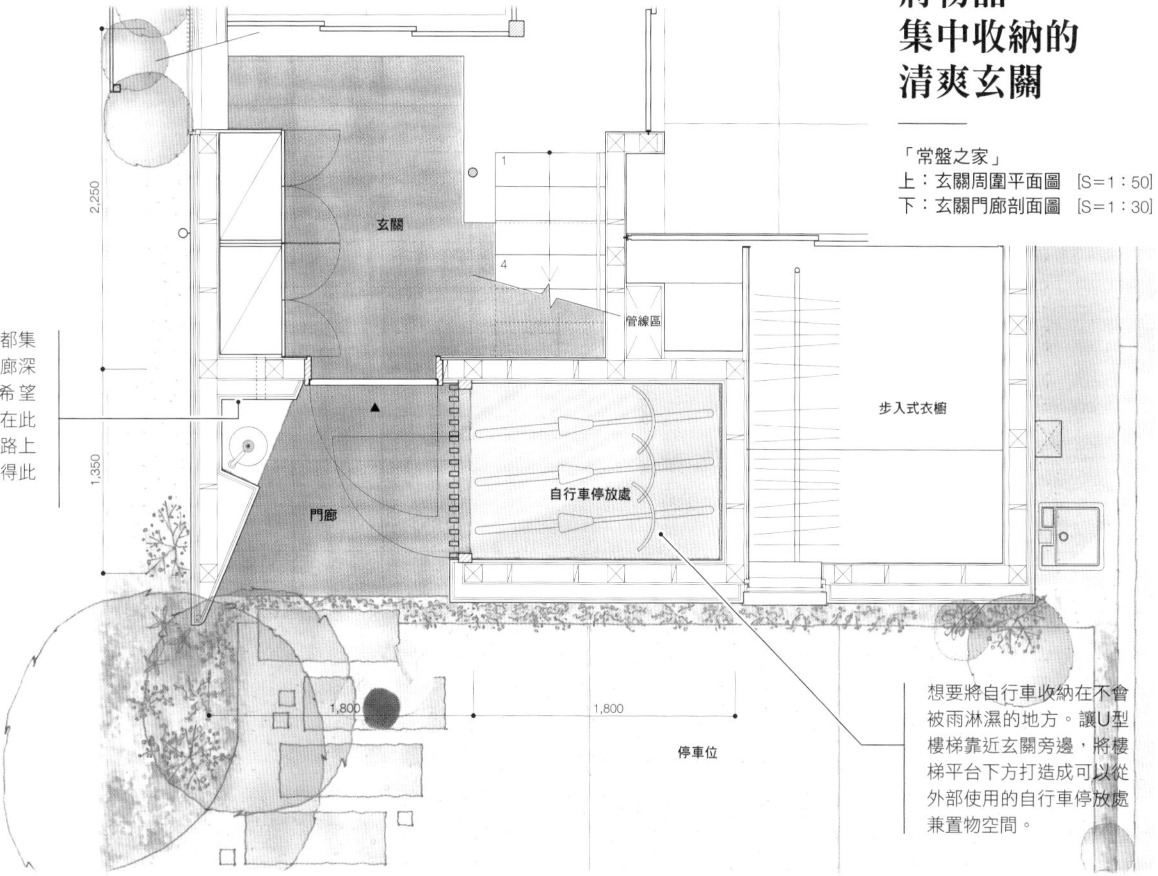
2,250
1,350
1
4
玄關
管線區
步入式衣櫥
自行車停放處
門廊
1,800
1,800
停車位

將瑣碎的設備全都集中設置在玄關門廊深處的牆壁上。希望能多花一點心思在此處，讓人即使從路上觀看，也不會覺得此處很顯眼。

想要將自行車收納在不會被雨淋濕的地方。讓U型樓梯靠近玄關旁邊，將樓梯平台下方打造成可以從外部使用的自行車停放處兼置物空間。

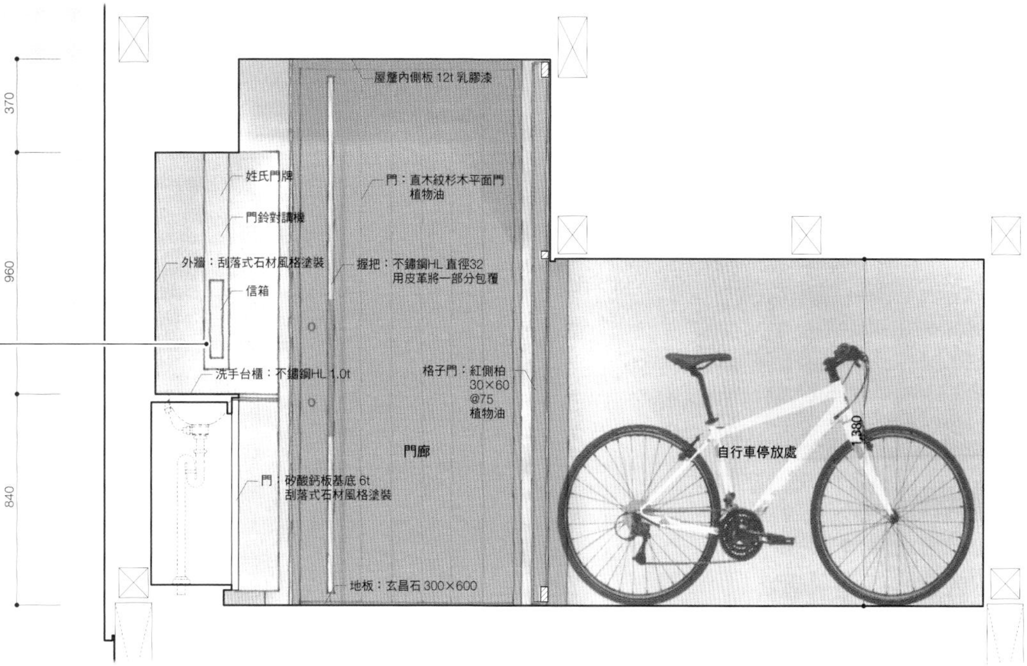
370
960
840
屋簷內側板 12t 乳膠漆
姓氏門牌
門鈴對講機
外牆：刮落式石材風格塗裝
信箱
門：直木紋杉木平面門 植物油
握把：不鏽鋼HL 直徑32 用皮革將一部分包覆
洗手台櫃：不鏽鋼HL 1.0t
格子門：紅側柏 30×60 @75 植物油
門廊
門：矽酸鈣板基底 6t 刮落式石材風格塗裝
地板：玄昌石 300×600
自行車停放處
1,330

將姓氏門牌、門鈴對講機、信箱口整合在一起的設計。將所有設備集中設置在寬度110mm的細長不鏽鋼板上，洗手台也採用不鏽鋼製。

「常盤之家」86／102／130／158頁

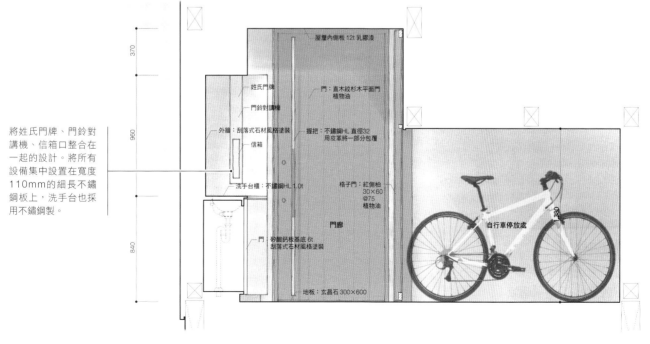

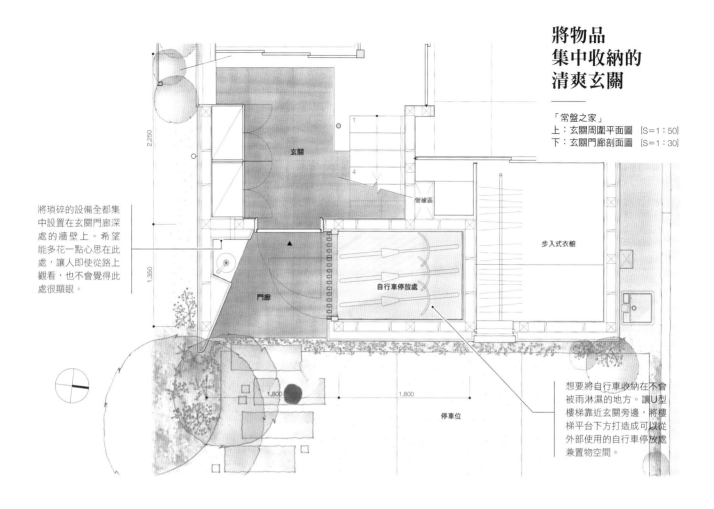

展示／關上保持整潔

在住宅中，當停車位或柵欄等的存在感比建築物來得強烈時，就不是那麼有美感。即使很小，還是希望庭院和建築物能夠成為主角。畢竟大家都想要打造出能為街道景色貢獻一份力量的美麗住宅。

在「千駄木之家」中，沒有設置面向道路的圍牆。擺放幾個高度約30公分的小型木製柵欄，將其當成猶如關守石般的「精神上的分界線」。從道路上可以看到的是，風格很簡約的建築物正面，種植在通道上的綠色植物與花崗岩石板路發揮了點綴作用。由於自行車與孩子的三輪車等物如果很零亂的話，就會很不好看，所以室外專用的儲物間是必要的。同時也要設置一個空間來擺放不想被別人看見的垃圾。採用很自然的設計風格，並選擇能融入自然環境的材質。在此案例中，我在植物之間的空地上悄悄地設置了一個只透過木板柵欄圍成的簡約儲物間。

打造能襯托主角的外部結構

「千駄木之家」
外部結構周圍平面圖 [S＝1：75]

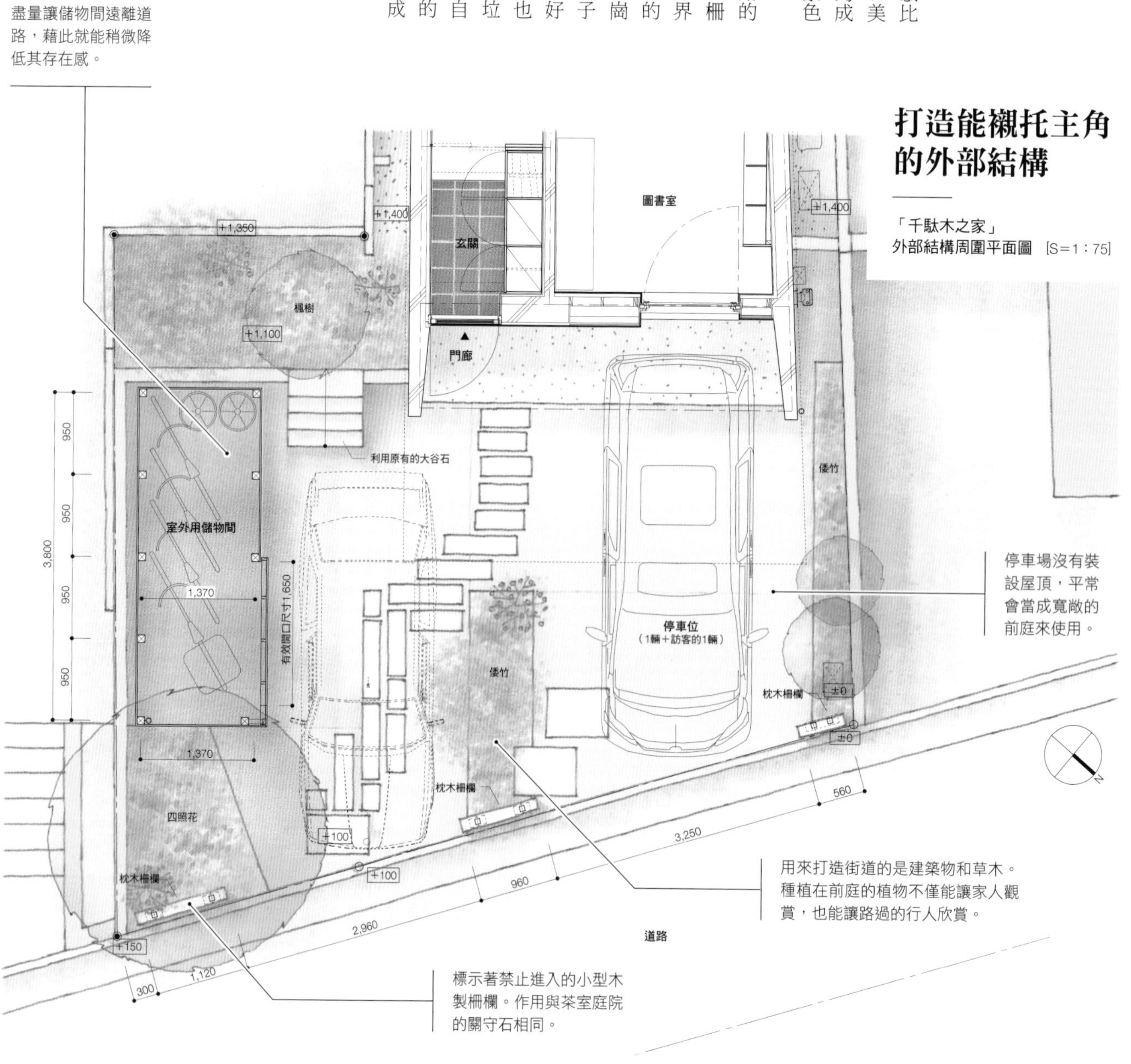

盡量讓儲物間遠離道路，藉此就能稍微降低其存在感。
+1,350
+1,400
玄關
圖書室
+1,400
楓樹
+1,100
門廊
利用原有的大谷石
倭竹
950
950
950
950
3,800
室外用儲物間
1,370
有效開口尺寸1,650
停車位
（1輛＋訪客的1輛）
停車場沒有裝設屋頂，平常會當成寬敞的前庭來使用。
倭竹
枕木柵欄
±0
±0
1,370
四照花
枕木柵欄
560
+100
3,250
+100
960
枕木柵欄
用來打造街道的是建築物和草木。種植在前庭的植物不僅能讓家人觀賞，也能讓路過的行人欣賞。
+150
2,960
道路
300
1,120
標示著禁止進入的小型木製柵欄。作用與茶室庭院的關守石相同。

有質感的枕木柵欄

「千駄木之家」枕木柵欄製作圖 [S=1：20]

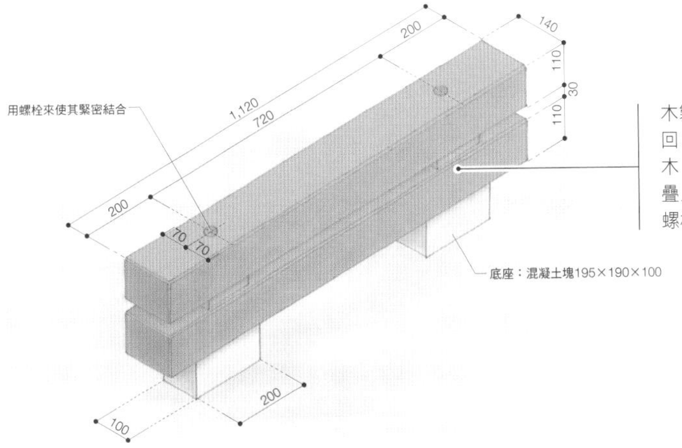
用螺栓來使其緊密結合
1,120
720
200
140
110
30
110
200
70
70
底座：混凝土塊195×190×100
200
100

木製柵欄使用的是回收而來的小枕木。在混凝土塊上疊上2根枕木，用螺栓來固定。

只是把枕木疊在混凝土塊上，就能製作出矮隔板。這樣的矮隔板有3個，用來表示住宅與街道的界線。

1 將自行車、三輪車、PE水桶等物整齊地收進室外用儲物間。
2 即使關上單扇式橫拉門，還是能夠取放位於裡面的垃圾桶。

圍牆與籬笆要適才適用

圍牆有時會讓路上行人產生壓迫感。首先要討論是否真的需要圍牆。若需要圍牆的話，就要避免採用不討喜的設計，並在高度、材質、質感方面多下一些工夫。

由於蓋在道路轉角處的「光邊之家」擁有長度約17公尺的圍牆，所以決定分別使用木板柵欄和鋼筋混凝土（RC）。主要為紅側柏製成的木板柵欄。雖然遮住了視線，但具有通風作用，所以在配置時，會以面向庭院為主。另一方面，建地的角落等處採用堅固的混凝土牆，比起木板柵欄，高度較低，長度也較短。藉由使用杉木板來製作混凝土模板，就能一邊為其表情增添細膩度與溫度，一邊提升混凝土牆與木板柵欄的契合度。

分別使用2種材質來製作圍牆

「光邊之家」
上：平面圖 [S=1：150]
下：圍牆正視圖 [S=1：50]

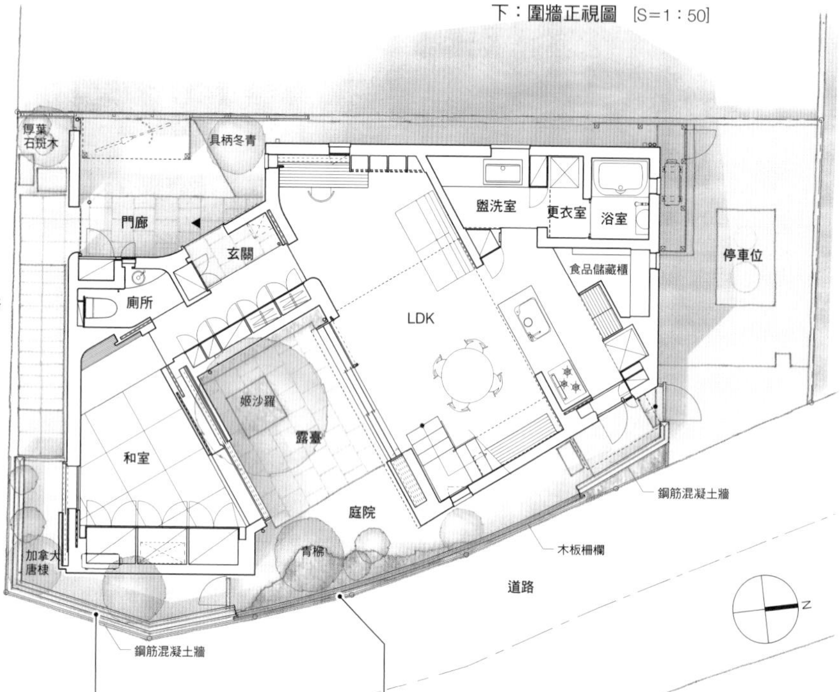
厚葉石斑木
具柄冬青
門廊
玄關
盥洗室
更衣室
浴室
停車位
食品儲藏櫃
廁所
道路
LDK
姬沙羅
露臺
和室
庭院
青梻
加拿大唐棣
鋼筋混凝土牆
木板柵欄
道路
鋼筋混凝土牆
N

在面向十字路口的建地角落部分設置混凝土牆。只要讓牆的高度低一點，視野就會變好，即使有車子經過，也會覺得放心。

從室內眺望庭院時，如果是木板柵欄的話，就會自然地融入環境中，也不會破壞景色。

在分配面積給混凝土牆與曲面的木板柵欄時，要多加留意。作為一道圍牆，必須取得平衡。

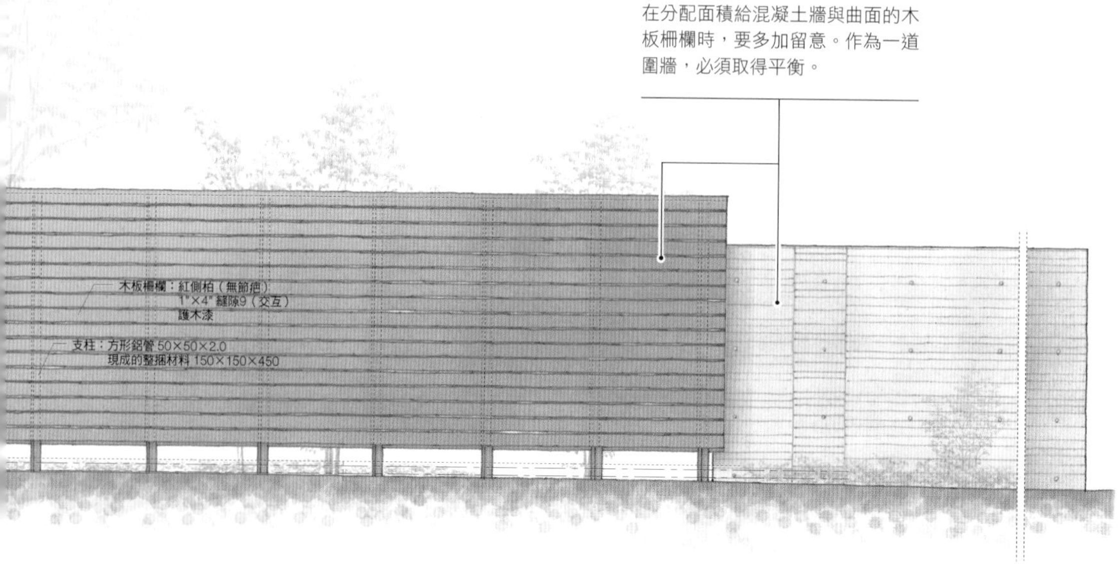
木板柵欄：紅側柏（無節疤）
1"×4" 縫隙9（交互）
護木漆
支柱：方形鋁管 50×50×2.0
現成的墊插材料 150×150×450

建築物本身與圍牆順利地融合，打造出美麗的正面。

隔著帶有木紋的混凝土牆所看到的是，採用灰泥粉刷工法的外牆。用於圍牆模板的長條窄杉木板有4種寬度，隨意地貼上，表現出自然的紋路。

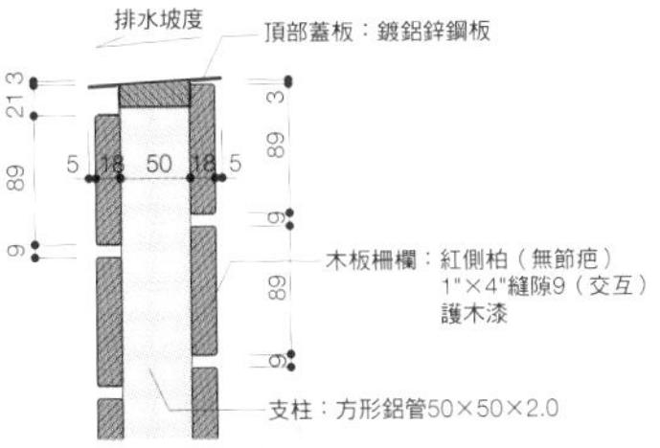

排水坡度
頂部蓋板：鍍鋁鋅鋼板
21.3
89
9
5
18
50
18
5
3
89
9
89
9
木板柵欄：紅側柏（無節疤）
1"×4"縫隙9（交互）
護木漆
支柱：方形鋁管50×50×2.0

木板柵欄剖面詳細圖 [S＝1：10]

用於模板的杉木板要選擇木紋較雅致的種類。對於要呈現在路人眼前的圍牆來說，樸實一點的紋路較合適。

在住宅與道路的邊界上，也想要栽種草木。

頂部蓋板：鍍鋁鋅鋼板
89
9
89
鋼筋混凝土牆（厚度180）：以杉木板作為混凝土模板，採用清水混凝土工法防水處理
1,850
擋土牆：萬年牆的平板（1720×30×29）

「光邊之家」12／46／92／128／155頁

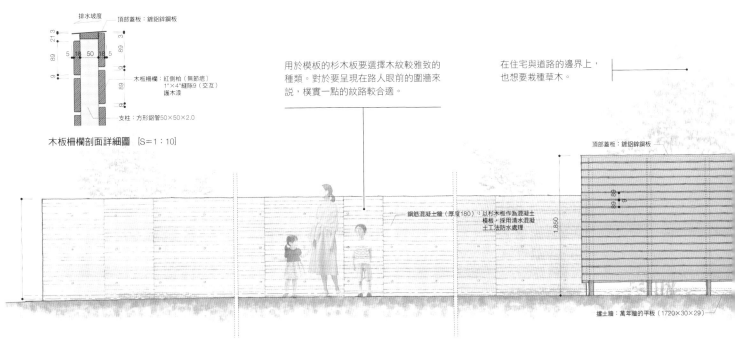

因為位於市區所以要重視與外部的聯繫

對於建築來說，名為建地的具體場所是不可或缺的，並且要一邊完成建築，一邊留意建築與周遭環境之間的關係。在市區內，雖然能夠將建築蓋滿建地，但是那樣的話，與外部的關係就容易變淡。利用陽台或屋頂空間，在住宅內打造出一個能夠親近大自然的場所吧！即使位在建築物很擁擠的都市內，只要能夠和行道樹的綠意以及具有開放感的天空產生聯繫，就能創造出超乎想像的寬敞感。

此住宅是4層樓的都市型住宅，周圍也林立著中高層大樓。最上層設置了屋頂庭園，是一個能仰望遼闊天空的奢華空間。而且還弄了一個家庭菜園。為了讓陽台在視覺上與道路對面那條河沿岸的行道樹產生連結，所以設計成室內中庭，並種植了大花四照花。雖然玄關周圍只種植了少量植物，但依然是一種能夠溫暖地迎接、送走家人或朋友的可貴存在。

也要將綠意分送給街道

「Trapéze」立面圖
[S=1：120]

在給人枯燥印象的大樓群當中，用來點綴正面的綠意也能使路上行人感到平靜。

牆壁：清水混凝土塗上防水漆
外牆：貼上無釉粗陶磚
腰壁：用無釉有孔的粗陶磚所砌成
牆壁：以杉木板作為混凝土模板，採用清水混凝土工法塗上防水漆
牆壁：以杉木板作為混凝土模板，採用清水混凝土工法塗上防水漆
牆壁：清水混凝土塗上防水漆

即使是小小的空間，只要設置綠意與石頭，就能打造出一片小小的溫馨景色。自然環境會點綴每天的生活，使生活變得多采多姿。

在外牆上一一貼上手工製造且帶有溫度的磁磚。由具有質感的外牆與各種植物所構成的建築物正面會承受自然光線，時時刻刻變換表情。

將肥前真弓（Euonymus chibai）和杜鵑花設置在玄關前。雖然只有小小的空間，但種植的效果很好。

在室內中庭的陽台內可以種植高度達5公尺的大花四照花。從室內觀賞時，可以在此植物後方看到河川沿岸的眾多行道樹。

1 從玄關大廳觀看小庭院。與隔壁大樓之間有個三角形的小空間，將此處當成庭院，種植透過半日照來生長的灌木。家人每次出入玄關時，都能緩和一下心情。
2 4樓有設置屋頂小屋和與其相連的露臺。其餘部分全都是由草坪、雜樹、家庭菜園所構成的屋頂庭園。
3 2樓室內中庭的陽台。由於上層的扶手牆採用有孔的磚頭，所以具備良好的通風作用。對於植物來說，通風也很重要。

透過綠意來連接外部

「Trapéze」配置圖兼屋頂結構平面圖 [S=1：600]

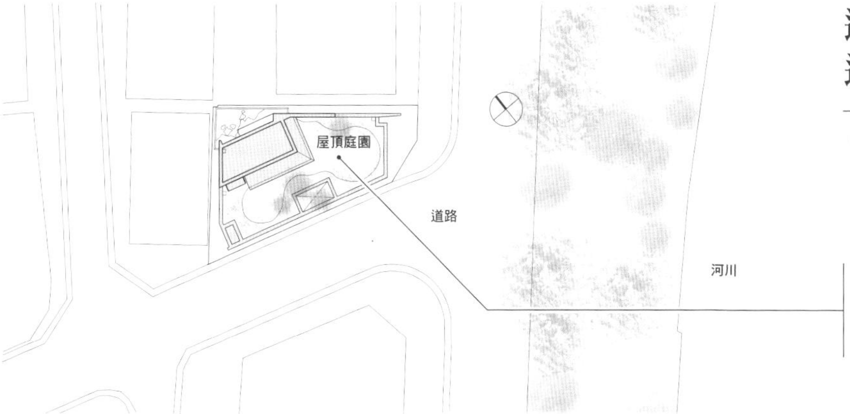

屋頂庭園的植物前方是在河川沿岸延伸的行道樹。發揮建地的特性，打造出能與周遭環境產生連結的住宅。

透過我的住宅來打造街道

日本建築也被稱為「屋頂的建築」，屋頂會成為決定住宅外觀的重要因素。

具有很深的屋簷，宛如將建築物蓋住般的屋頂，會製造出陰影，使建築物呈現豐富的表情。另一方面，當我們位在奈良或京都的小街道上時，會看到成排的町家，映入眼簾的與其說是屋頂，倒不如說是屋簷邊緣、屋簷的水平線、牆壁的紋路、格子門窗、玄關前方的植物，這些部分創造出了建築物與街道的表情。在道路寬度窄到難以進行拍攝的地方，屋頂本身幾乎不會出現在視野內。

從道路上也無法看到這棟蓋在住宅地上的「成城之家」的屋頂全貌。正面部分是由灰泥牆、較矮的長屋簷、嵌入格子窗的水平橫長窗所構成。這些部分會與種植在玄關周圍的植物一起點綴住宅的表情，為街道增添趣味。

始於一棟住宅的街道風景

「成城之家」
配置圖兼鄰近屋頂結構平面圖 [S=1：1200]

住宅街的風景是由一棟棟住宅所構成。

在打造住宅的外觀時，圍牆也很重要。在「成城之家」中，車庫的牆壁與圍牆是相連的。兩者皆採用鋼筋混凝土（RC）結構，並使用杉木板來作為混凝土模板，以呈現素材質感。不僅降低了圍牆的高度，還讓圍牆從道路邊往後退，在街道上提供一個能夠喘口氣的空間。

整理建築正面，使其融入街道

「成城之家」
上：立面圖 [S=1：120]
下：外部結構圖（部分）[S=1：120]

只要試著站在通道上，就不會看到如同此立面圖那樣的屋頂（右頁照片）。

將牆壁拉長，讓曬衣場不會被外面的人看到。

木製的橫向格子窗既是曬衣場的遮蔽板，也具備通風作用。

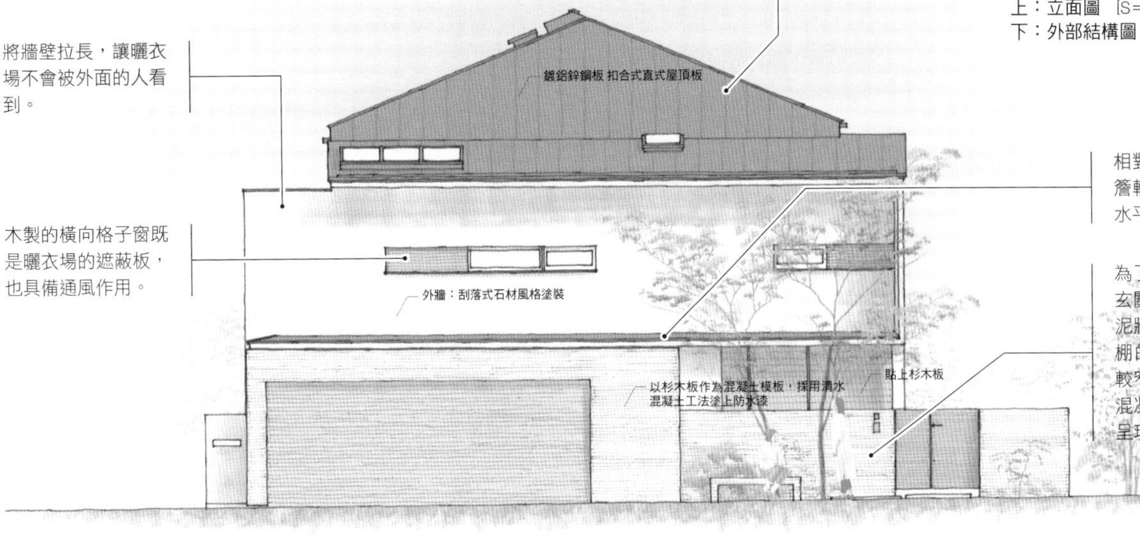
鍍鋁鋅鋼板 扣合式直式屋頂板
外牆：刮落式石材風格塗裝
以杉木板作為混凝土模板，採用清水混凝土工法塗上防水漆
貼上杉木板

相對於道路來說，屋簷較矮。屋簷會朝著水平方向延伸。

為了使其融入種植在玄關周圍的植物與灰泥牆，所以圍牆與車棚的RC牆內會使用較窄的杉木板來當作混凝土模板，使牆面呈現出粗獷的表情。

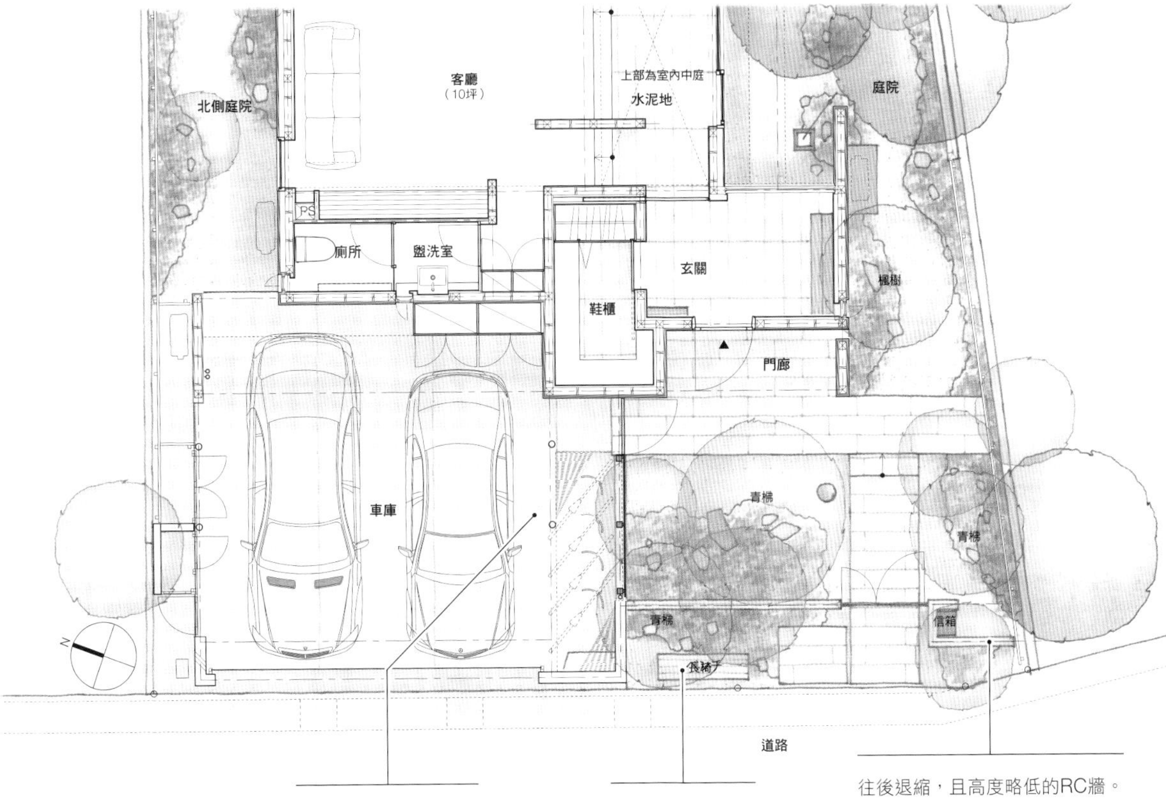
客廳
（10坪）
北側庭院
上部為室內中庭
水泥地
庭院
PS
廁所
盥洗室
玄關
鞋櫃
楓樹
門廊
車庫
青梻
青梻
青梻
信箱
長椅子
道路

一棟住宅也會成為街道風景的一部分。

面向道路的「賞花長椅」。

往後退縮，且高度略低的RC牆。宛如要將牆夾住似地，內外都栽種了植物。道路沿線的綠意也能為街道增添趣味。

「成城之家」30／36／58頁

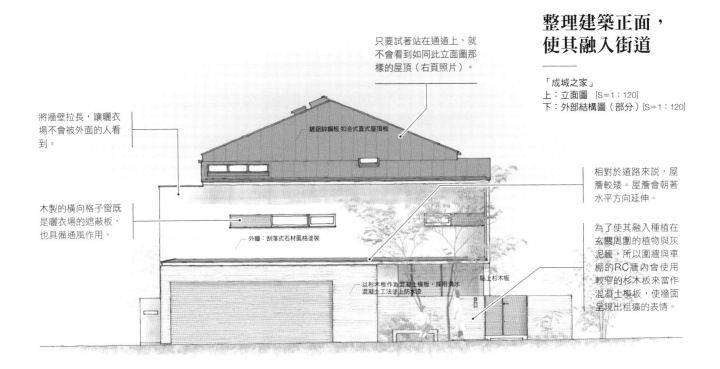

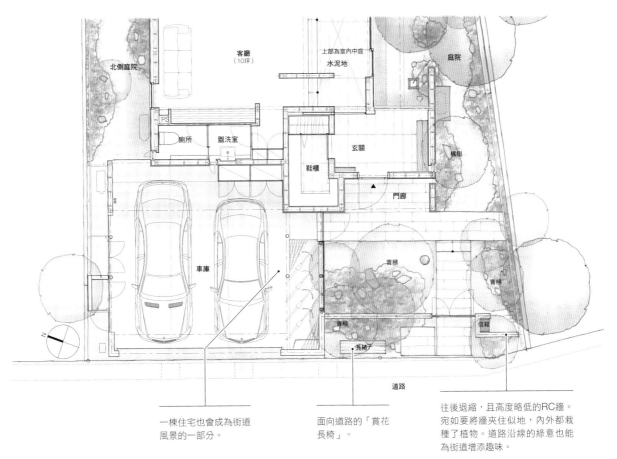

連接內部與外部空間的日式手法

據說，日式建築的內外空間的交界很模糊。特徵在於，無法明確地區分內外空間，而是讓水泥地、簷廊、水泥地屋簷這些不算室內也不算室外的空間（中間區域）成為緩衝地帶般的存在。除此之外，也要加深室內與庭院之間的關係，讓庭院的綠意和光線直接地映照在室內，讓空間本身時而變得纖細，時而變得大膽。

我希望大家能夠謙虛地學習連接內外空間的傳統手法，再加上新的詮釋方式，讓此手法能被下個世代的人繼承。

1 從鋪設木板的客廳觀看約矮了2階的水泥地、隔著一扇窗戶的庭院。讓鋪設了芦野石的水泥地空間的高度降到接近庭院，加強與室外空間的關聯性。

2 從飯廳觀賞窗戶前方的草木。正面的窗戶是與露台相連的窗戶，右邊為位於客廳水泥地的窗戶。

能讓內外空間進行交流的住宅

「成城之家」
上：剖面圖 [S=1：100]
下：飯廳展開圖 [S=1：60]

能夠讓太陽光照射到室內深處的天窗。穿過百葉窗而擴散的光線會被映照在室內。

透過空氣集熱式太陽能系統來引進自然的力量。

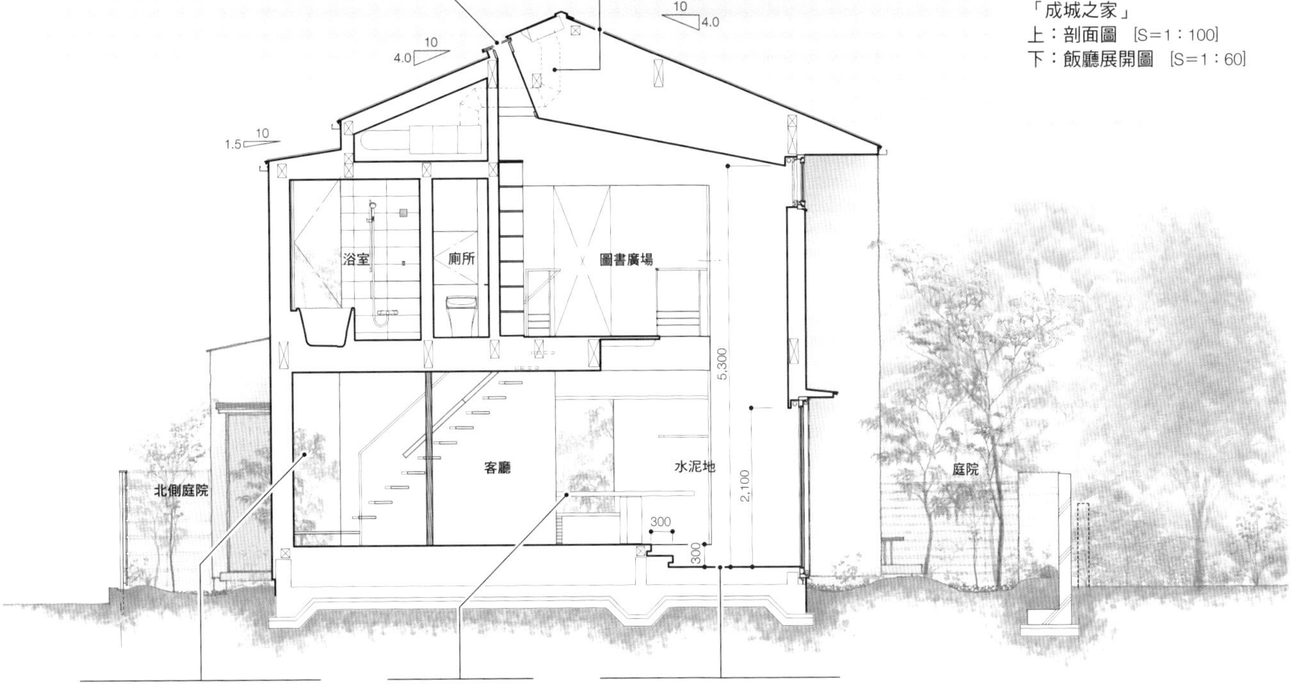
10
4.0
10
4.0
10
1.5
浴室
廁所
圖書廣場
5,300
客廳
水泥地
北側庭院
庭院
2,100
300
300

客廳的轉角窗戶採用無窗框設計，在視覺上連接北側庭院與客廳。

客廳深處與飯廳相連。飯廳內設置了嵌入式大餐桌。

為了讓人雖然在室內，卻更能感受到與外部的聯繫，所以要讓水泥地接近庭院的高度。

從窗戶可以看到的是，庭院的樹木，以及連接庭院深處的隔壁住家所栽種的植物。將具有縱深感的草木景色帶進室內。

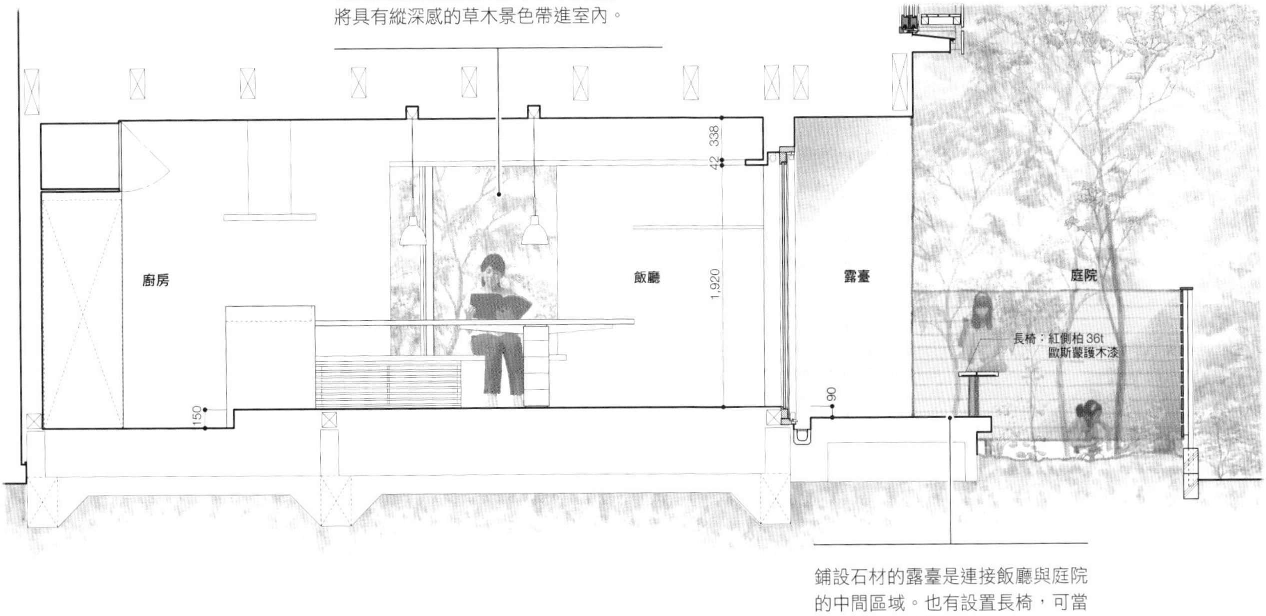
338
42
1,920
廚房
飯廳
露臺
庭院
長椅：紅側柏 36t
歐斯蒙護木漆
150
90

鋪設石材的露臺是連接飯廳與庭院的中間區域。也有設置長椅，可當成室內空間來使用。

充滿魅力的屋簷下空間

在這棟日本住宅中，會透過很深的屋簷來遮蔽強烈日照，打造出既非室內也非室外的空間（中間區域）。雖然位於室外，卻能使真實的自然景色變得稍微柔和。在這個中間區域，四季各有不同風貌，可為我們帶來豐富的生活樂趣。即使位在現代的高氣密高隔熱住宅內，也不會陷於「內與外」的二元論，而是想要巧妙地運用此中間區域。

在「宇都宮之家」中，1樓設置了外簷廊，2樓則設置了有屋頂的寬敞屋頂陽台。正因為此處是一個從室內向外延伸，更加貼近大自然的場所，所以能夠慢慢地透過肌膚來感受時光的流逝與季節的變化。

在各處打造中間區域

「宇都宮之家」各樓層平面圖 [S=1：400]

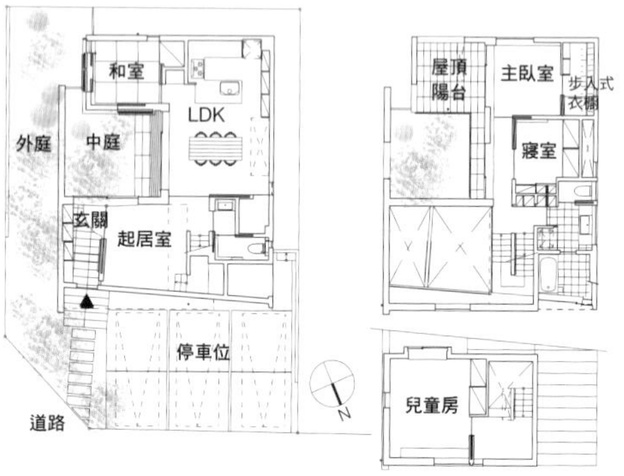

「宇都宮之家」剖面透視圖（部分）
[S=1：50]

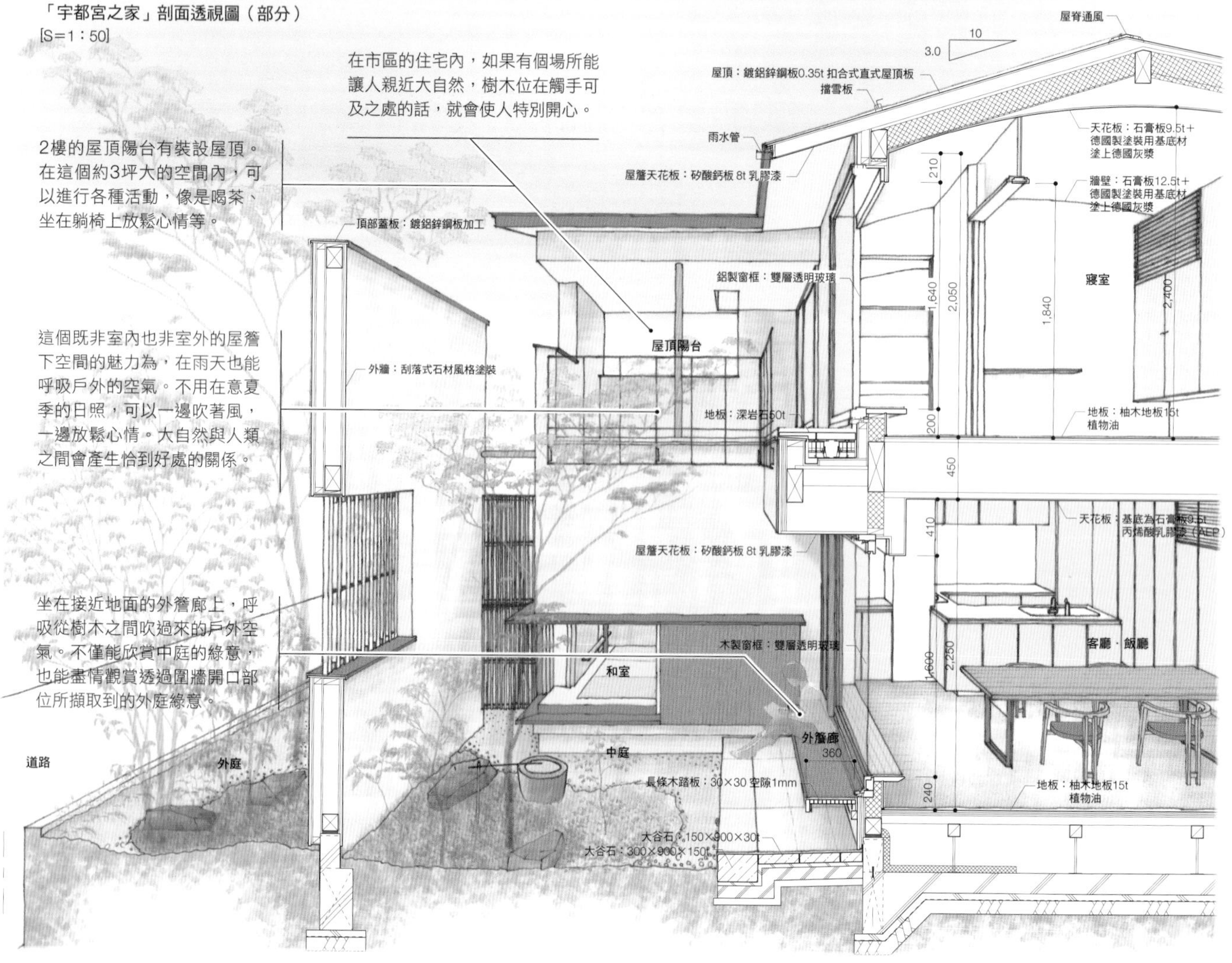

從兒童房俯視中庭。位於深處的是鋪設了深岩石的屋頂陽台。由於有裝設屋頂，所以能夠一邊避開雨水或強烈日照，一邊接觸戶外空氣。魅力在於，能夠同時體會到安心感與開放感。

「宇都宮之家」8／44／78／115／117／140／144／152頁

既方便行走又有漂亮景色的通道

千利休對於茶室的庭院留下了「通道佔6成，景色佔4成」這樣的見解。在設計住宅的通道時，首先要注意的是，要讓人和自行車能夠順暢地通行。而且，還要使用木材、石材等自然素材，打造出能融入建築物、周遭環境的景色。只要能夠兼顧行走方便性與景色，並取得平衡，就能成為很好的通道。

在通道內，寧靜與適當的距離是必要的。走在從樹葉空隙照下來的陽光中，穿過隨風搖曳的樹梢，來到玄關，在此片刻，拖著疲憊身軀返家的家人能夠被治癒，訪客則會產生期待感。在位置的分配上要多加留意，不要讓水電表類與空調的室外機等物變得礙眼。

在有限的建地內，隔壁住家的綠意也是可貴的。再加上建地內的綠意，一起發揮其作用。

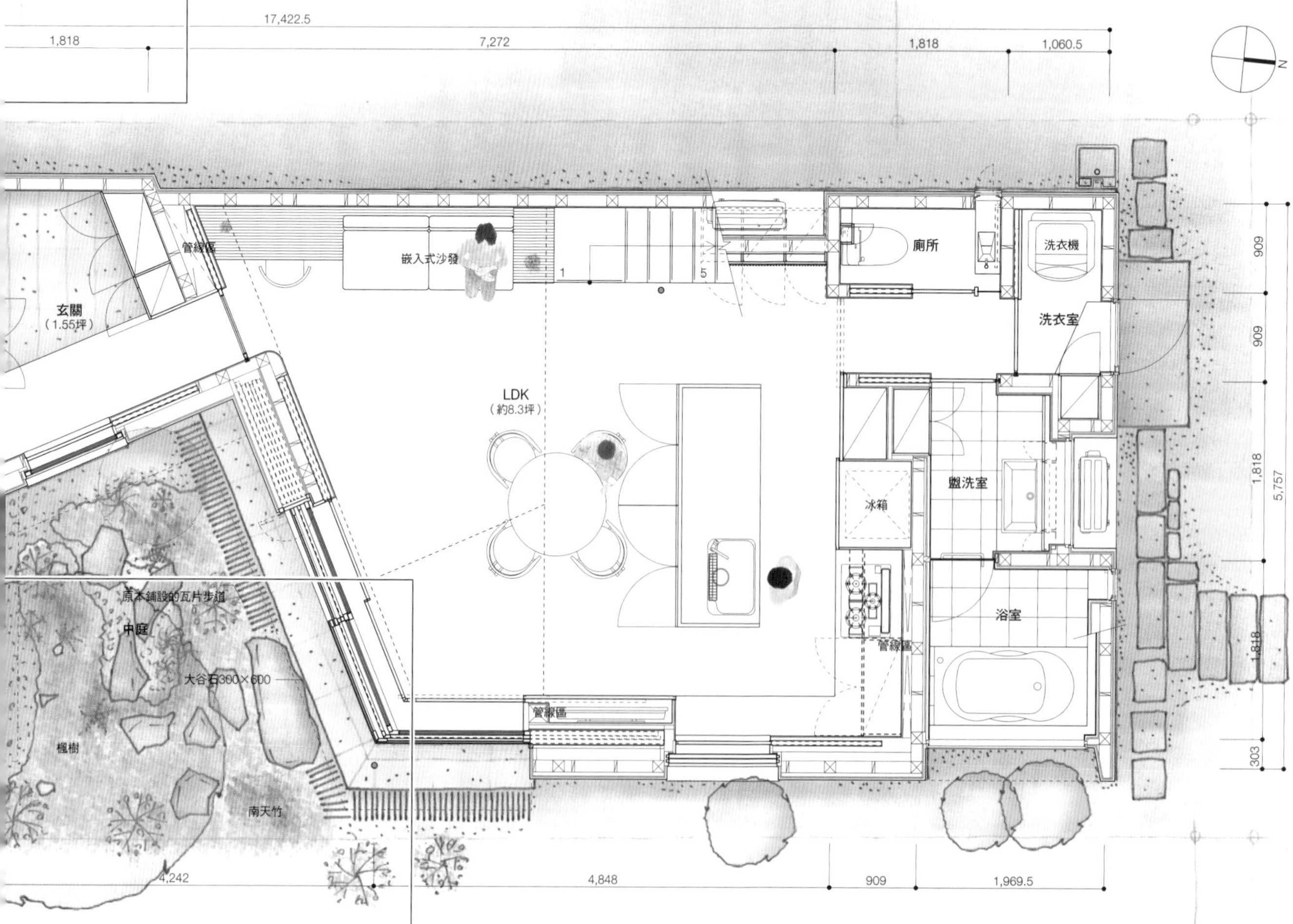
17,422.5
1,818
7,272
1,818
1,060.5
管線區
嵌入式沙發
玄關
（1.55坪）
廁所
洗衣機
洗衣室
LDK
（約8.3坪）
盥洗室
冰箱
浴室
管線區
原本鋪設的瓦片步道
中庭
大谷石300×600
管線區
楓樹
南天竹
909
909
1,818
5,757
1,818
303
4,242
4,848
909
1,969.5

在有限的建地內，讓通道蜿蜒曲折，並搭配上柵欄或外牆和綠意，控制視線。藉由創造出許多場面，就能讓人感受到縱深感。

把不想被看到的東西收起來

「羊腸小道之家」1樓平面圖　[S=1：75]

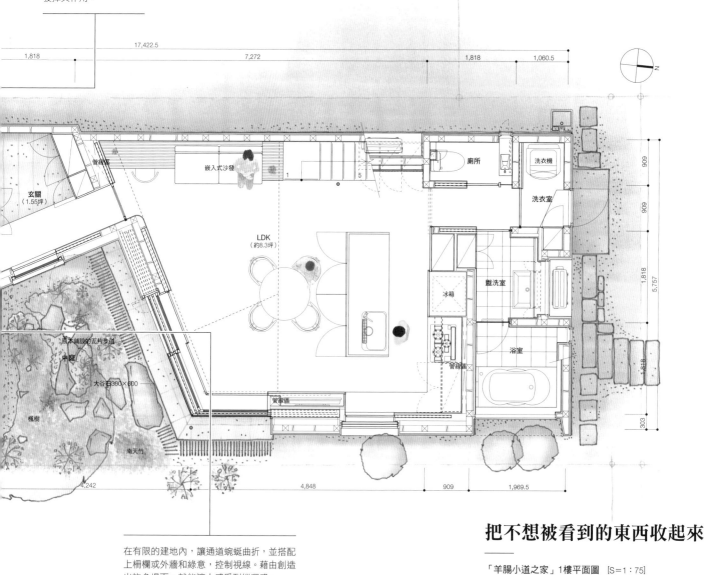

1 從沿著道路延伸的木板矮柵欄窺探隔著一扇門的內茶室庭院。外茶室庭院的紅色楓樹與灌木類的綠意也會成為街道的風景。
2「羊腸小道之家」的模型。位於道路沿線的是外茶室庭院，門的後面則連接著內茶室庭院。
3 只要拉開格子門，內茶室庭院就會出現，在其前方則能看到玄關。

在內茶室庭院，將重點放在「通行」。在石板路方面，重複利用在以前的住宅中慣用的大谷石。讓灌木與樹下雜草的數量稍微少一點。

面向通道的外茶室庭院。雜樹的綠意和街景互相融合，逐漸提升附近的環境。

外牆的其中一面延伸到茶室庭院，製作一扇門，將木製的格子門懸掛在該處。

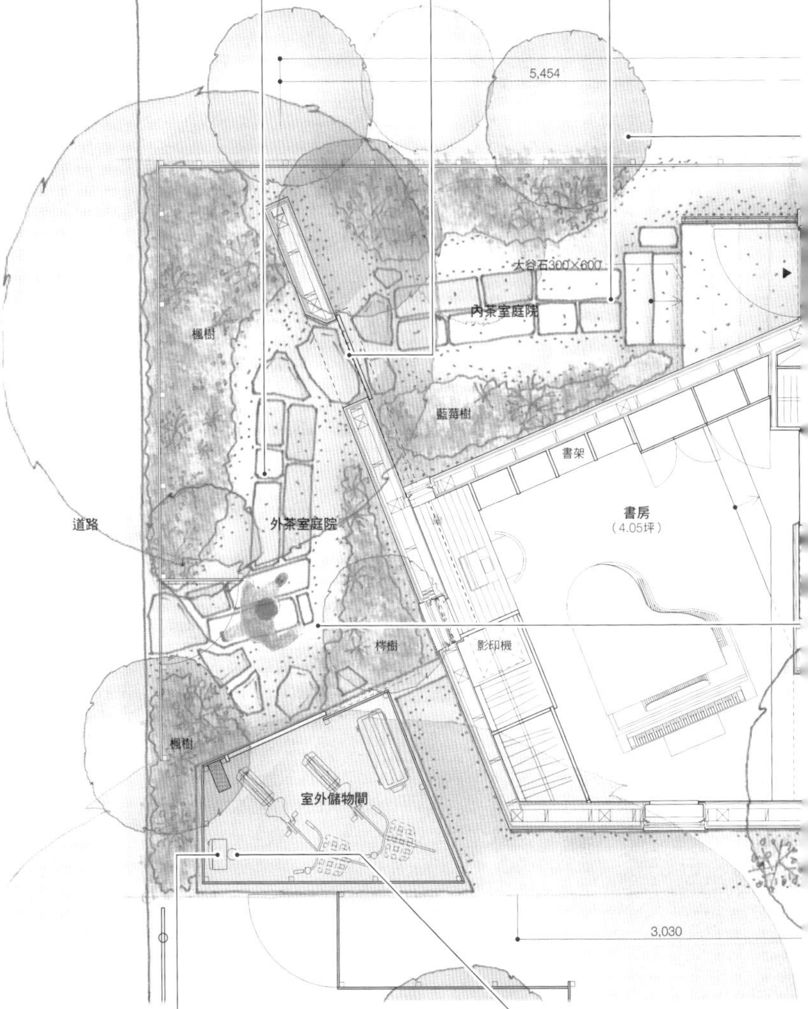
5,454
大谷石300×600
內茶室庭院
楓樹
藍莓樹
書架
書房
(4.05坪)
道路
外茶室庭院
梣樹
影印機
楓樹
室外儲物間
3,030

在設計的最後階段，會很難去處理設置在建築物外部的機器設備類。

被木板柵欄圍起來，並融入景色之中的室外儲物間。將自行車、清掃用具等戶外用品集中擺放在容易取放物品的場所。不想被別人看到的水電錶類、室外機、垃圾擺放處也設置在此處。

「羊腸小道之家」10／94／106／133／146／156頁

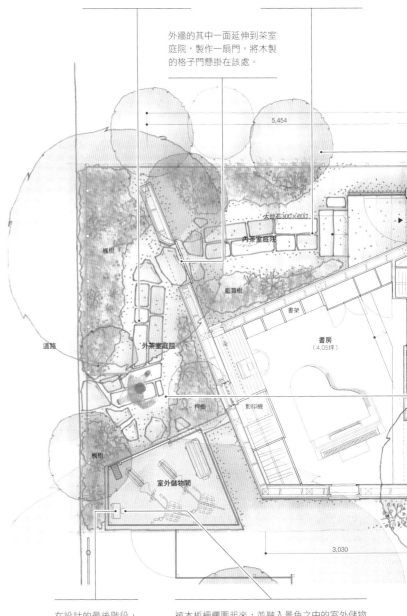

不要受限於南側庭院

有許多人很講究南側的庭院。然而，對於對面的住家來說，那是北側庭院。所謂的南側庭院，都是比較出來的。請大家不要受限於固定概念，而是要全方位地去探索庭院的可能性。首先要做的是，花費一整天，看什麼樣的光會從何處照進來，並觀察整片土地。

在「成城之家」中，建築物被配置在建地中央與偏北側的區域。並沒有將南側整合成一個大庭院，而是打造好幾個小庭院，沿著住宅四周將庭院連接起來。從屋內的各種場所都可以欣賞到，由隔壁住家的樹木重疊而成，且帶有縱深感的綠意。即使其中一邊的庭院開始變得陰暗，另一邊的庭院卻會變得明亮，室內一整天都會籠罩在溫和的光線中。

自然光線與綠意從各處經由窗戶進入室內。樓梯深處的窗戶面向北側庭院，飯廳的窗戶則面向東側與南側的庭院。

從廚房觀看飯廳。飯廳的2個方向都有設置窗戶，也能從相鄰的水泥地與廚房的窗戶來觀賞綠意。將開口部位設置在「自然光線和風會進入，隔壁住家的植物與建地內的植物會互相重疊」的位置。將隔壁住家的綠意當成借景的雜樹庭院是由造園家荻野壽也所設計。

蓋在雜樹庭院內的住宅

「成城之家」1樓平面透視圖
[S＝1：100]

面向道路的西側綠意也能對街道產生貢獻。種植水楡花楸等植物，為通道增添季節感。

面向鄰居通道的北側庭院。由於出乎意料地明亮，午後也有日照，所以種植冬青和檵木等植物。

在此處欣賞南側庭院。在春天可以眺望櫻花行道樹，到了夏天，草木會隨風搖曳，並帶來涼爽的風。在秋天，會看到顏色很深的楓葉與隔壁住家的樹木重疊在一起。到了冬天，可以遠望清澈的天空。在這棟四季分明的住宅內，家人們會持續創造共同的回憶。

不僅要觀察直射陽光，也要釐清透過雲和隔壁住家牆壁等而擴散．反射的光線會如何地照進建地內，持續地討論建築物的位置、房間配置、窗戶的位置等。

由於隔壁住家有豐富的綠意，所以在西側庭院只種植奧氏虎皮楠。

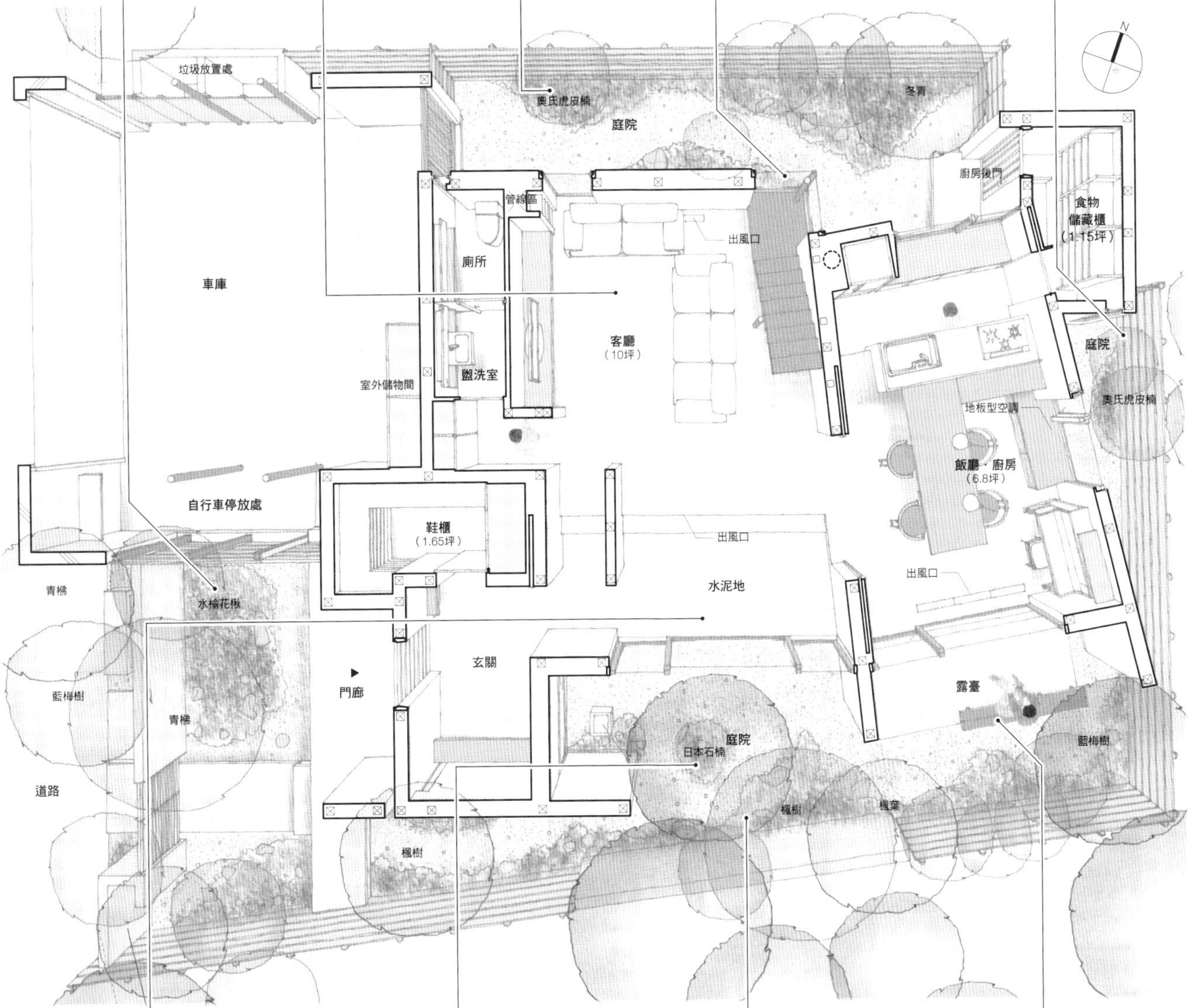
垃圾放置處
奥氏虎皮楠
庭院
冬青
N
廚房後門
食物儲藏櫃
（1.15坪）
管線區
出風口
廁所
車庫
客廳
（10坪）
盥洗室
室外儲物間
庭院
奥氏虎皮楠
地板型空調
飯廳・廚房
（6.8坪）
自行車停放處
鞋櫃
（1.65坪）
出風口
出風口
水泥地
青桐
水楡花楸
藍梣樹
門廊
玄關
露臺
青桐
日本石楠
庭院
藍梅樹
道路
楓樹
楓葉
楓樹

陽光穿過樹葉空隙，照射在水泥地上。只要站在此處，就彷彿位在雜樹林之中。事先在室內外設置能夠讓人親近大自然的場所。

建地內外的雜木將建築物圍成一圈。居民能夠欣賞隨著四季而變化的景色。

在南側庭院種植楓樹、日本石楠等，和鄰地的綠意一起創造出河川沿岸的雜樹林的氛圍。

在露臺內設置長椅。只要慢慢地置身其中，就能聞到接受過日照的樹葉的撲鼻香氣。

「成城之家」28／30／58頁

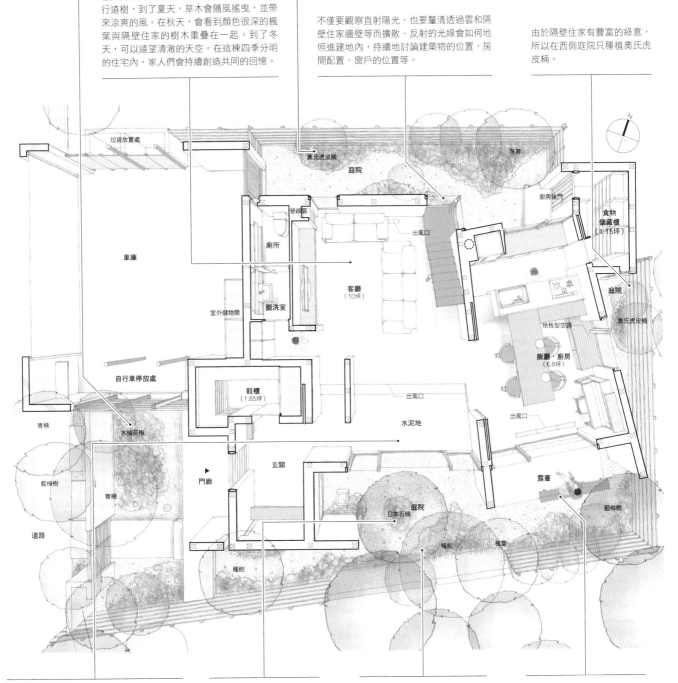

小庭院的大作用

庭院的大小會受到建地的寬敞程度影響，這是理所當然的。不過，光靠其大小並無法計算出庭院的作用。在建地有限的都市地區，不強求設置一個大庭院，而是將空間分給數個小庭院，有時候這樣的作法對住宅來說會比較好。

「包覆庭院之家」蓋在都市地區的住宅地內，建地面積為30坪。為此住宅帶來光線、風、綠意，並創造出縱深感與陰影的是2個小型中庭。另外，在建築物與道路之間的狹小空間內，也會栽種植物，讓路上行人觀賞。

無論從哪個房間，都能看到的中庭，是這個家的中心。在2.5坪大的空間內栽種楓樹與四照花等植物，製作露臺。從室內和室外都能欣賞新綠和紅葉。

被綠意圍繞的住宅

位於建地西南側的小庭院僅不到2坪。雖然比中庭來得更小，但除了青梻、大葉釣樟以外，還種了青木和紅蓋鱗毛蕨。

在僅30坪大的建地內規劃小庭院的空間。

「包覆庭院之家」外部結構圖 [S=1：150]

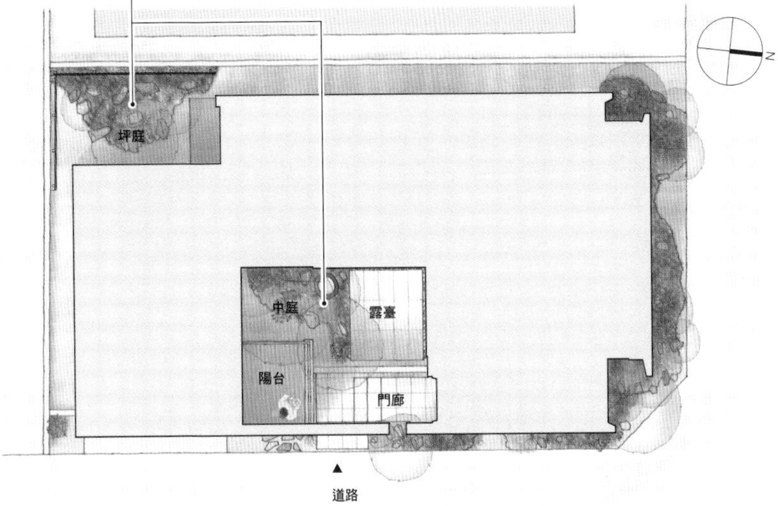
坪庭
中庭
露臺
陽台
門廊
道路
N

讓綠意分散，享受最大限度的樂趣

「包覆庭院之家」
立面圖 [S=1：100]

建蔽率60%（道路轉角處的土地）、容積率100%、總樓地板面積30坪的住宅。雖然在都市地區內，這是一般的大小，但要在確保充分的生活空間，並分配空間給汽車與自行車後，要打造一個大庭院是很難的事。如果能夠均衡地配置小庭院，即使是都市住宅，也能保有希望。

家家戶戶都盡力地去栽種植物。這樣做有助於打造出充滿綠意的有趣街道。

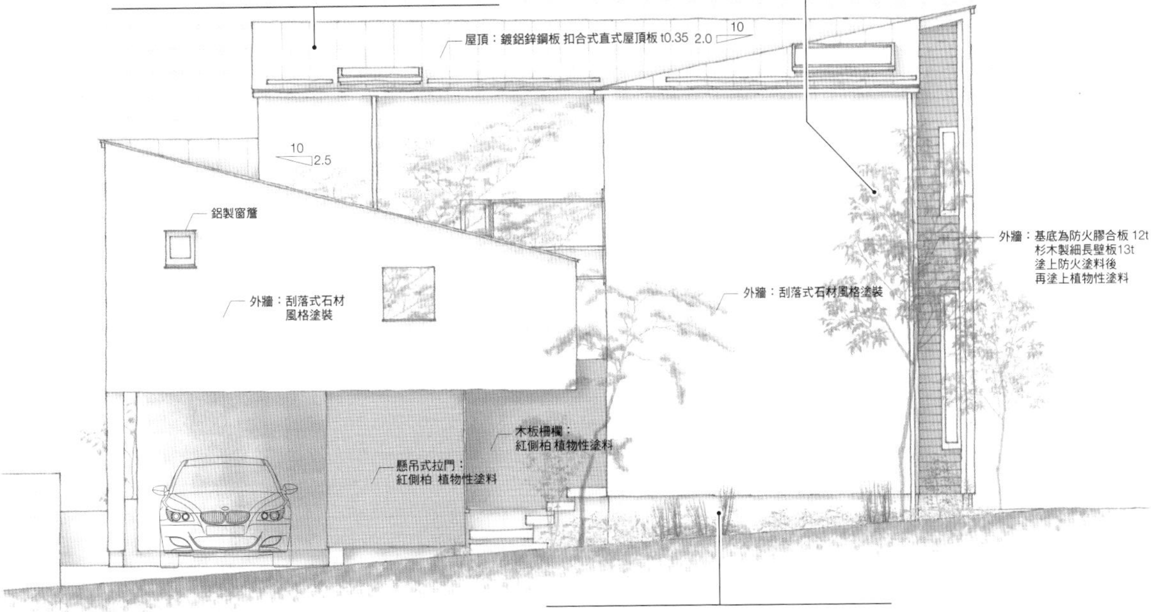
屋頂：鍍鋁鋅鋼板 扣合式直式屋頂板 t0.35 2.0 10
10 2.5
鋁製窗簷
外牆：刮落式石材風格塗裝
外牆：刮落式石材風格塗裝
外牆：基底為防火膠合板 12t 杉木製細長壁板13t 塗上防火塗料後 再塗上植物性塗料
木板柵欄：紅側柏 植物性塗料
懸吊式拉門：紅側柏 植物性塗料

仿效自然的植被，栽種符合庭院空間大小的樹木與花草。當然，將數量控制在照顧得來的範圍內，也很重要。

「包覆庭院之家」122／142頁

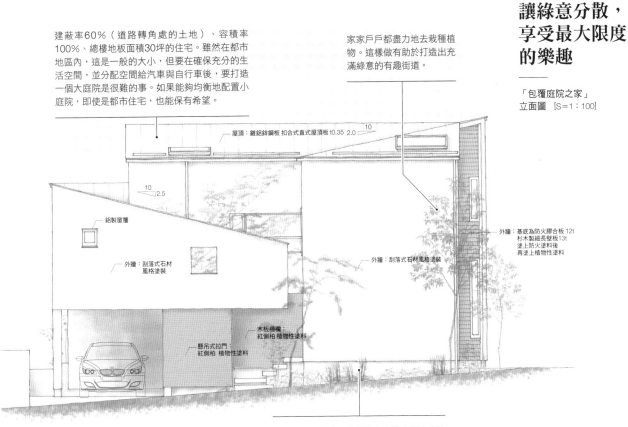

重新審視環境是打造庭院的第一步

我一定會在住宅誕生的「現場」重新審視自己所畫的設計圖。外牆結構更是特別重要，畢竟植物與石頭等物全都不一樣，很難呈現在設計圖上。要先站在實物面的前後，才能決定要如何進行配置。一邊觀察樹木與天然石的各自形狀，一邊決定位置，這是當然的，由於整體的平衡也很重要，所以現場的調整也是不可或缺的。重點在於，要在現場觀看實物，在現場找出各物品的適當擺放位置。為了達到這一點，與工匠們之間的團隊合作是不可或缺的。

「上用賀之家」是庭石店的事務所兼住家。住宅採用與天然石很搭的現代風格。一邊在現場反覆進行討論，一邊請同時也是工匠的屋主分配石頭的擺放位置。

1 通道也是一個朝著道路開放的前庭。使用了大量天然石的前庭令人印象深刻。此住宅也扮演著「庭石店的展示中心」這個角色。

2 通道由切割過的白花崗岩和大谷石所構成。在重要位置，會直接使用筑波石，並配置植物。

3 設置在玄關水泥地的踏腳石。透過石頭的擺放方式，能夠讓玄關產生寬敞感與留白感。

將大自然帶進住宅內

「上用賀之家」
1樓平面圖 [S＝1：80]

將大小不一的扁平踏腳石埋進玄關水泥地中。對水泥地板使用露礫修飾工法，使其融入住宅。

將踏腳石配置在水泥地周圍，中間留下空隙。在狹小的空間內營造出寬敞感。

若隨意使用天然石的話，就會變得沒有品味，所以必須特別留意。將數量控制在少一點會比較洽當。

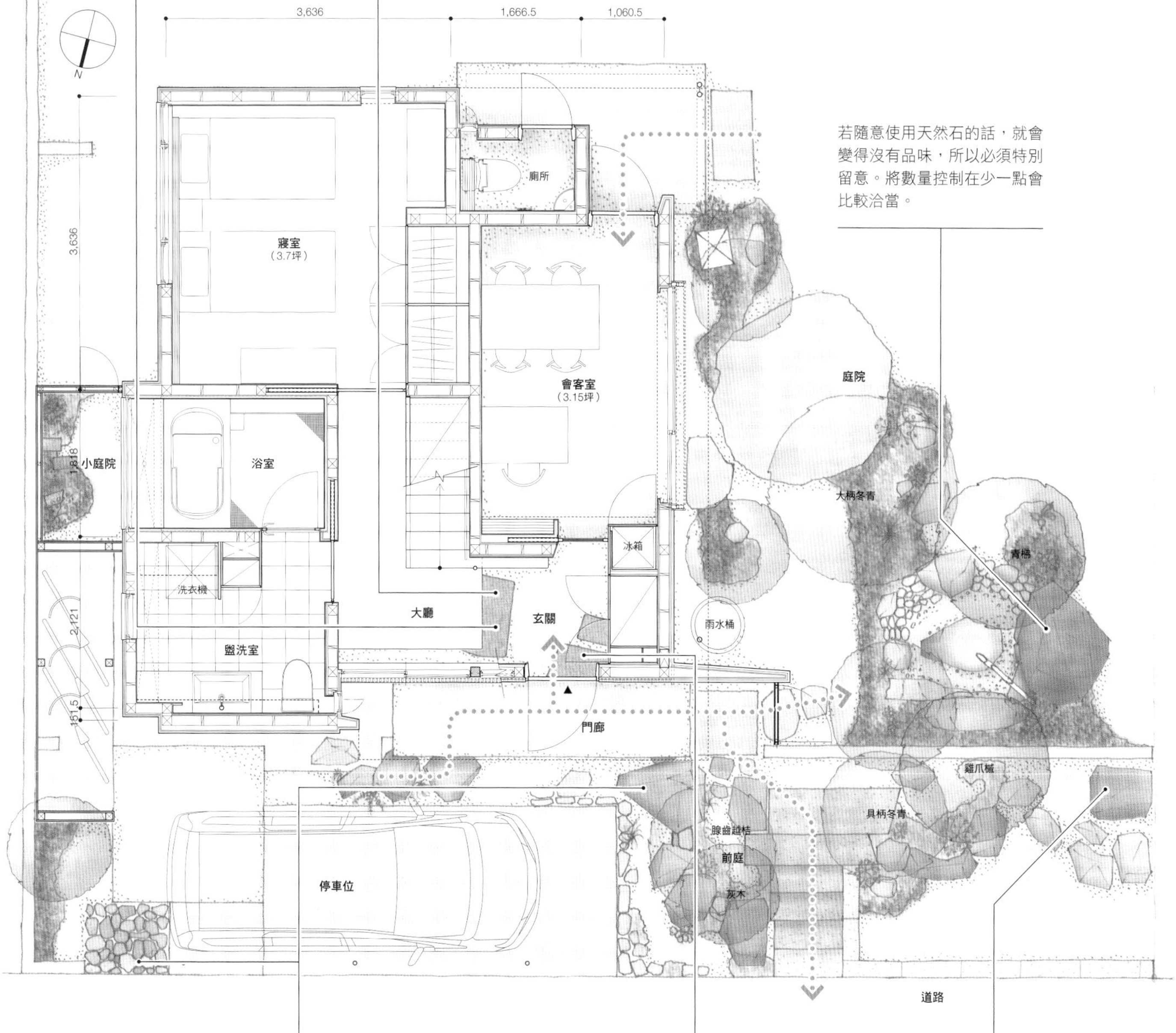
3,636
1,666.5
1,060.5
N
3,636
廁所
寢室
（3.7坪）
會客室
（3.15坪）
小庭院
1,818
浴室
冰箱
洗衣機
大廳
玄關
雨水桶
盥洗室
2,121
151.5
門廊
庭院
大柄冬青
雞爪槭
具柄冬青
腺齒越桔
前庭
灰木
停車位
道路

賦予停車位幾種不同的表情，發揮作為前庭一部分的存在感。

黑花崗岩製成的踏腳石也兼作玄關大門的門擋。

外牆結構是和經營庭石店的屋主一起共同設計出來的。創造出意想不到的新表現方式。

「上用賀之家」60頁

chapter 2

生活空間

設計舒適的生活空間

興建住宅指的就是打造舒適的生活空間。住宅是為了「讓我們舒適地生活在當下這個時間與空間」而存在的重要場所。在家中，如果有一張能讓自己的身心感到舒適的窗邊長椅，或是一個能讓人感受到將自己包住的光線與寂靜的空間，家人肯定也會很幸福吧！當然，每天的生活並非都是快樂的事。偶爾也會感到失落，遭遇困境。在這種時候，如果有個能放鬆心情的舒適生活空間的話，應該會有很大幫助。

家人聚集在一起的生活空間，從戰前的地爐邊或日式客飯廳（茶の間）轉變為現代的客廳。同時，在生活中，也從坐在榻榻米上轉變為坐在椅子上，人們的行為舉止也產生了變化。而產生最大變化的是視點。席地而坐與坐在椅子上所看到的景象有很大差異。雖然地爐邊或起居室是狹小的空間，但視點較低也就表示很接近地面。藉此，就能強烈地感受到內外空間的聯繫。說到用來區隔內外空間的東西，主要為門窗隔扇。若能將光線、風、景色都帶進室內，室內與室外的界線就會變得模糊，時常產生變化。另一方面，在透過一道門扇來相連的深處房間中，會產生陰影與寂靜。地爐邊與日式客飯廳的消失，也代表我們失去了較低的視點以及從該處往室內外延伸的水平性。

「以起居室為中心來分配個人房」的現代日本住宅形式主要是學習自美國的現代客廳，但卻似乎捨棄了那些傳統。我想要再次謙虛地學習地爐邊或日式客飯廳原本所具備的「能讓家人聚集起來的向心性」、行為舉止、較低的視點、水平性、室內與庭院之間的交流等特色，藉此來重新設計現代家庭的生活空間。

照片：縱露地之家（露地即為內文中提到的茶室庭院）

在現代活用數寄精神

以前，人們會將雖樸素卻很洗鍊的茅廬風格茶室稱作數寄屋。數寄就是「喜愛」（兩者的日文讀音皆為suki）的意思，也帶有「集中數量」與「穿透・空隙・梳頭・製紙」的意思。將形狀、顏色、質感都不同的東西組合起來，找出美感……。構成茶室的各種素材在狹小的空間中順利地取得平衡，這種景象正是集中數量的數寄世界。在該處，我看到了，貪婪地引進國內外的事物，並進行鑑定、研究的數寄精神。

正因為身處於生活型態、工作方式、家庭成員組成都很多樣化的現代，所以才更要追求數寄精神。畢竟我想要積極地將「能夠認同、活用不同價值觀的設計手法」運用在住宅設計上。

陽光穿過有裝設屋頂的陽台，照射到連接深處的寢室。

光線、風、聲音、香氣從格子門窗的縫隙進入，穿過中庭，深深地進入室內深處。

從客廳觀看中庭。中庭被有設置開口部位的圍牆與格子門窗所圍繞。在中庭內，雖然能讓人感受到前方街道的氣息，但也能讓室內變得寂靜。

視線與光 都會穿透

「宇都宮之家」
剖面透視圖 [S=1：60]

照射在中庭內的陽光會反射，一邊宛如日晷般地不斷變換表情，一邊將光線傳到室內。變得柔和的光線會營造出一個平靜的空間。

來自天窗的光線有時會過於強烈。光線落在狹窄牆壁的縫隙中，持續穿越，藉此形成柔和的擴散光。光線會從牆壁傳到地板。

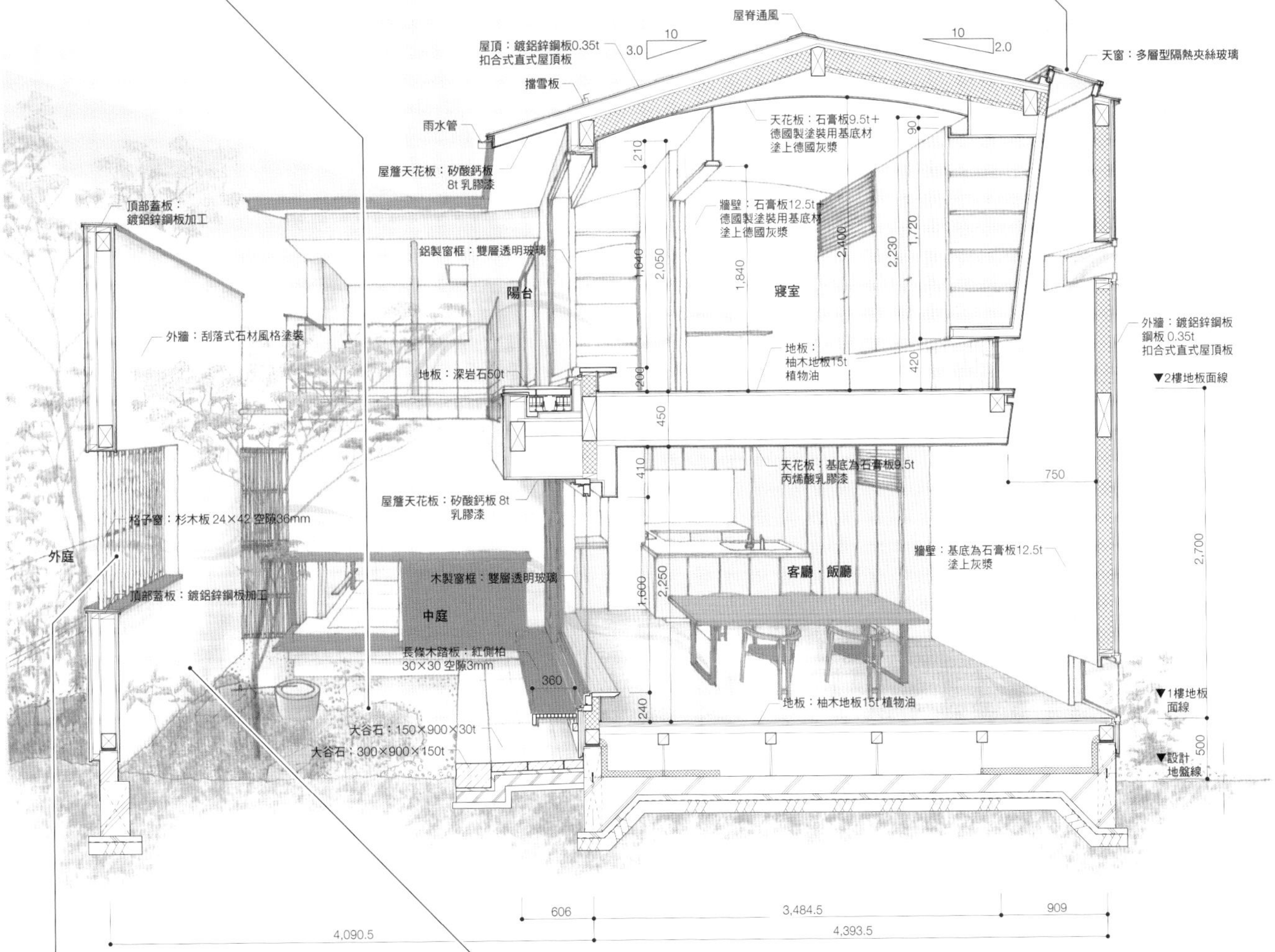

屋脊通風
屋頂：鍍鋁鋅鋼板0.35t
扣合式直式屋頂板
3.0
10
10
2.0
天窗：多層型隔熱夾絲玻璃
擋雪板
雨水管
天花板：石膏板9.5t＋
德國製塗裝用基底材
塗上德國灰漿
屋簷天花板：矽酸鈣板
8t 乳膠漆
頂部蓋板：
鍍鋁鋅鋼板加工
牆壁：石膏板12.5t＋
德國製塗裝用基底材
塗上德國灰漿
鋁製窗框：雙層透明玻璃
陽台
寢室
外牆：刮落式石材風格塗裝
外牆：鍍鋁鋅鋼板
鋼板 0.35t
扣合式直式屋頂板
地板：深岩石50t
地板：
柚木地板15t
植物油
▼2樓地板面線
天花板：基底為石膏板9.5t
丙烯酸乳膠漆
屋簷天花板：矽酸鈣板 8t
乳膠漆
格子窗：杉木板 24×42 空隙36mm
外庭
牆壁：基底為石膏板12.5t
塗上灰漿
客廳・飯廳
木製窗框：雙層透明玻璃
頂部蓋板：鍍鋁鋅鋼板加工
中庭
長條木踏板：紅側柏
30×30 空隙3mm
360
地板：柚木地板15t 植物油
▼1樓地板
面線
大谷石：150×900×30t
大谷石：300×900×150t
▼設計
地盤線
210
90
1,640
2,050
1,840
2,400
2,230
1,720
200
420
450
410
750
2,700
1,600
2,250
240
500
606
3,484.5
909
4,090.5
4,393.5

中庭的綠意和生活氣息也能隔著格子窗傳給路上行人。藉由溫和地與街道產生聯繫，居住者也會感到安心。

在沿著道路設置的圍牆上裝設格子窗來當作開口部位，能夠稍微傳遞外庭的綠意和街道的吵雜聲。

「宇都宮之家」8／32／78／115／117／140／144／152頁

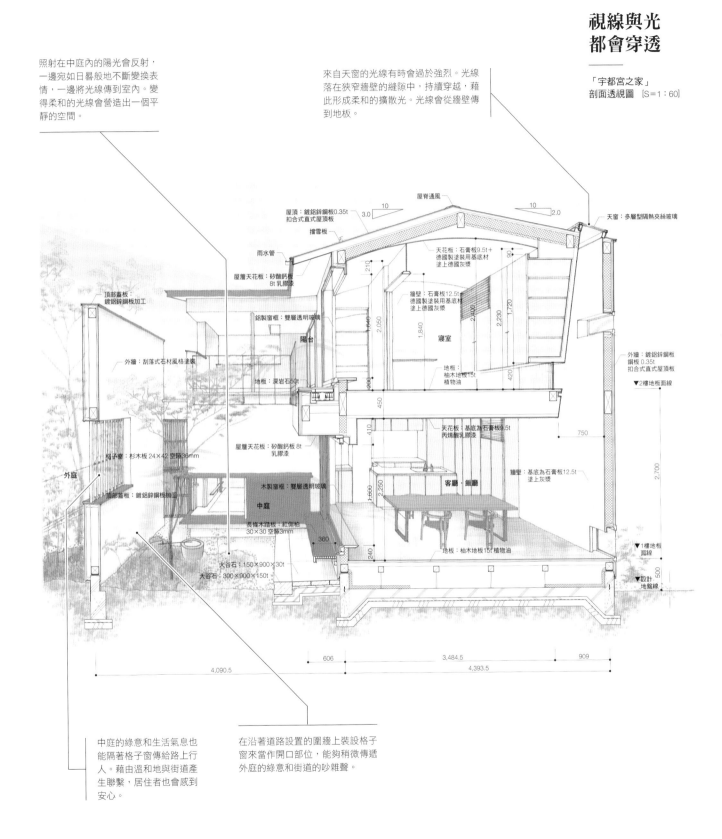

自在地掌控空間的連接／區隔

日本的建築很重視平面圖（房間配置圖）。話雖如此，該平面圖並非明確區分好的配置圖，而是具有可變性的空間。將日式拉門、拉窗等門窗隔扇或屏風打開、關上，或是使其移動，就能連接原本被區隔開來的外部。透過這種方式，就能呈現縱深感與寬敞感，居民也會自然地調整彼此的距離感，創造出多樣化的活動。

在「光邊之家」的配置圖中，ＬＤＫ與和室中間隔著露臺，玻璃框門會間接地連接室內外空間。當許多人聚集在一起時，或是溫和的季節到來時，就會把門窗隔扇完全打開，從ＬＤＫ到露臺、和室會形成一個相連的空間。只要把和室的拉門關上，就能形成能夠安靜地獨自放鬆的空間。也可以一邊籠罩在柔和的光線中，一邊小睡片刻。這棟具有可變性的住宅也能滿足人心的微妙之處。實現了這一點的木製門窗隔扇與拉門也帶有「溫情」，能對人心產生作用。

用來連接2個房間的露臺與門窗隔扇

「光邊之家」1樓平面透視圖
[S=1：80]

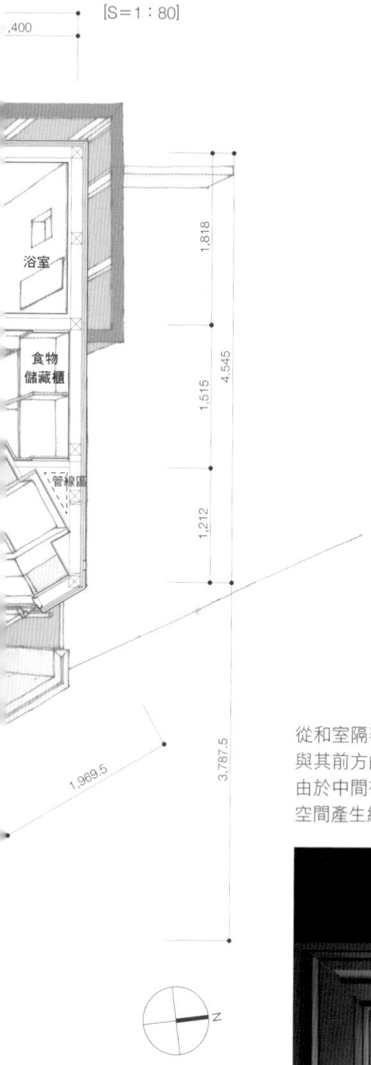
,400
浴室
食物
儲藏櫃
管線區
1,818
1,515
4,545
1,212
3,787.5
1,969.5
N

從客廳．飯廳隔著露臺觀看和室。由於拉門全都被收進防雨板套中，所以與露臺之間的整體感會變得更加強烈。

從和室隔著紗門觀看露臺與其前方的客廳．飯廳。由於中間有門，所以會使空間產生縱深感。

採用鋼製格子門，讓光線和視線也能穿過門。連接外部與內部的氣息。

將用來區隔玄關和客廳．飯廳的框門收進牆壁內。由於門內裝設了透明玻璃，所以無論打開還是關上，視線都能穿透，但空氣、聲音的穿透方式、外觀、縱深感都會改變。

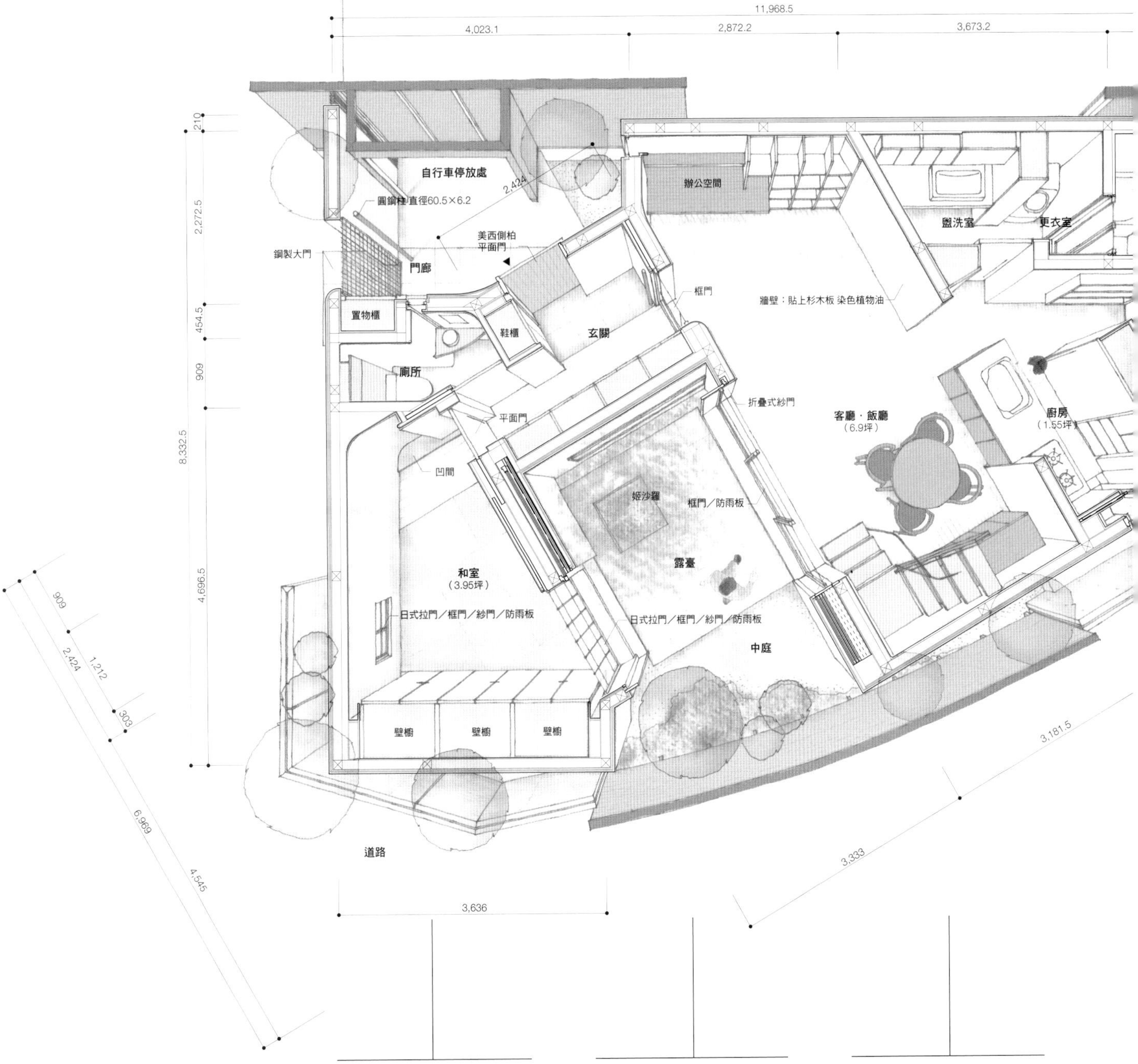

和室的開口部位裝設了防雨板、玻璃門、紗門、日式拉門。藉由打開、關上多扇門窗來調整住宅與大自然之間的關係。

只要讓露臺接近室內的地板高度，出入就會變得很方便，並使室內外產生整體感。

客廳．飯廳的框門和防雨板可以收進牆壁內。透過捲簾來調整直射光線與視線。

「光邊之家」12／24／92／128／155頁

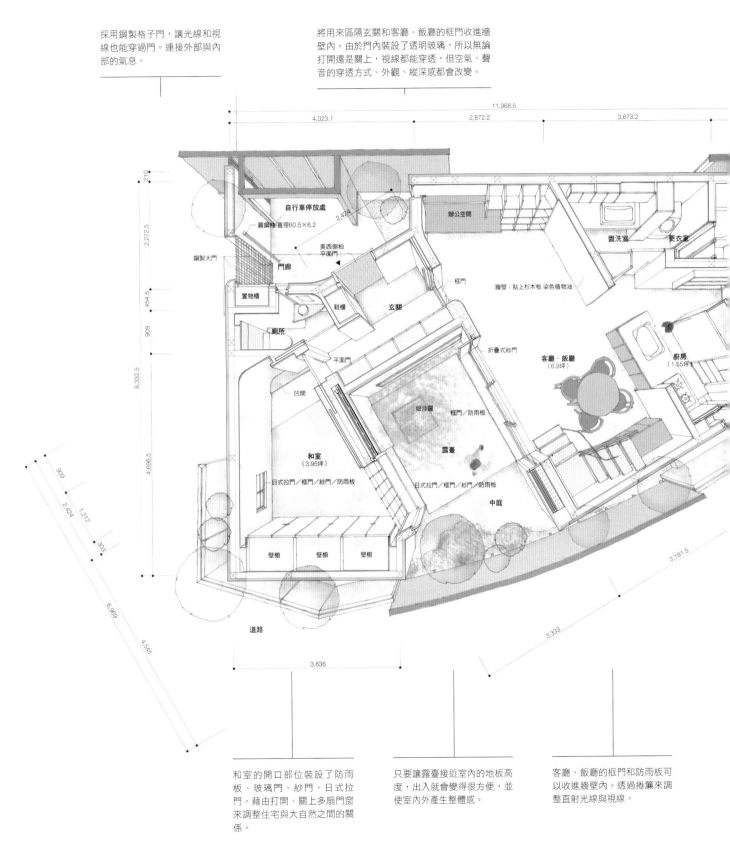

再次審視空間的連接

在以前的房間配置圖中，只會採用拉門、木板門這類較溫和的區隔方式。到了現在，確實地打造牆面，依照功能來劃分房間成為主流。不過，藉由事先將房間其中一面牆做成拉門的話，就能夠自然地連接內部與內部、內部與外部以及其前方的自然環境。再加上，若使用透明玻璃或半透明樹脂板來製作「能讓光線穿透的門窗」的話，就能創造出新的空間連接方式。

在「千駄木之家」中，2樓是相連的空間。從露臺所在的南側庭院到採用差層式結構的客廳、飯廳・廚房、東側庭院，都是透過玻璃拉門來連接的。藉由開關門扇，就能讓居民透過五感來溫和地感受被帶進室內的戶外空氣、光線、風等

也能連接外部的相連空間

「千駄木之家」2樓平面圖
[S=1：75]

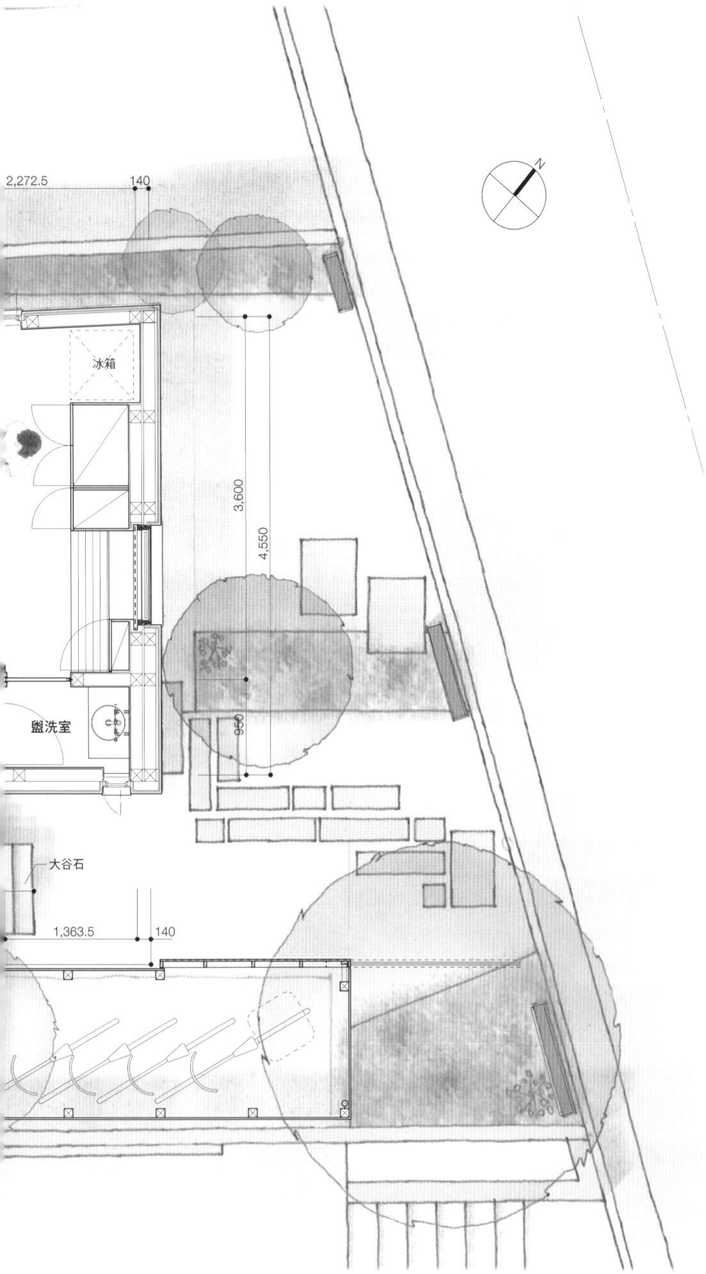

2,272.5
140
冰箱
3,600
4,550
盥洗室
950
大谷石
1,363.5
140

1 從飯廳觀看隔著一扇玻璃框門的客廳與木製露臺，以及其前方的庭院樹木。木製露臺的長椅使用枕木製成。

2 與庭院和木製露臺相連的清掃窗採用鋁製窗框。為了和飯廳的木製窗框（1）取得平衡，所以在正面裝設木製的豎框與門楣，以消除鋁的質感。

用來區隔兩個房間的玻璃門能夠收進牆壁內。

通常鋼琴會被收進折疊門內。這是需要使用時才會打開來的最小相連空間。

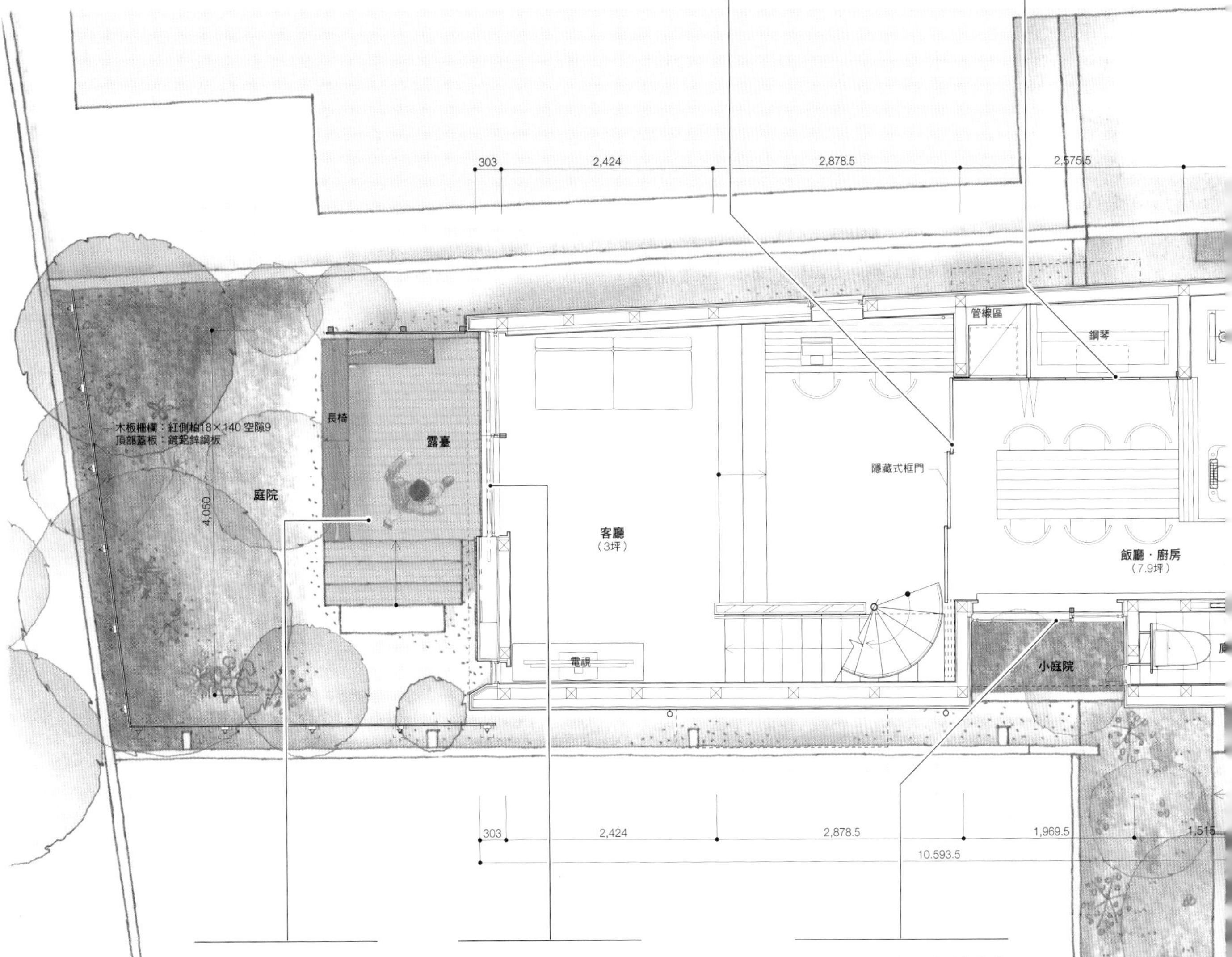
303
2,424
2,878.5
2,575.5
管線區
鋼琴
長椅
露臺
木板柵欄：紅側柏18×140 空隙9
頂部蓋板：鍍鋁鋅鋼板
庭院
4,050
隱藏式框門
客廳
(3坪)
飯廳・廚房
(7.9坪)
電視
小庭院
303
2,424
2,878.5
1,969.5
1,515
10,593.5

在栽種了植物的庭院內，配合2樓客廳的地板高度來打造木製露臺。

如同寒冷時要多穿衣服那樣，將窗簾和捲簾關上。也可以把住宅想成是衣服的延伸。

在不同季節，令人感到舒適的場所會略有差異。打開、關上門扇來將微氣候帶進室內，使空間產生變化，打造出每個季節的生活空間。

「千駄木之家」14／22頁

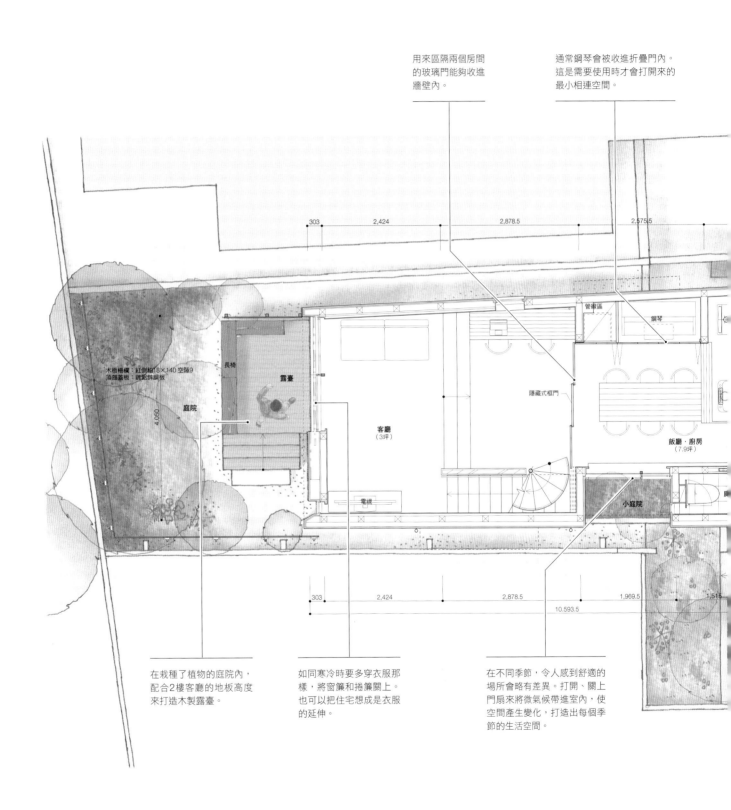

透過留白感與偏移來營造出從容感

思考住宅的性能與效率當然很重要，不過，光是那樣的話，無法打造出悠然的住宅。重點在於，要製造間隙（留白感）和空隙（偏移）。這是因為，即使只是一件小事，也能讓內心感到從容。

雖然「稻毛之家」是一棟小住宅，但採用了能讓人感受到留白感的空間結構，像是打造一面用來承受光線的大牆壁。含砂灰漿的牆面能透過自然光來不斷變換表情，為空間帶來寂靜。採用差層式結構的地板與牆壁會在中途產生縫隙，當光線或不同的素材進入該縫隙後，就能感受到寬敞感與縱深感。能夠創造出間隙與縫隙的從容感，也會在居民的內心中表現出來。

採用差層式結構的小住宅

「稻毛之家」
1樓・2樓的樓中樓的平面圖 [S=1：300]

差層式結構的設計方案。從玄關提高約半階後，就會形成LDK。

有從容感的住宅

「稻毛之家」剖面詳細圖
[S=1：60]

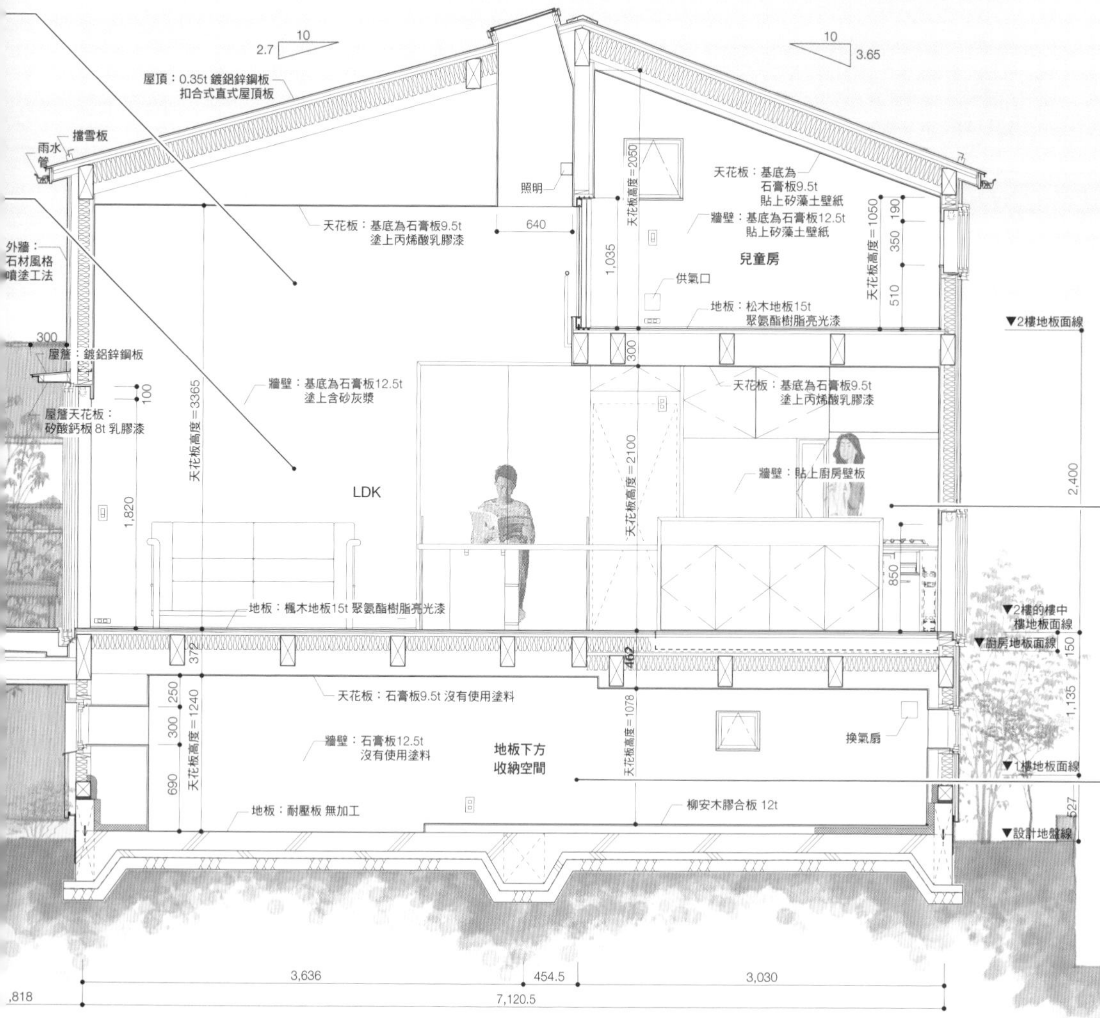

2.7
10
10
3.65
屋頂：0.35t 鍍鋁鋅鋼板
扣合式直式屋頂板
擋雪板
雨水管
照明
天花板：基底為石膏板9.5t
塗上丙烯酸乳膠漆
640
外牆：
石材風格
噴塗工法
天花板：基底為
石膏板9.5t
貼上矽藻土壁紙
牆壁：基底為石膏板12.5t
貼上矽藻土壁紙
兒童房
供氣口
地板：松木地板15t
聚氨酯樹脂亮光漆
天花板高度=2050
天花板高度=1050
1,035
190
350
510
▼2樓地板面線
300
屋簷：鍍鋁鋅鋼板
屋簷天花板：
矽酸鈣板 8t 乳膠漆
100
牆壁：基底為石膏板12.5t
塗上含砂灰漿
天花板：基底為石膏板9.5t
塗上丙烯酸乳膠漆
天花板高度=3365
天花板高度=2100
LDK
牆壁：貼上廚房壁板
1,820
2,400
850
地板：楓木地板15t 聚氨酯樹脂亮光漆
▼2樓的樓中樓地板面線
▼廚房地板面線
150
372
462
天花板：石膏板9.5t 沒有使用塗料
250
300
天花板高度=1240
天花板高度=1078
1,135
牆壁：石膏板12.5t
沒有使用塗料
地板下方
收納空間
換氣扇
▼1樓地板面線
690
地板：耐壓板 無加工
柳安木膠合板 12t
527
▼設計地盤線
3,636
454.5
3,030
,818
7,120.5

廚房這邊的地板比客廳和飯廳低約15公分。視線容易與坐在飯廳餐桌或沙發上的家人交會，也能聊得很起勁。

很大的地板下方收納空間是具有留白感的空間後台。由於具備多層收納空間，可以放入不同季節的物品，所以在LDK內，雜物不會堆得到處都是。

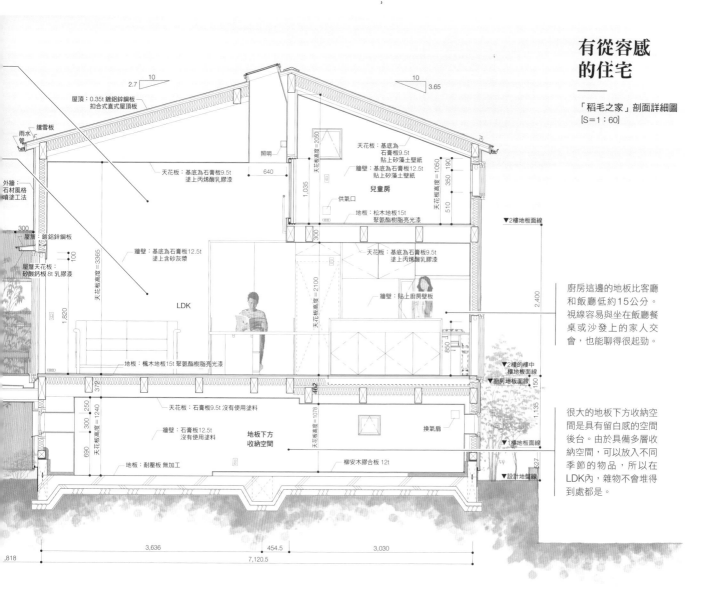

1

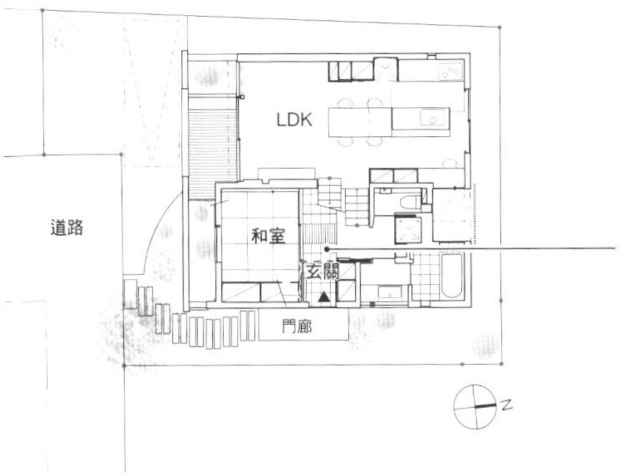
LDK
道路
和室
玄關
門廊

面向室內中庭的含砂灰漿牆很大，可以承受自然光線。讓人覺得8.5坪大的客廳更加寬敞舒適。

3

2

由於具有留白感，所以能夠映照出家人的生活與生活中使用的物品。具有留白感（什麼都沒有）的牆壁是一種奢侈的設計。

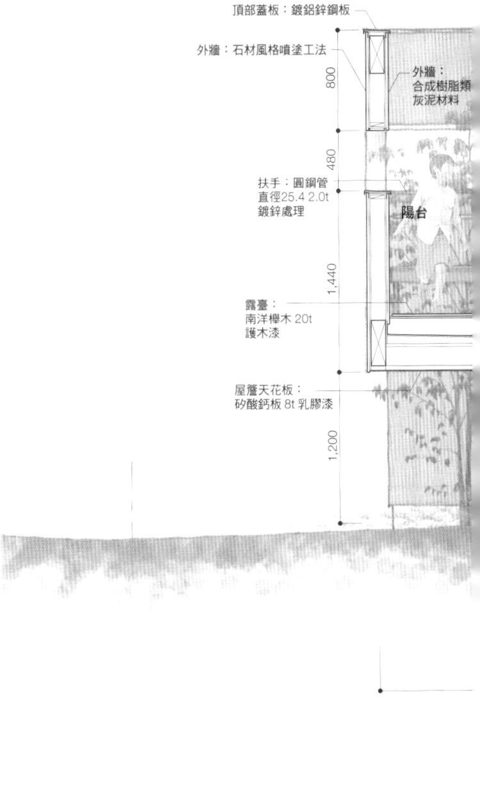
頂部蓋板：鍍鋁鋅鋼板
外牆：石材風格噴塗工法
800
外牆：
合成樹脂類
灰泥材料
480
扶手：圓鋼管
直徑25.4 2.0t
鍍鋅處理
陽台
1,440
露臺：
南洋櫸木 20t
護木漆
屋簷天花板：
矽酸鈣板 8t 乳膠漆
1,200

1 從客廳觀看飯廳、廚房。從大大小小的窗戶與天窗進入室內的光線，會擴散到帶有留白感的牆壁與地板上，融入空間之中。寂靜感會隨著時間經過而產生。

2 在牆上設置用來採光的細縫，並製作一個小小的陳設架。即使擺放家具或小物品，也能更加感受到留白感。此空間內洋溢著從容感與寂靜。

3 從1樓的玄關水泥地可以進出LDK的地板下方收納空間。

「稻毛之家」141頁

以縱向與橫向的方式來呈現縱深感

雖然是小型住宅，卻總覺得很寬敞——這種住宅一般來說都有共通點。那就是「縱深感」。藉由無法一眼看到末端的部分，來打造前方與深處。效果在於，讓人覺得深處的前方還有相連的空間。

在小型住宅中，不僅要重視平面，還必須透過立體的方式來製造距離感，使人產生縱深感。不要完全明確地劃分各樓層，而是要讓位於下層房間的人可以稍微看到上層的一部分，並讓光線從上方落下，讓人預感空間會縱向地延伸。雖然「縱露地之家」的建築面積約為9坪，但藉由橫向與縱向地呈現縱深感，就能獲得超出實際大小的寬敞感。

光是在天花板、牆壁，或是相鄰的牆壁上打造出細長縫隙，就能營造出距離感。廚房盡頭的天花板沿著牆壁形成了細長的室內中庭，來自天窗的光線會照下來。

2

1

1 從飯廳觀看室內中庭的樓梯間。灰漿天花板表面遮蔽了遠望視線，並讓人覺得從上層落下的光線與隔著窗戶看到的行道樹會縱向地延伸。

2 從閣樓隔著屋頂的茶室庭院觀看茶室與其前方的行道樹。種植在前方的草珊瑚呈現出了與茶室之間的距離感。

在9坪大的住宅內打造縱深感

「縱露地之家」
剖面透視圖 [S＝1：60]

爬上樓梯，穿過茶室矮門後，就會來到1.5坪大的茶室。與其相鄰的是設置在屋頂的茶室庭院。外部會朝向3樓的最深處延伸。

在庭院深處能夠看到閣樓。可以體會到隔著窗戶看著自家住宅的樂趣，並會覺得空間仍在持續朝裡面延伸。

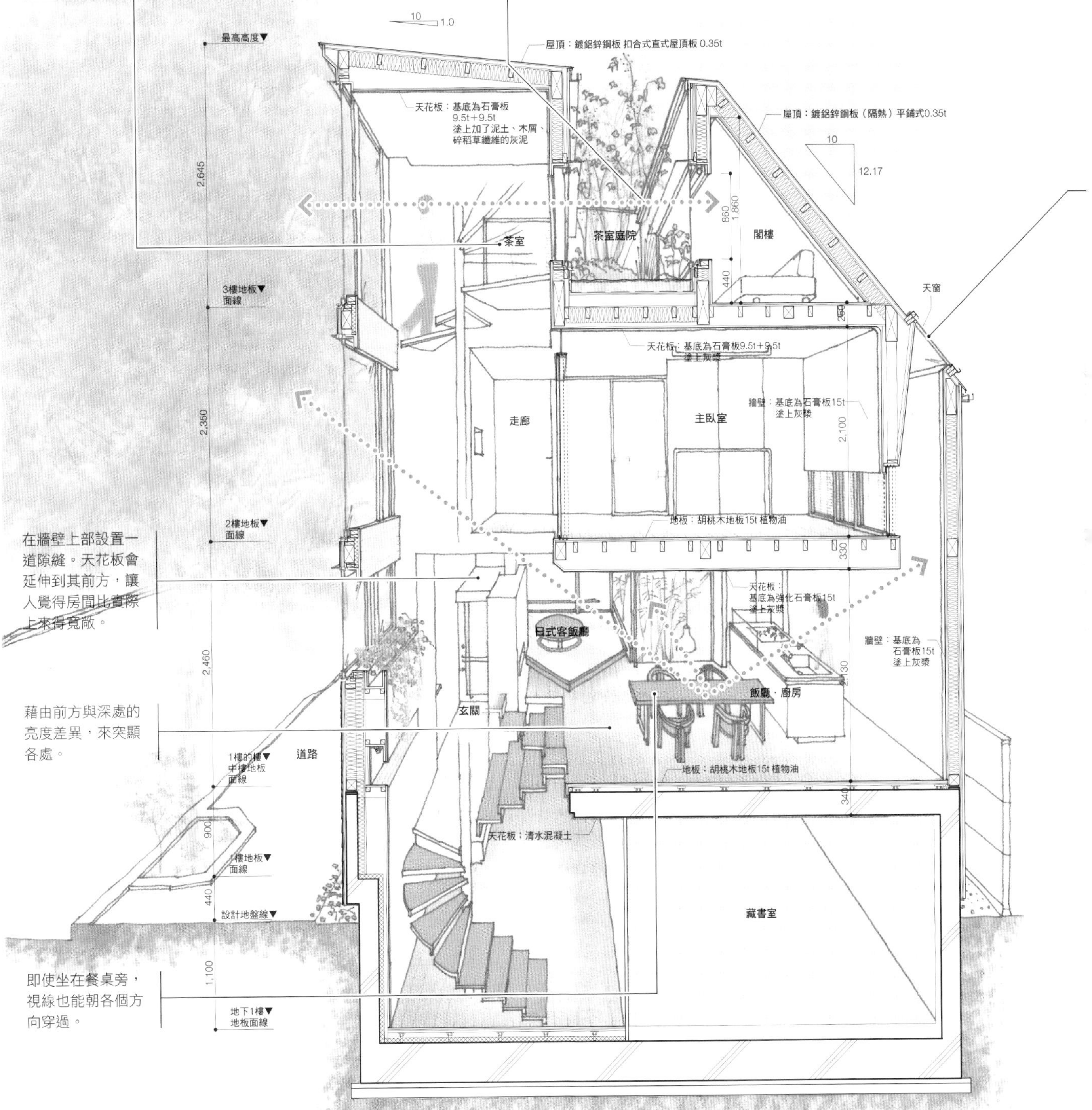
10
1.0
最高高度▼
屋頂：鍍鋁鋅鋼板 扣合式直式屋頂板 0.35t
天花板：基底為石膏板
9.5t＋9.5t
塗上加了泥土、木屑、碎稻草纖維的灰泥
屋頂：鍍鋁鋅鋼板（隔熱）平鋪式0.35t
10
12.17
2,645
1,860
860
440
茶室
茶室庭院
閣樓
天窗
3樓地板▼
面線
天花板：基底為石膏板9.5t＋9.5t
塗上灰漿
走廊
主臥室
牆壁：基底為石膏板15t
塗上灰漿
2,100
2,350
2樓地板▼
面線
地板：胡桃木地板15t 植物油
330
天花板：
基底為強化石膏板15t
塗上灰漿
日式客飯廳
牆壁：基底為
石膏板15t
塗上灰漿
2,460
飯廳．廚房
玄關
道路
1樓的樓▼
中樓地板
面線
地板：胡桃木地板15t 植物油
340
天花板：清水混凝土
900
1樓地板▼
面線
440
設計地盤線▼
藏書室
1,100
地下1樓▼
地板面線

在牆壁上部設置一道隙縫。天花板會延伸到其前方，讓人覺得房間比實際上來得寬敞。

藉由前方與深處的亮度差異，來突顯各處。

即使坐在餐桌旁，視線也能朝各個方向穿過。

連接向外延伸的外部空間

對於住宅來說，能夠讓家人聚集起來的「向心性」是不可或缺的。同時，我認為能夠讓視線向外延伸的「離心性」也是不可或缺的。為了此目標，我們要設置能讓視線朝外部穿透的窗戶與場所。話雖如此，在距離鄰居很近的場所，即使設置窗戶，不但無法眺望遠方景色，還會變成很少打開的窗戶。

在本章節中要介紹的是，建地不怎麼寬敞的都市住宅。打造一個小中庭，種植四照花，讓人從任何一個房間都能近距離地欣賞草木。來到屋頂後，會看到遼闊的天空，在此處能夠遠望周圍的街景與天空。從近到遠的各種大小風景都與住宅相連，使生活變得更加豐富。

在玄關旁設置地窗，將視線引向種植在與鄰地之間的小空間內的植物。

與大自然愉快相處的住宅

「石神井町之家III」剖面圖 [S=1：75]

有如透過葉子的一個動作來感受風般，窗外周遭的景色會很有說服力地傳達戶外的模樣。

我希望即使在家中，也能夠眺望遠方的景色。雖然住宅所在的場所面積很有限，但會覺得比實際上來得寬敞。

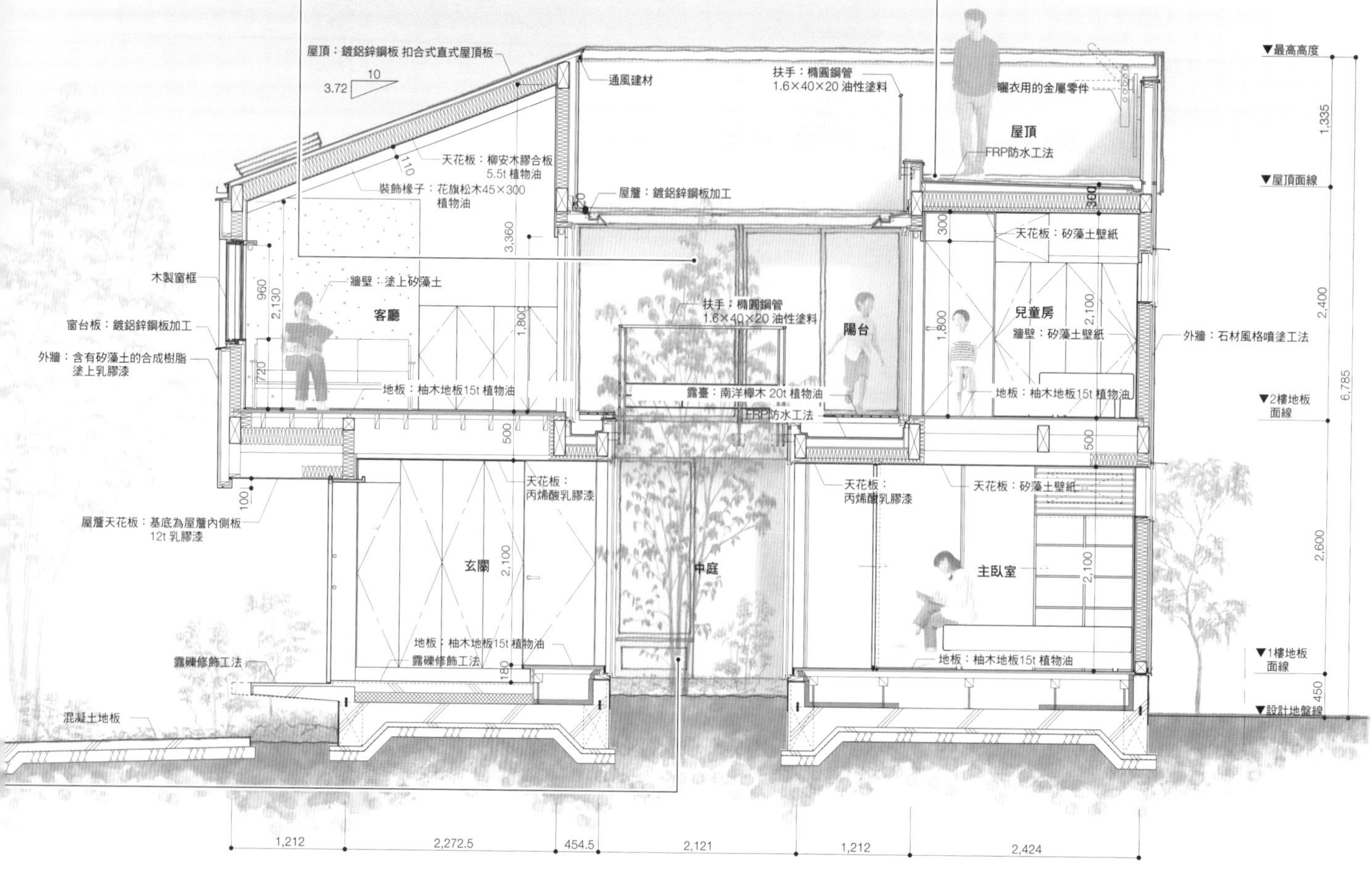
屋頂：鍍鋁鋅鋼板 扣合式直式屋頂板
3.72
10
通風建材
扶手：橢圓鋼管
1.6×40×20 油性塗料
曬衣用的金屬零件
▼最高高度
1,335
屋頂
FRP防水工法
▼屋頂面線
天花板：柳安木膠合板
5.5t 植物油
裝飾椽子：花旗松木45×300
植物油
屋簷：鍍鋁鋅鋼板加工
300
天花板：矽藻土壁紙
3,360
木製窗框
960
2,130
牆壁：塗上矽藻土
客廳
扶手：橢圓鋼管
1.6×40×20 油性塗料
陽台
1,800
兒童房
牆壁：矽藻土壁紙
2,100
2,400
外牆：石材風格噴塗工法
窗台板：鍍鋁鋅鋼板加工
外牆：含有矽藻土的合成樹脂
塗上乳膠漆
720
地板：柚木地板15t 植物油
露臺：南洋櫸木 20t 植物油
FRP防水工法
地板：柚木地板15t 植物油
▼2樓地板
面線
6,785
500
天花板：
丙烯酸乳膠漆
天花板：
丙烯酸乳膠漆
天花板：矽藻土壁紙
100
屋簷天花板：基底為屋簷內側板
12t 乳膠漆
玄關
2,100
中庭
主臥室
2,100
2,600
地板：柚木地板15t 植物油
露礫修飾工法
露礫修飾工法
180
地板：柚木地板15t 植物油
▼1樓地板
面線
450
▼設計地盤線
混凝土地板
1,212
2,272.5
454.5
2,121
1,212
2,424

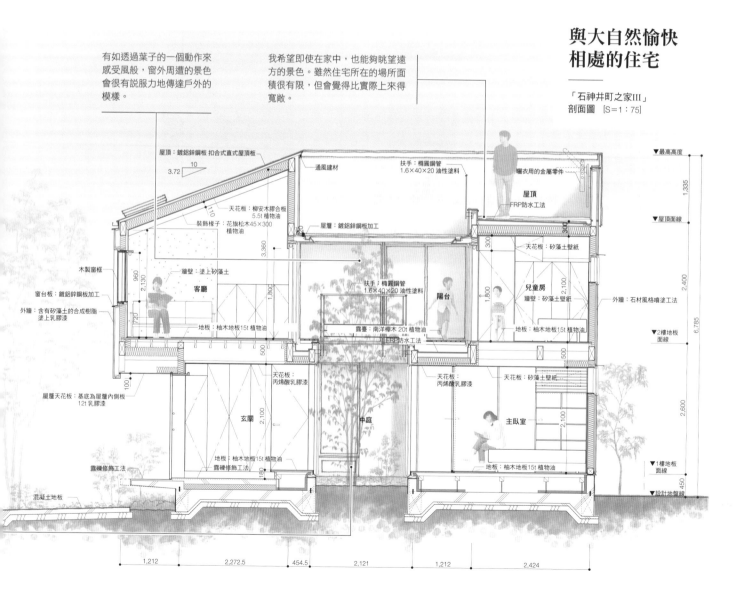

從屋頂俯視中庭。客廳與鋪設了露臺的陽台深處相連。只要望向遠方，就能看到暮色漸濃的街道。想要連接家中的內外空間，舒適地生活。

在中庭栽種四照花和樹下雜草。只透過一棵落葉樹，就能營造出季節感。

能與外部產生聯繫的旗竿地住宅

在市區的旗竿地中，要先從道路進到深處後，來到四周房屋林立之處，才能興建住宅。在嚴苛的條件下，正是展現技術的時候，像是如何將光線、風等「外部」帶進住宅，與「內部」相連。

「府中之家」位於一塊東西向較長的旗竿地。作為通風、採光起點的中庭佔據了住宅格局的中心。在很靠近鄰居的南側與北側，會將窗戶減到最少，在能夠將綠意當成借景的西側，則會設置很大的開口部位。一爬上2樓，就會獲得「開放的視野」，可以隔著中庭眺望榻榻米區和戶外的綠意，完全不會感受到旗竿地特有的壓迫感。

從外部引進與外部相連

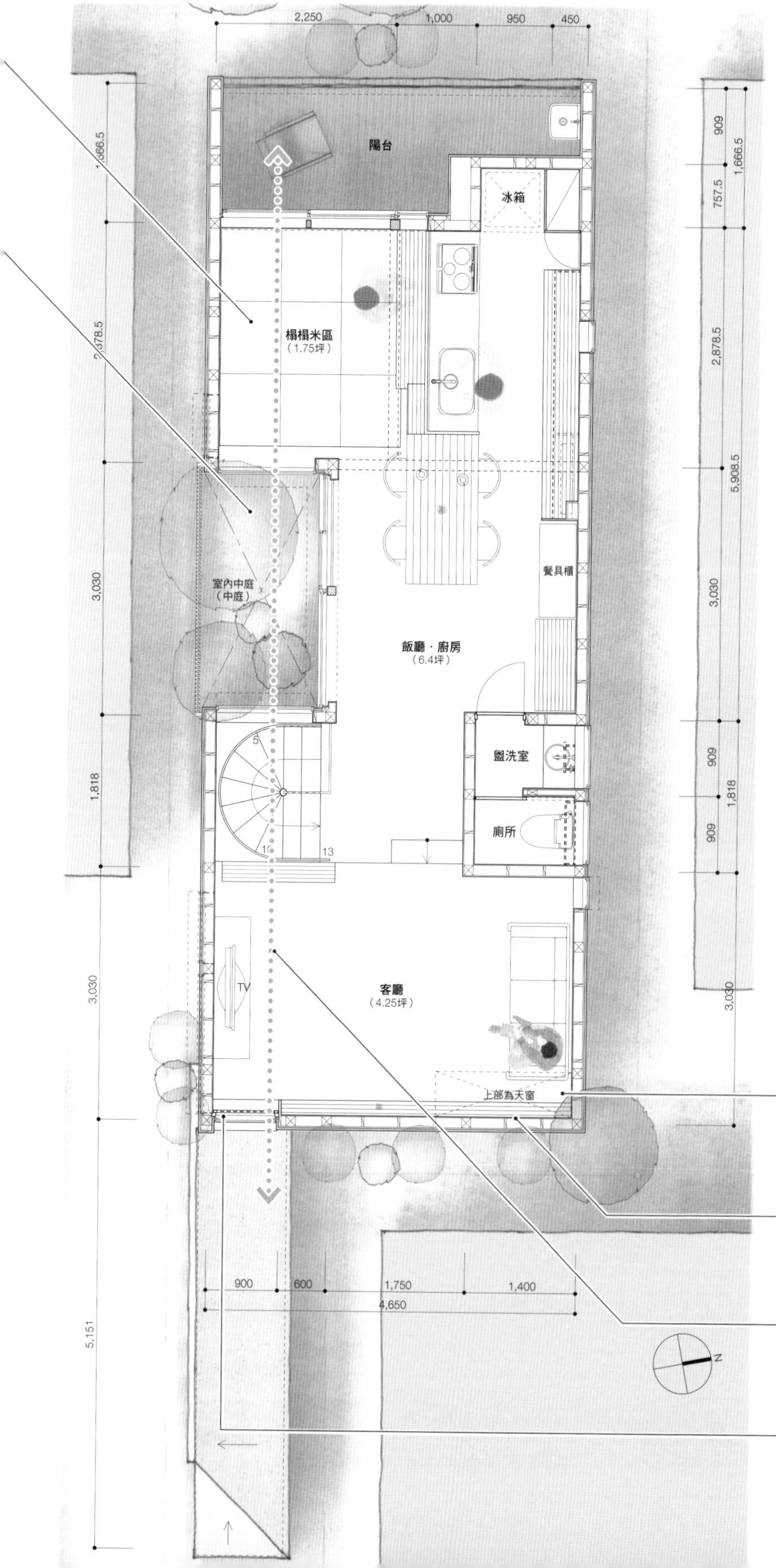
2,250
1,000
950
450
陽台
冰箱
榻榻米區
（1.75坪）
室內中庭
（中庭）
餐具櫃
飯廳・廚房
（6.4坪）
盥洗室
廁所
客廳
（4.25坪）
TV
上部為天窗
1,666.5
757.5
909
2,878.5
5,908.5
3,030
1,818
5,151
900
600
1,750
1,400
4,650
N

「府中之家」2樓平面圖
[S＝1：80]

由於很靠近鄰居家，所以在客廳的牆壁上只設置2個用來通風的小窗戶。美麗的光線會從採光用的天窗照下來。

無法打開窗戶也就代表能夠建造很堅固的牆壁。

只要打造出長到能夠延伸到室外的「開放視野」，空間內就會產生寬敞感與縱深感。

面向道路的小窗戶。對於住宅來說，能夠得知室外情況的窗戶與能夠遠望天空的開口部位都是不可或缺的。

1 從榻榻米區觀看飯廳。可以隔著中庭看到樓梯間、唯一面向道路的客廳窗戶。
2 透過這樣的房間配置，讓人從家中任何位置都能觀賞到光線與綠意。不會讓人覺得四周圍繞著隔壁住家。
3 照進中庭的光線會穿過窗戶，經由樓梯間，最後抵達房間深處。

榻榻米區內有個朝向外部的大開口部位。把對面集合住宅的綠意當成自家庭院來欣賞。

此建築雖然無法呈現南北向的縱深感，但藉由設置寬度3m×深度1.5m的中庭來打造「外部空間」，就能將光線和風帶進室內。

2

3

1

「府中之家」98頁

小小的留白感大大的滿足

若只能在固定的場所內進行固定動作的話，這樣的住宅也會覺得有點狹小。在各處稍微製造出留白感（間隙），是很重要的。

在「成城之家」中，飯廳的窗戶前方設置了露臺。放晴時，只要將餐桌搬出去，就能在露臺上吃午餐，或是喝下午茶。設置在客廳窗邊的水泥地空間，只要到了雨天，就會成為孩子的遊樂場。只要讓各個場所不受限於其名稱，具備多種使用方式，舒適度也會提升好幾級。

讓飯廳與露臺的地板高度一致。既能讓室內與室外產生整體感，出入也方便。

客廳與水泥地的高低落差所形成的台階，是孩子們喜歡的休息空間。在喜歡的時候坐在喜歡的位置上，看著書，聊聊天……。

有助於提升舒適度的設計

「成城之家」1樓平面圖
[S＝1：100]

舒適的空間讓人想要久待。若是飯廳的話，事先將椅子尺寸做得大一些，就能呈現悠閒感。

1.5坪大的寬敞舒適露臺。只要在兼作防墜柵欄的長椅上擺放玻璃杯和小盤子，就能當場進行野餐活動。

露臺與水泥地同樣使用芦野石來加工，從通道到家中深處，水泥地空間看起來像是相連的。

若要用於閱讀、念書等多種用途的話，請選擇較大的餐桌。

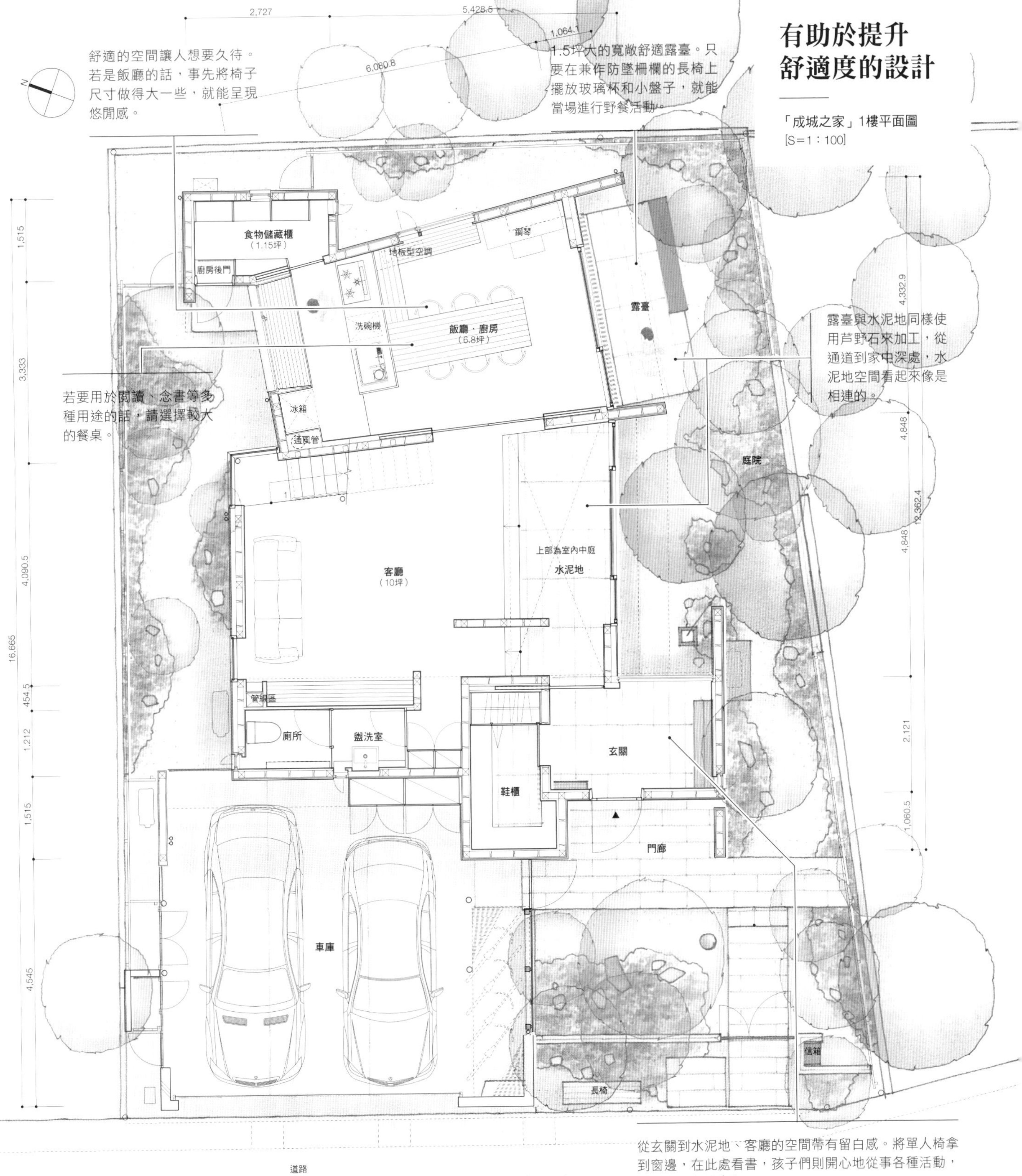

2,727
5,428.5
1,064.1
6,080.8
食物儲藏櫃
(1.15坪)
廚房後門
地板型空調
鋼琴
露臺
洗碗機
飯廳・廚房
(6.8坪)
冰箱
通風管
庭院
上部為室內中庭
水泥地
客廳
(10坪)
管線區
廁所
盥洗室
玄關
鞋櫃
門廊
車庫
信箱
長椅
道路
1,515
3,333
4,090.5
16,665
454.5
1,212
1,515
4,545
4,332.9
4,848
12,362.4
4,848
2,121
1,060.5
5,757
1,140
1,515
4,242
1,818
3,030

從玄關到水泥地、客廳的空間帶有留白感。將單人椅拿到窗邊，在此處看書，孩子們則開心地從事各種活動，生活相當多采多姿。

「成城之家」28／30／36頁

設計房間配置圖時不要把起居室視為前提

家人團聚的空間叫做客廳，客廳會被設置在住宅的中心。這種住宅形式誕生於20世紀初期的美國，在大正時期傳到日本，到了二戰後，才遍及日本全國。現在理所當然位於住宅中心的起居室，其實歷史並不長。依照建地與住宅的規模、居住在該處的家人的生活型態、團聚方式等，有時候，擺放了沙發的起居室會不適合生活型態。

在「上用賀之家」中，2樓整層都是家人的生活空間。家人的聚集場所是由幾個小型休息處所連接而成的一室格局空間。在餐桌旁喝茶，隨意躺在榻榻米上，在窗邊看書……。在這個空間內，即使大家各隨己意地做自己的事，還是能夠感受到家人的氣息。

在一室格局空間的各處設置小小的生活空間，像是窗邊的長椅、飯廳的圓形餐桌、書房、榻榻米區等。

即使位在不同場所，也能感受到空間的連結

「上用賀之家」2樓剖面透視圖
[S＝1：40]

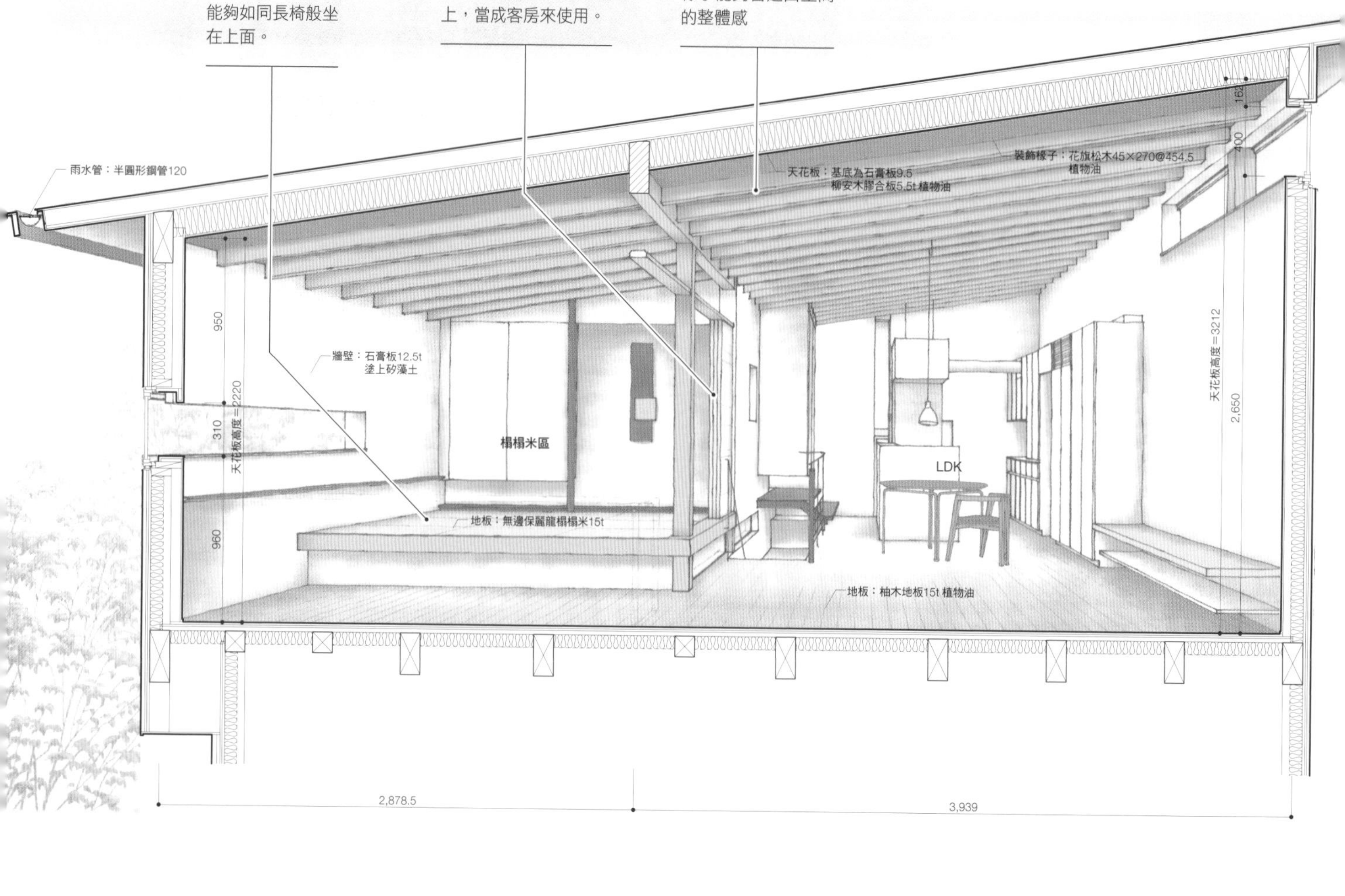
由於榻榻米房間比地板來得高，所以能夠如同長椅般坐在上面。
當有訪客要在家中留宿時，就把日式拉門關上，當成客房來使用。
貫穿各個空間的裝飾椽子能夠營造出空間的整體感
雨水管：半圓形鋼管120
天花板：基底為石膏板9.5
柳安木膠合板5.5t 植物油
裝飾椽子：花旗松木45×270@454.5
植物油
162
400
950
牆壁：石膏板12.5t
塗上矽藻土
310
天花板高度＝2220
960
榻榻米區
地板：無邊保麗龍榻榻米15t
LDK
天花板高度＝3212
2,650
地板：柚木地板15t 植物油
2,878.5
3,939

雖然是小而美的一室格局空間，但無法從其中一個角落看到另一個角落。儘管是個若隱若現的空間，卻反而能讓人感受到縱深感與寬敞感。

將小型休息處連接成一室格局空間

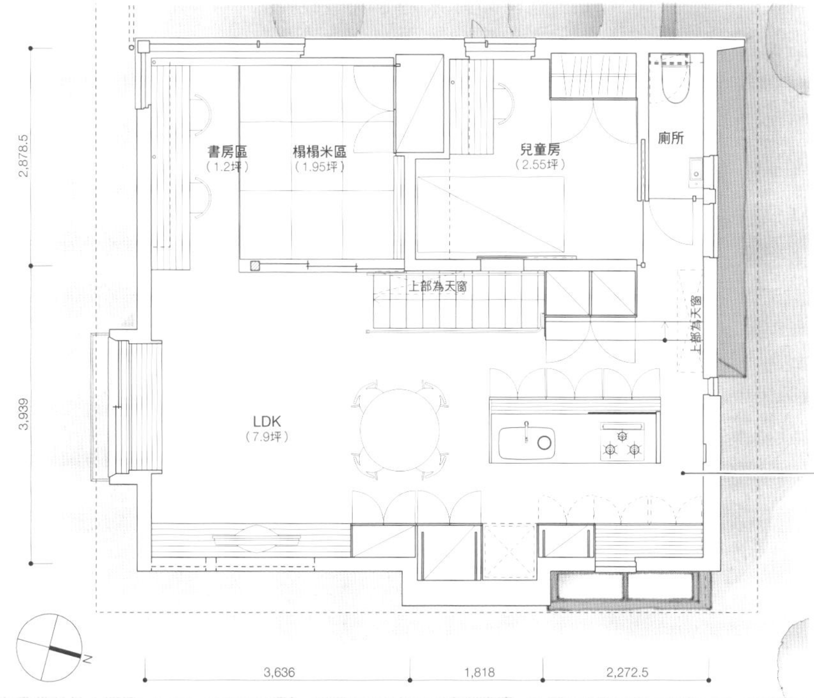

書房區
（1.2坪）
榻榻米區
（1.95坪）
兒童房
（2.55坪）
廁所
上部為天窗
上部為天窗
LDK
（7.9坪）
2,878.5
3,939
3,636
1,818
2,272.5
N

「上用賀之家」
2樓平面圖 [S=1：100]

烹調、用餐、喝東西、眺望、隨意躺著、念書……。在這個小小的休息空間內，可以進行各種活動。合理地將一個個空間整合起來。

「上用賀之家」40頁

從客廳的沙發觀看飯廳、榻榻米區。如同交錯式多層置物架般，櫃台桌採用坑式暖桌風格的設計，孩子和大人用起來都很方便。在螺旋梯的深處，可以看到中庭。窗邊的長椅有各種使用方式，可以坐著喝咖啡，或是讓孩子當成畫圖用的桌子。

何處是家人的聚集場所？

二戰後的高度成長期，起居室開始固定會出現在住宅之中。在那個時代，一家只有一台電視，全家人會一起熱衷於一個電視節目。因此，擺放了電視的起居室也是家人聚集的場所。

現在的娛樂變得多樣化。當自己錄了一部影片，可以使用個人電腦、平板電腦、手機，在喜歡的時間與場所觀看。家人所聚集的場所，與其說是起居室，倒不如說是家中最舒適的場所。

在「狛江之家」中，LDK所在的1樓四處設置了感覺很舒適的場所，像是鋪設榻榻米的日式客廳、面向庭院的長椅、具有包覆感的pit型沙發※等。在一室格局的空間內，家人們各隨己意地放鬆心情。

這是沙發的某一個角落，有三面都被牆壁圍繞，自然光會集中照在此處，讓人感到平靜。這裡也是家人的視聽區，可以用大畫面來觀賞電視和電影。

家人會聚集的客廳・飯廳

「狛江之家」1樓平面圖
[S=1：90]

餐桌位於該樓層的中心，在此處可以瞭望整個LDK。

與飯廳深處相連的榻榻米區的魅力在於，可以隨意地躺著放鬆。也能讓孩子們在此午睡或畫圖，充分發揮用途。

從位於客廳中央的螺旋梯可以看到家人的情況。自然光會經由室內中庭從2樓落下，兒童房的氣息也會傳遞過來。

與玄關相連的窗邊長椅。這個家人很喜愛的場所既能當作用來陳列小東西與美術作品的畫廊，也能讓人親近大自然。

在客廳當中，被U字形牆壁圍起來的場所是用來看影片和聽音樂的區域。由於減少了窗戶數量，降低亮度，所以看電視時也會比較舒服。

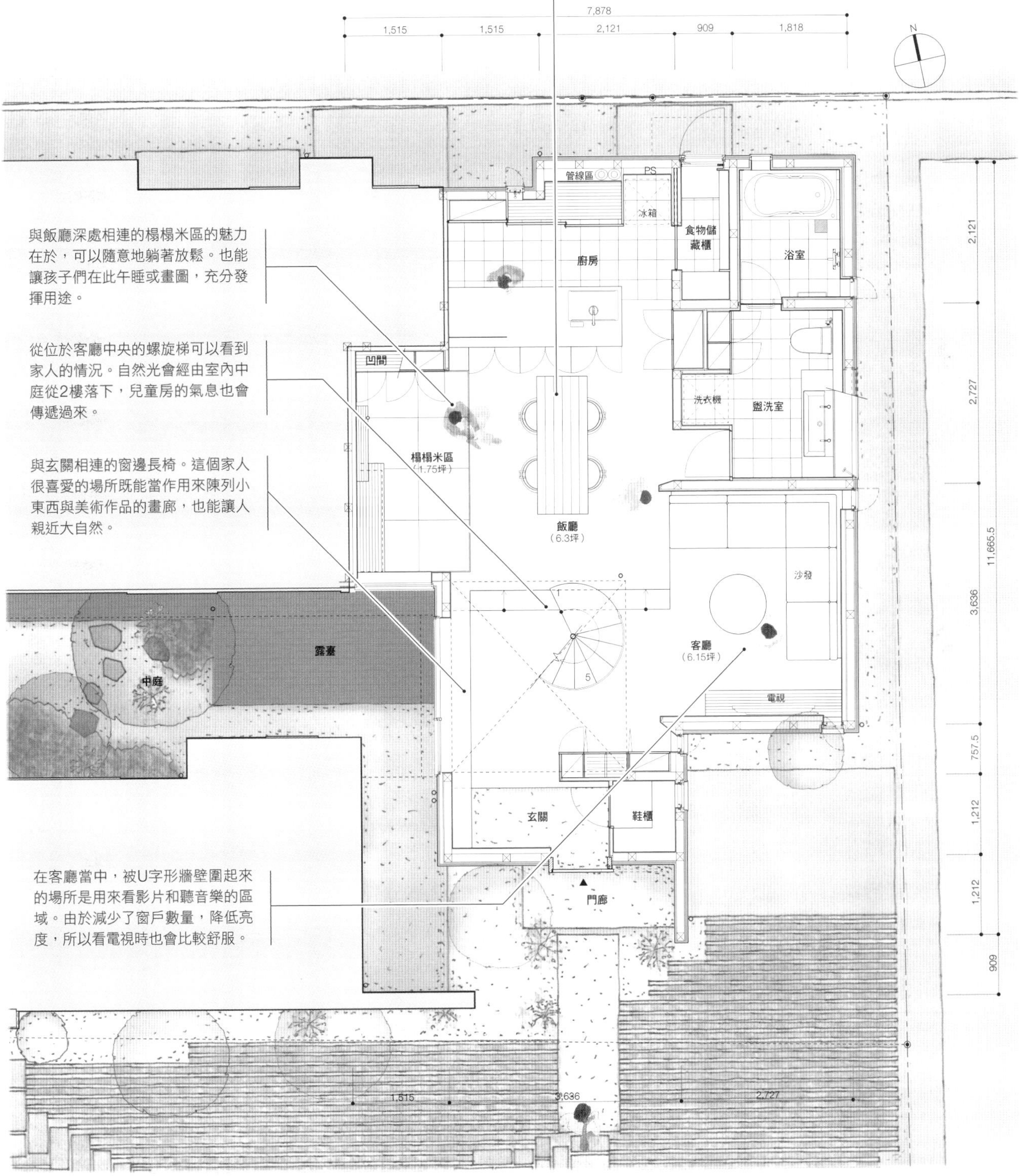

7,878
1,515
1,515
2,121
909
1,818
N
管線區
PS
冰箱
食物儲藏櫃
浴室
廚房
凹間
洗衣機
盥洗室
榻榻米區
(1.75坪)
飯廳
(6.3坪)
沙發
客廳
(6.15坪)
露臺
中庭
電視
玄關
鞋櫃
門廊
2,121
2,727
11,665.5
3,636
757.5
1,212
1,212
909
1,515
3,636
2,727

※pit是指，一部分的地板會往下凹的凹槽空間。

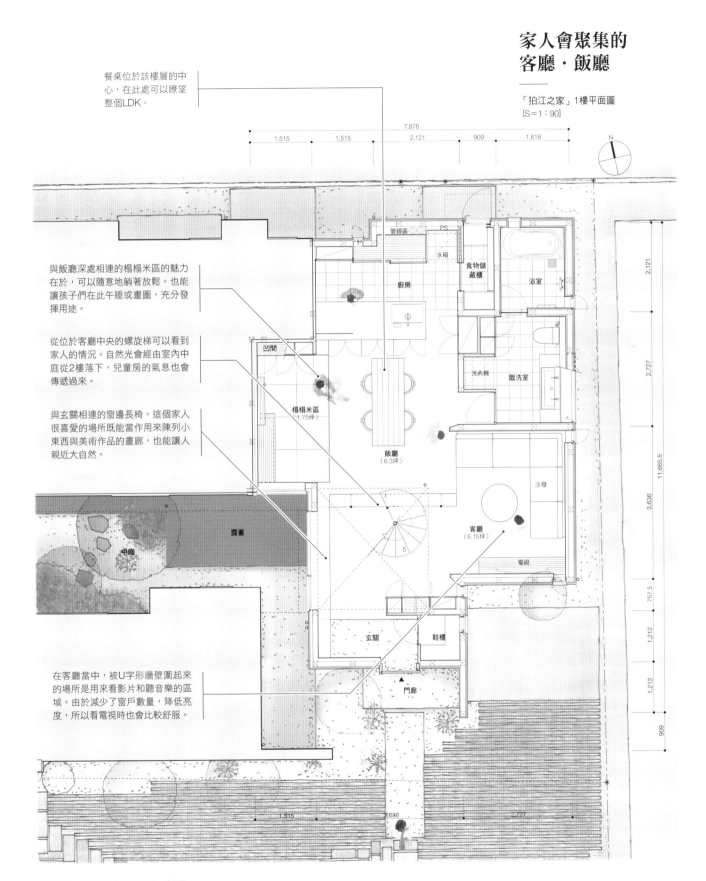

也能擺放沙發的榻榻米客廳

當一個空間內混雜著「日式」和「西式」的物品時，只要整合室內裝飾的風格，讓日式和西式融為一體，就不會感到不協調。

在「神樂坂之家」中，我提出的設計方案為「若在沙發上坐累了，可以直接躺在榻榻米上」的空間。雖然2樓是一室格局的LDK，但位在中心的是榻榻米區。藉由讓榻榻米區比周圍的木地板部分高一些，並只稍微露出一點剖面，就能消除榻榻米給人的厚重印象。這樣就能順利地使其融入空間內。另外，由於家具和收納櫃與榻榻米的契合度不佳，所以要把嵌入式家具設置在木地板上。形狀和大小都不同的收納櫃也要統一材質與質感，調整好平衡。雖然榻榻米區很簡潔，但有一張摺疊式矮桌被收在廚房旁邊，必要時可以拿出來用。

宛如飄浮在空中的寬敞榻榻米區。與木地板之間的高低落差也能形成長椅，將必要的生活用品整齊地收進木地板上的小空間內。

榻榻米×木地板的大房間是客飯廳

「神樂坂之家」2樓平面透視圖 [S=1：60]

將用於大房間的折疊式矮桌收在此處。桌子可以調整成2種高度，也能當成餐桌來使用。

雖然選擇木格板時也要看間隔，但若能讓相對於正面部分的縱深尺寸大一點的話，就能在某種程度上控制外部的視線，並讓人感受到現代風格。雖然沒有固定的尺寸，但重點在於，要一一地畫出實際尺寸的設計圖，討論要讓視線和風如何通過木格板。

在愈狹小的住宅中，收納空間愈重要。為了不讓榻榻米區上堆滿東西，所以要確保收納空間。

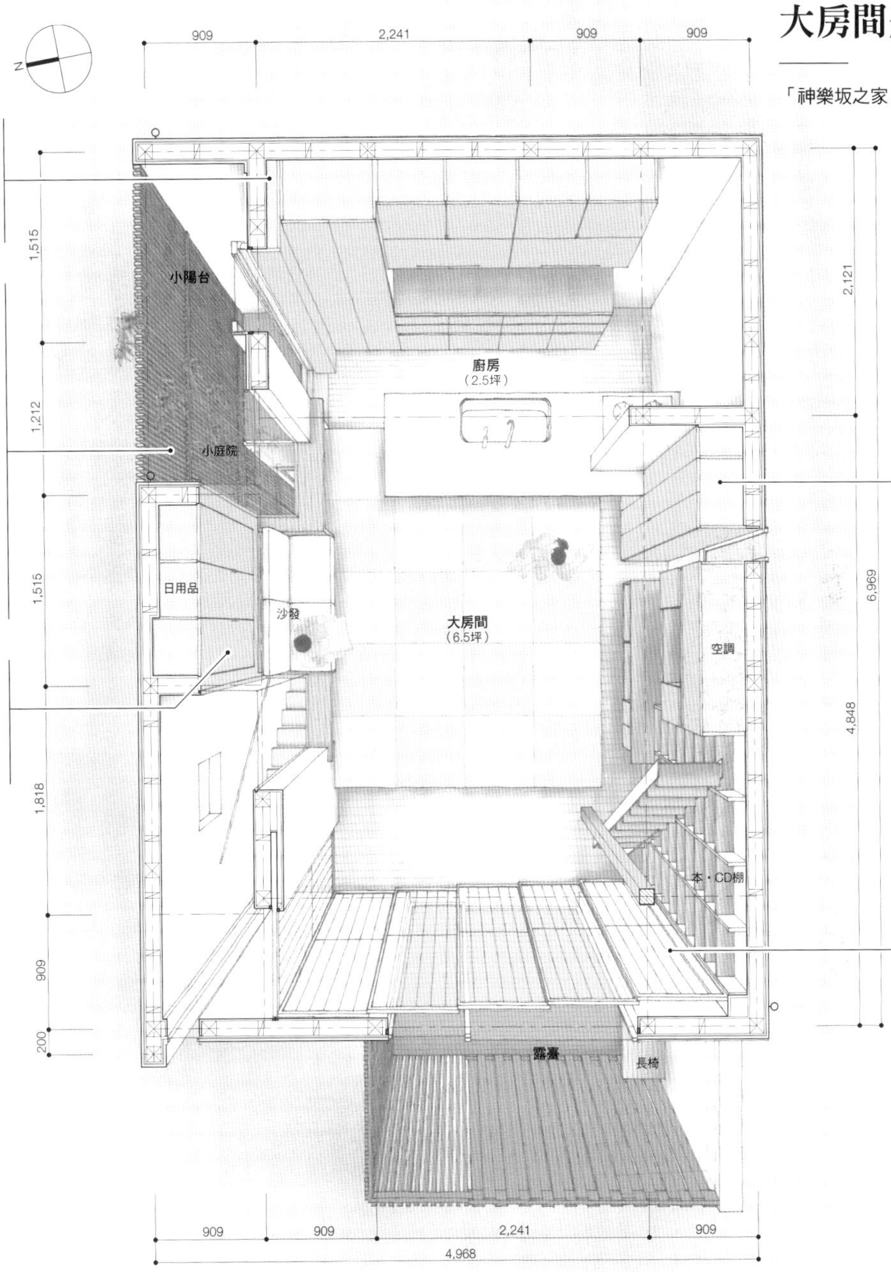

909
2,241
909
909
1,515
1,212
1,515
1,818
909
200
2,121
6,969
4,848
小陽台
小庭院
廚房
(2.5坪)
日用品
沙發
大房間
(6.5坪)
空調
本・CD棚
露臺
長椅
4,968

這是將榻榻米區圍繞起來的木地板空間。設置收納櫃與架子，將視聽設備、書籍、清掃用具等各種生活用品收在此處。

日式拉門採用讓縱向的窗格條連接在一起的格子狀設計，將日式與西式風格進行整合。與外部相連的空間是露臺。

地板高度也各有不同

「神樂坂之家」大房間展開圖
[S=1：100]

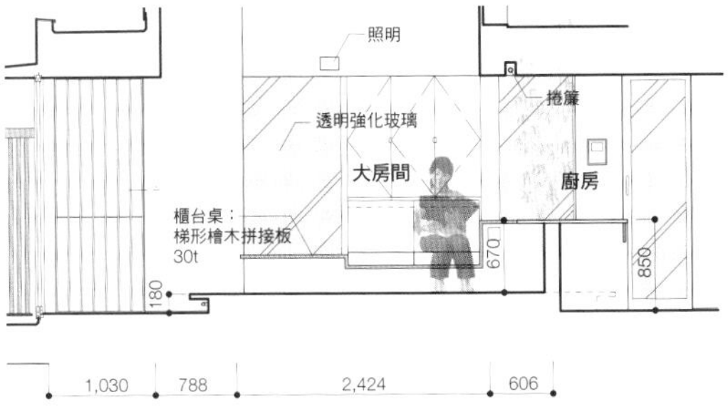

照明
透明強化玻璃
捲簾
大房間
廚房
櫃台桌：
梯形檜木拼接板
30t
180
670
850
1,030
788
2,424
606

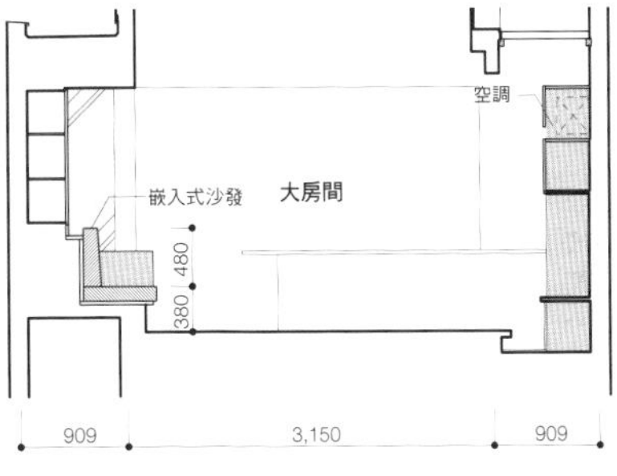

空調
嵌入式沙發
大房間
480
380
909
3,150
909

為混凝土增添表情

對於住宅來說，素材所具備的質感、質地是非常重要的要素。這是因為，藉由質感，建築物與房間的表情、該處的氣氛就會突然改變。

雖然冰冷生硬的混凝土有時會給人冷酷的印象，但藉由「在混凝土模板中使用何種素材與工法」，就能改變質感。在「元淺草之家」中，只要對家庭房的混凝土牆採用「鑿石錘敲打工法」，就能創造出細膩的表情。生硬的質感會變得溫和，讓人感受到日式風格。

將素材分配到適當位置

「元淺草之家」
右：2樓平面圖 [S=1：120]
左：剖面詳細圖（部分） [S=1：50]

採用鑿石錘敲打工法的混凝土牆帶有深厚的韻味與沉穩感。

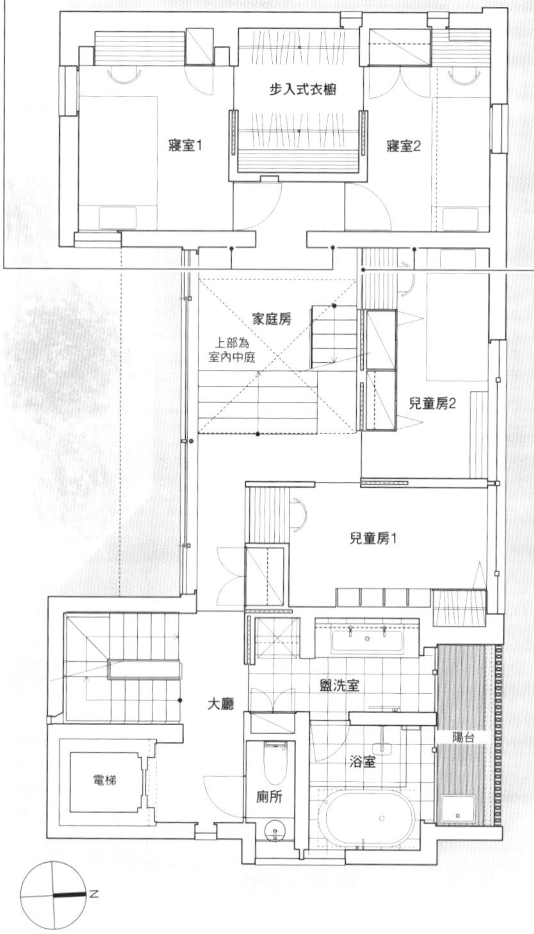
步入式衣櫥
寢室1
寢室2
家庭房
上部為
室內中庭
兒童房2
兒童房1
盥洗室
大廳
陽台
浴室
電梯
廁所
N

由於兒童房的深處牆壁看起來像是透過窗戶來和家庭房的混凝土牆相連，所以採用相同工法。

從室內中庭所在的家庭房朝寢室方向看。在淡色系的灰泥牆中，採用鑿石錘敲打工法的混凝土牆令人印象深刻。

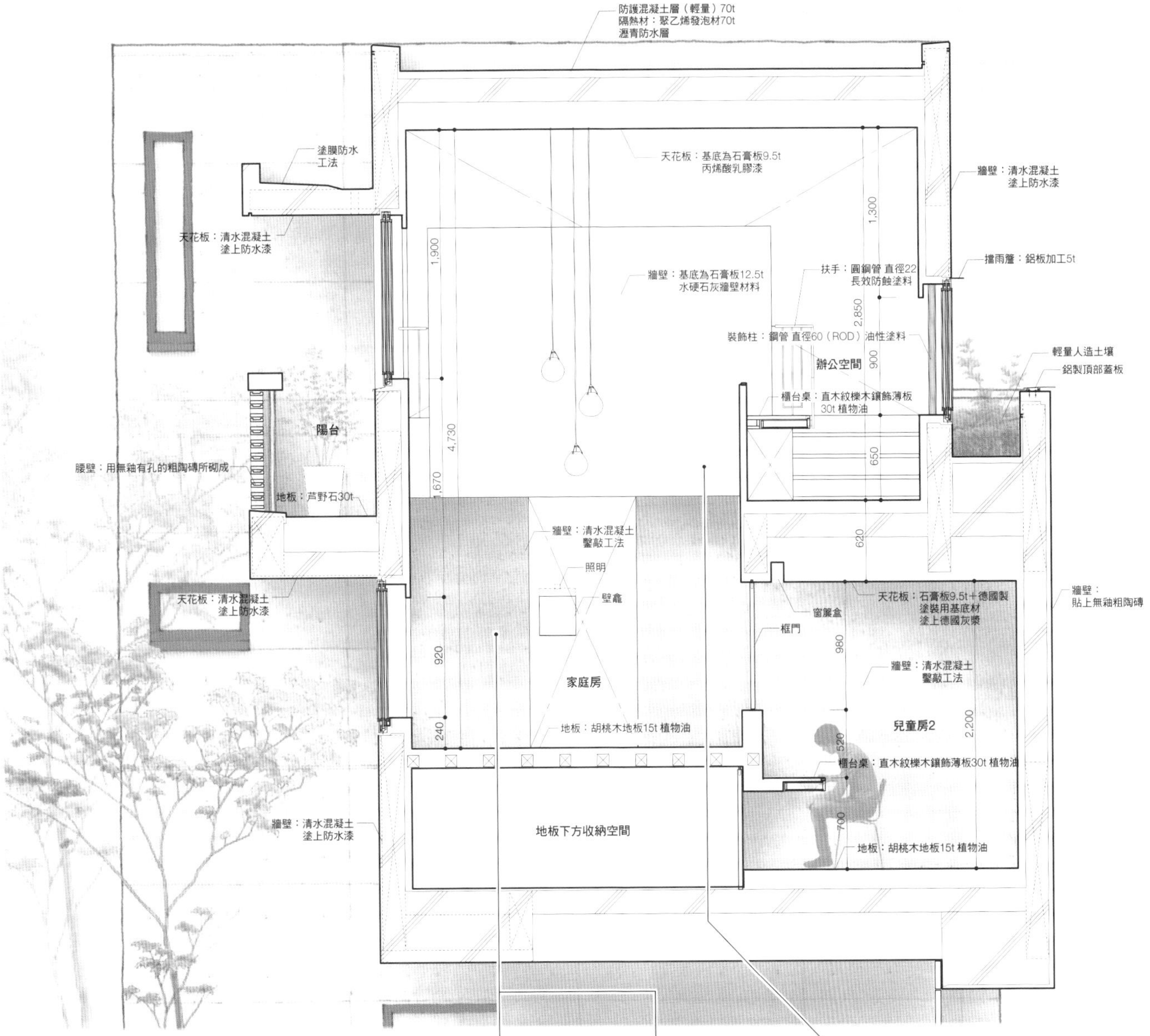

防護混凝土層（輕量）70t
隔熱材：聚乙烯發泡材70t
瀝青防水層
塗膜防水
工法
天花板：基底為石膏板9.5t
丙烯酸乳膠漆
牆壁：清水混凝土
塗上防水漆
天花板：清水混凝土
塗上防水漆
1,900
1,300
擋雨簷：鋁板加工5t
牆壁：基底為石膏板12.5t
水硬石灰牆壁材料
扶手：圓鋼管 直徑22
長效防蝕塗料
2,850
裝飾柱：鋼管 直徑60（ROD）油性塗料
輕量人造土壤
鋁製頂部蓋板
辦公空間
900
櫃台桌：直木紋櫟木鑲飾薄板
30t 植物油
陽台
4,730
650
腰壁：用無釉有孔的粗陶磚所砌成
1,670
地板：芦野石30t
牆壁：清水混凝土
鑿敲工法
620
照明
天花板：清水混凝土
塗上防水漆
壁龕
天花板：石膏板9.5t＋德國製
塗裝用基底材
塗上德國灰漿
牆壁：
貼上無釉粗陶磚
窗簾盒
框門
980
920
牆壁：清水混凝土
鑿敲工法
家庭房
兒童房2
2,200
240
地板：胡桃木地板15t 植物油
520
櫃台桌：直木紋櫟木鑲飾薄板30t 植物油
牆壁：清水混凝土
塗上防水漆
地板下方收納空間
700
地板：胡桃木地板15t 植物油

雖然是鋼筋混凝土結構的建築物，但只有重要的部分才會使用清水混凝土工法。在整體採用淡米色的室內裝潢中，會散發存在感。

此住宅的米色牆壁採用灰泥工法。靠近看的話，會發現有凹凸起伏，一旦照到光線，則會產生細膩的陰影。這與透過「無論位在房間何處，看起來都一樣」的材質所打造而成的均質性空間不同，總覺得讓人感到很平靜。

雖然鑿石錘敲打工法是較費工的高級工法，但此處會使用機器來敲打，以節省成本。

藉由對混凝土牆採用鑿石錘敲打工法，就能使外側轉角變得圓滑，在視覺與觸覺上都變得較為溫和。

「元淺草之家」110／134／148／154／160頁

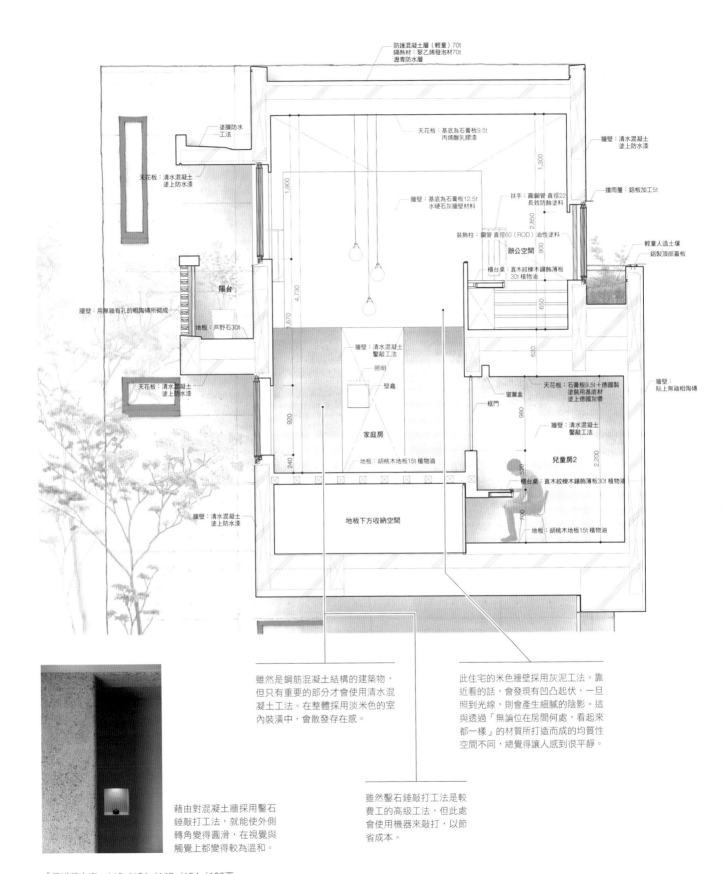

不要設計成普通的一室格局

當住宅較小時，一般來說，不會將空間劃分成小房間，而是會採用一室格局的設計，讓可使用空間較大。話雖如此，若含糊地打造很大的一室格局空間，反而無法讓人感受到縱深感，並會突顯狹窄感，所以要特別留意。

在住了一對夫婦與寵物貓、烏龜的「西大口之家」中，生活中心是二樓。透過從不到1坪到將近25坪大的凹室（alcove）狀空間來將客廳・飯廳的四周圍起來。雖然有隔間，但門扇是敞開的，所以也可以說是一室格局空間。此空間的用途很多，可以躲進小書房內，或是在鋪設了木甲板的陽台上賞花。像這樣地「將凹室狀小空間組合成一個大空間」的方法，對於小住宅來說，是有效的。

1 從自由運用空間觀看地板高度高出2階的客廳・飯廳。
2 客廳・飯廳是住宅的中心，也是一家人（夫婦與寵物）聚集之處。
3 有水泥地的和室。只要關上日式拉門，就會成為帶有陰影且寧靜的日式空間。

在一室格局空間中營造出縱深感

「西大口之家」2樓平面圖
[S＝1：75]

只要將和室的日式拉門打開，和室就會與客廳相連。

住宅的中心是客廳．飯廳的圓形餐桌。腳下空間是愛貓喜愛的場所。烏龜的水槽位於沙發旁邊。

0.9坪大的小陽台也是將客廳圍起來的凹室空間之一。此處是個賞花空間，可以盡情欣賞隔壁學校的櫻花。

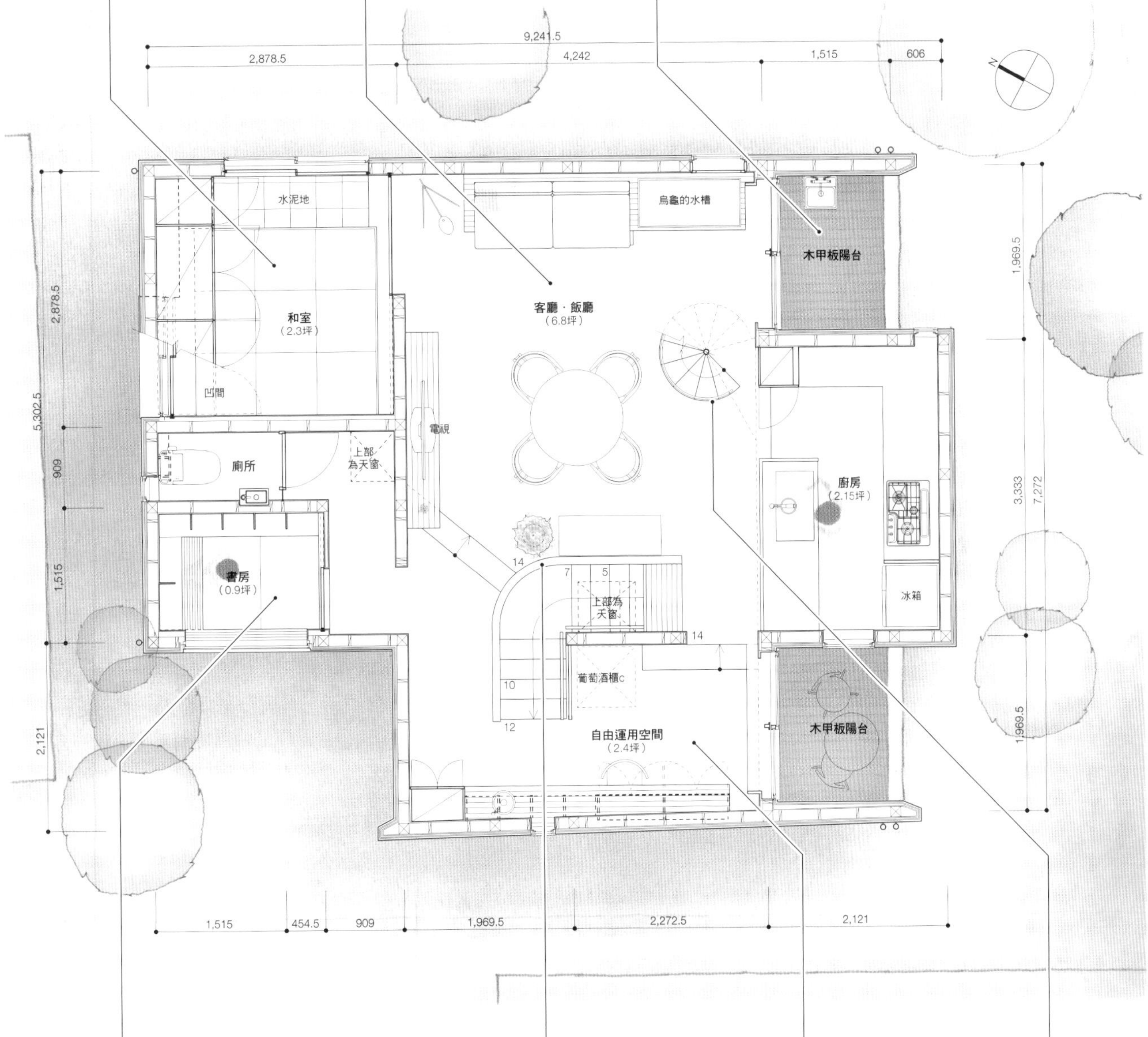

9,241.5
2,878.5
4,242
1,515
606
水泥地
烏龜的水槽
木甲板陽台
和室
（2.3坪）
客廳．飯廳
（6.8坪）
凹間
電視
廁所
上部為天窗
廚房
（2.15坪）
書房
（0.9坪）
上部為天窗
冰箱
葡萄酒櫃
自由運用空間
（2.4坪）
木甲板陽台
1,515
454.5
909
1,969.5
2,272.5
2,121

書房是個要從茶室矮門進入的極小空間。在這個宛如廂房的空間內，能夠獨自地集中精神。

在樓梯背後的自由運用空間內，透過有高度的腰壁來和客廳．飯廳區隔開來。

在兼作妻子化妝區的自由運用空間內，享受紅酒與閱讀等興趣。確保了充足的收納空間。

宛如藝術品般的螺旋梯與閣樓相連。可以一邊看著橫濱海灣大橋，一邊轉換心情。

讓人難以分辨日式與西式風格的界線

室町時代的茶道專家——村田珠光曾說過：「重點在於，讓人分不清中式與日式風格的界線」。此教誨的意思為，製作出媲美舶來品的日製產品，消除其界線。我認為，此道理也能運用在住宅設計上。

鋪設榻榻米的和室魅力在於，燈心草的香氣與觸感、能讓人隨意躺下的舒適度。話雖如此，在以坐在椅子上生活為主的現代，必須多下一點工夫，讓榻榻米融入現代住宅。在「縱露地之家」內，與飯廳相鄰的是鋪設榻榻米的日式客飯廳。由於設計成日式客廳，所以視線會和坐在飯廳的人交會，能夠自然地進行對話。先將地板挖空後才設置的固定式圓桌採用單腳的西式設計。由於和矮桌不同，人可以坐下來，所以也很推薦給習慣坐椅子的現代人。融合了並非中日風格，而是日西風格的日式客飯廳很適合現代住宅。

榻榻米日式客飯廳內採用了嵌入式的西式圓桌。在因為平面的形狀不工整所形成的空隙上擺放罈子（紹興酒甕），插上當季的花。讓日西風格融入現代的都市住宅。

融合了西式風格的現代日式客飯廳

「縱露地之家」1樓平面詳細圖（部分）[S=1：40]

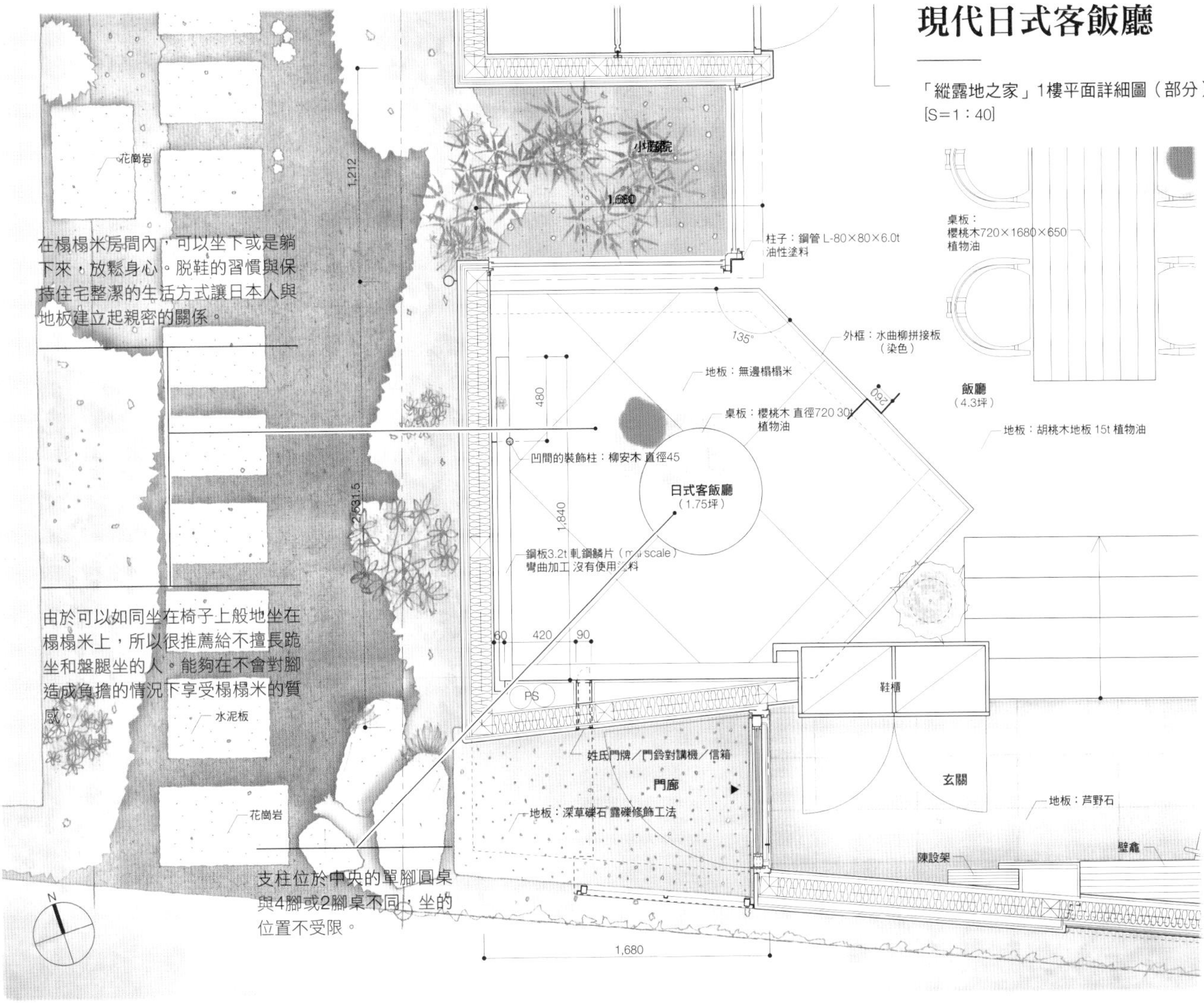
花崗岩
小庭院
1,212
1,680
柱子：鋼管 L-80×80×6.0t
油性塗料
135°
外框：水曲柳拼接板（染色）
地板：無邊榻榻米
480
250
桌板：櫻桃木 直徑720 30t
植物油
凹間的裝飾柱：柳安木 直徑45
日式客飯廳
（1.75坪）
2,631.5
1,840
鋼板3.2t 軋鋼鱗片（mill scale）
彎曲加工 沒有使用塗料
60
420
90
PS
鞋櫃
水泥板
姓氏門牌／門鈴對講機／信箱
門廊
玄關
地板：深草礫石 露礫修飾工法
花崗岩
地板：芦野石
陳設架
壁龕
1,680
N
桌板：
櫻桃木720×1680×650
植物油
飯廳
（4.3坪）
地板：胡桃木地板 15t 植物油

在榻榻米房間內，可以坐下或是躺下來，放鬆身心。脫鞋的習慣與保持住宅整潔的生活方式讓日本人與地板建立起親密的關係。

由於可以如同坐在椅子上般地坐在榻榻米上，所以很推薦給不擅長跪坐和盤腿坐的人。能夠在不會對腳造成負擔的情況下享受榻榻米的質感。

支柱位於中央的單腳圓桌與4腳或2腳桌不同，坐的位置不受限。

由於腳邊有裝設地板供暖設備，所以舒適度宛如坑式暖桌。

讓人宛如坐在椅子上的日式客廳

「縱露地之家」日式客飯廳——飯廳展開圖[S=1：40]

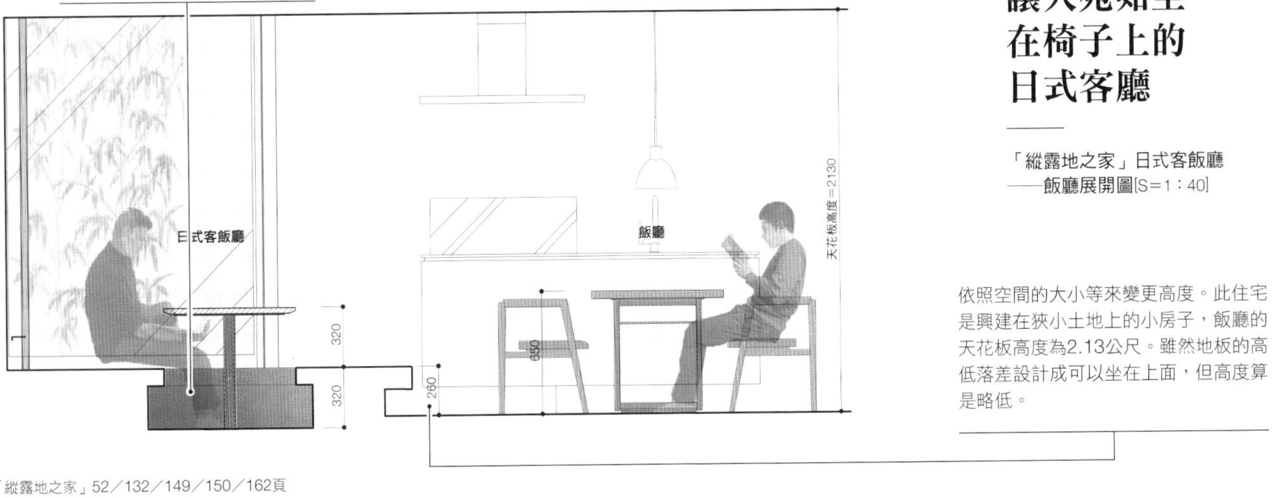
日式客飯廳
飯廳
天花板高度=2130
320
320
260
650

依照空間的大小等來變更高度。此住宅是興建在狹小土地上的小房子，飯廳的天花板高度為2.13公尺。雖然地板的高低落差設計成可以坐在上面，但高度算是略低。

「縱露地之家」52／132／149／150／162頁

在住宅內打造一個中心

在我小時候，那須的母親老家內還保留了地爐。我記得，只要坐下來，圍在爐火旁，不知為何，內心就會感到非常平靜。與其說是家的中心，倒不如說，一家人會自然地聚集在此處。地爐不僅能用來取暖、煮東西、靠著爐火來熬夜工作，同時也是團聚的場所。

在「御殿山之家」內，我想要打造一個能代替以前地爐的場所來當作住宅的中心。將LDK的部分地板挖空，裝設地板供暖系統。設置較低的圓桌，吊燈的光線也會一口氣落下。一家人總是聚集在這個籠罩在溫和光線之中的席地而坐空間。

為了將後方的廁所遮住，所以讓電視櫃突出到通道，並在其背後設置格狀隔板。

吊燈的光線從塗成深褐色的橫樑上落下，降低了光線的重心。而且，還要像坑式暖桌那樣，將圓桌設置得較低，並在腳邊裝設地板供暖設備。能夠產生宛如地爐般的向心性。

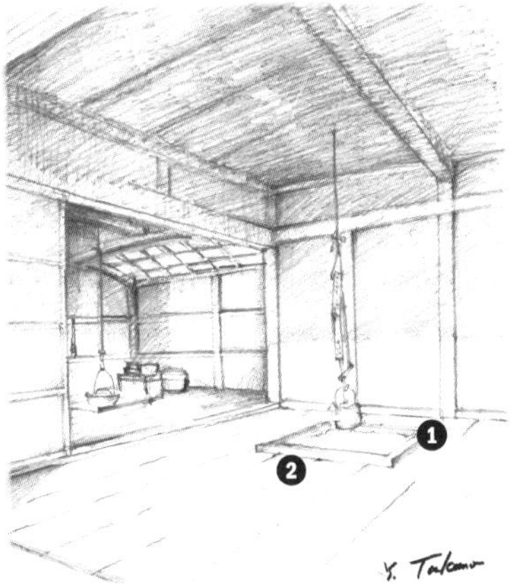
1
2
Y. Takano

讓許多人聚集在一起的地爐旁

舊木村家住宅的地爐旁／大和民俗公園（奈良）

1 地爐是能讓一家人聚集起來的住宅中心。使用方式很多，也是休息場所與做家事、工作的場所。
2 在地爐旁，大家會聊著很起勁，從操心家人、農作物、家畜聊到鄰居的傳聞。大人與小孩混在一起，豎起耳朵聆聽。

抑制吊燈的高度，降低光線的重心。

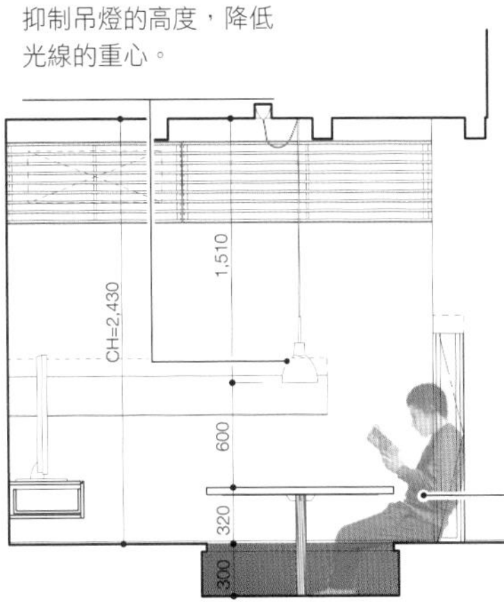
CH=2,430
1,510
600
320
300

在此處，可以「席地而坐」，直接坐在地板上。

降低一部分的重心

「御殿山之家」LDK展開圖（部分）[S=1：60]

眼前就是庭院。將住宅的中心設置在這個連接了室內外空間，且能感受到家人氣息的場所。

在LDK的一個角落內，有個像是結合了日式茶飯廳與地爐般的場所。既嶄新，又令人懷念。

在LDK內，也可以將吊床掛在橫樑上，然後躺在上面放鬆。

在LDK的一個角落內營造出向心性

「御殿山之家」1樓平面圖 [S=1：80]

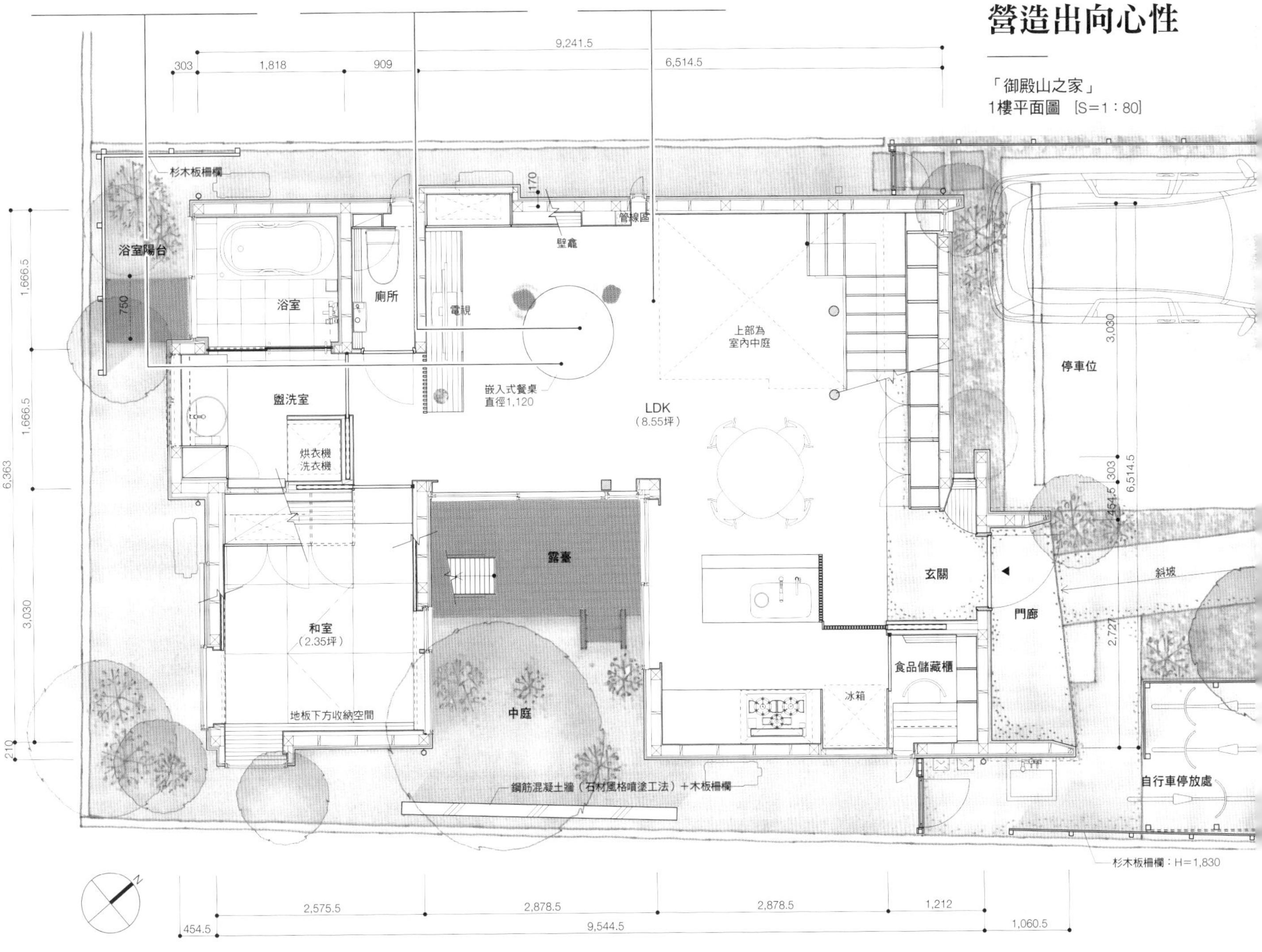
9,241.5
303
1,818
909
6,514.5
杉木板柵欄
170
管線區
壁龕
浴室陽台
浴室
廁所
電視
750
1,666.5
1,666.5
6,363
3,030
210
上部為室內中庭
停車位
3,030
嵌入式餐桌
直徑1,120
盥洗室
LDK
（8.55坪）
烘衣機
洗衣機
303
454.5
6,514.5
露臺
玄關
斜坡
和室
（2.35坪）
門廊
2,727
食品儲藏櫃
冰箱
地板下方收納空間
中庭
自行車停放處
鋼筋混凝土牆（石材風格噴塗工法）＋木板柵欄
杉木板柵欄：H=1,830
2,575.5
2,878.5
2,878.5
1,212
454.5
9,544.5
1,060.5

將住宅的中心設置在室外

兩世代住宅的設計重點在於，要在何處連接父母住處與子女住處。當建地較充裕時，讓兩者保持若即若離的適當距離應該也不錯吧！雖然可以感受到彼此的氣息，但不需要過多擔心。能夠舒適地生活。

「下高井戶之家」是分棟型的兩世代住宅。兩棟住宅排列成雁行狀，中間隔著庭院。父母住處與子女住處是透過東西向延伸的寬敞露臺與2個大小不同的庭院來相連的。其中，有裝設屋頂的露臺是個視野和通風都很好的場所，無論晴天還是雨天，都很舒適。一家人可以聚集在此處賞月，或是搗年糕。在此住宅中，半戶外空間的露臺成為了住宅的中心，間接地連接著兩世代。

1 從中庭觀看共用的露臺。屋頂能夠遮蔽強烈日照和雨水，使此處成為舒適的半戶外空間。在一天內，兩個世代的人會多次往返、聚集在此露臺。雖然位於室外，卻成為了住宅的中心。

2 從子女住處的客廳．廚房觀看有露臺的庭院。父母住處與子女住處一邊排列成雁行狀，一邊共享著長方形庭院與草坪庭院的景色。

連接兩世代的半戶外長方形露臺

「下高井戶之家」1樓平面圖
[S＝1：80]

能將光線和綠意帶進兩邊住處的中庭。創造出總覺得可以感受到彼此氣息的距離感。

中庭的窗戶可用來傳遞彼此的氣息。父母住處的窗戶為清掃窗，子女住處的窗戶為地窗。在較小的開口部位的前方，可以不時窺探到幼童的身影。當兩邊住處的窗戶面對面時，這樣的設計是考量到，不要將彼此都看得一清二楚。

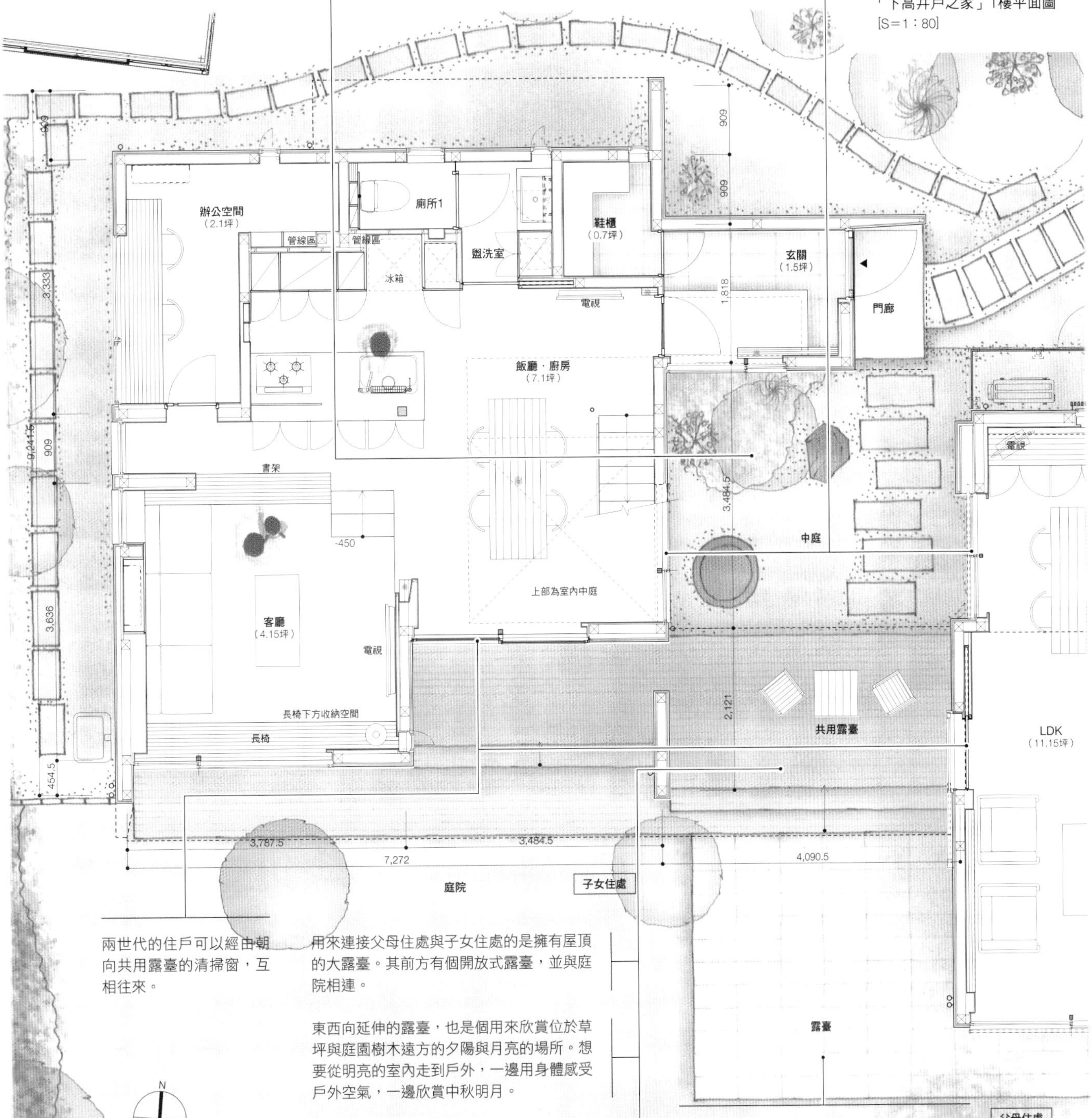

辦公空間
（2.1坪）
廁所1
管線區
管線區
盥洗室
鞋櫃
（0.7坪）
玄關
（1.5坪）
門廊
冰箱
電視
飯廳・廚房
（7.1坪）
書架
-450
客廳
（4.15坪）
電視
上部為室內中庭
中庭
電視
長椅下方收納空間
長椅
共用露臺
LDK
（11.15坪）
庭院
子女住處
露臺
父母住處
909
909
909
3,333
9,241.5
909
3,636
454.5
1,818
3,484.5
2,121
3,787.5
3,484.5
7,272
4,090.5
N

兩世代的住戶可以經由朝向共用露臺的清掃窗，互相往來。

用來連接父母住處與子女住處的是擁有屋頂的大露臺。其前方有個開放式露臺，並與庭院相連。

東西向延伸的露臺，也是個用來欣賞位於草坪與庭園樹木遠方的夕陽與月亮的場所。想要從明亮的室內走到戶外，一邊用身體感受戶外空氣，一邊欣賞中秋明月。

大人們在有屋頂的露臺上注視著在庭院內跑來跑去，或是在戲水池內玩水的孩子們。露臺成為了一個讓人在每天的悠閒生活中感受到幸福的場所。

據說，每年都會使用臼和杵來搗年糕。能感受到四季變化的生活是任何東西都難以取代的。透過兩世代家庭各自的回憶，這一點更是深深地烙印在孩子們的心中。

chapter 3

房間

兼顧功能與設計

我認為，「房間＝透過牆壁來區隔的空間」這種概念是最近才在日本人的心中變得根深蒂固。

我生長的家是一棟平房，略寬的日式客廳的深處有2間3坪大的房間，隔間方式為日式拉門，房間透過有裝設防雨板的簷廊（內簷廊）來連接庭院。這種住宅格局以前到處都看得到，只要將門扇打開來，2個房間就會變成1間，並與戶外相連──具有可變性的開放空間。到了我上小學時的1960年代，那個家也被改建成採用鋁製窗框的2層樓木造建築。在新家內，雖然出現了以前沒有的會客室與單人房，但一樓仍保留了日式客飯廳與透過日式拉門來隔開的相連和室。

另一方面，現代住宅的基本條件為，必須具備耐震性、隔熱／氣密性等高性能，並使用堅固的牆壁來確實地將住宅圍起來。房間之間會明確地被牆壁隔開。然而，這種萬無一失的住宅對人類來說是否舒適，則是另一個問題。人類這種生物並沒有那麼堅強，既敏感又容易受傷。而住宅是否應該具備能將人類包起來的溫柔呢？

具體來說，就是一邊受到牆壁的保護，一邊藉由窗戶適度地將光線、風、庭院的景色帶進室內，溫和地連接室內與室外。在加工素材方面，若要用更加堅固的素材來將這個已經很牢靠的住宅包覆住的話，對於軟弱的人類來說，我認為有點嚴苛。並非只用堅固的素材來提升強度，而是使用木材、土壤、紙這類素材來加工，讓自然與人的氣息能夠傳遞過來。雖然這些是既會呼吸，觸感又好的美麗素材，但卻有缺點。不過我認為，當光線和風來到這個用較脆弱的素材打造而成的地方時，整個房間會宛如在回應大自然的低語似地，顯得朝氣蓬勃，形成一個難以形容的療癒空間。

在打造私人的房間時，當然也要一邊思考與其他空間的關聯性，一邊滿足該房間的功能。最主要地重點在於，要實際用眼睛去看，用手腳去感受，使房間兼具舒適度與設計感。

照片：御殿山之家

想要有可以獨處的生活空間

在設計住宅時，與家人所聚集的客廳或飯廳一樣，對於每位家庭成員的生活空間，也要仔細地思考。就算只有小小的空間，只要能置身於自己的生活空間中，心情就會感到平靜。

雖說要打造生活空間，但也不必特地去設計單人房。即使是一張坐起來很舒適的愛用椅子也行，就算是面向庭院的簷廊也無妨。一邊感受到家人的氣息，一邊享受獨處的時光，是最棒的。觀賞庭院的新綠與從樹葉縫隙落下的陽光，眺望夜空，舒適地放鬆身心。

戶外也能成為生活空間

「宇都宮之家」
陽台周圍剖面詳細圖 [S=1：50]

2樓的大陽台有裝設屋頂，可以當成室內空間來使用。只要隨意地躺在躺椅上，眺望著中庭和天空，寧靜的時光就會慢慢地流動。

面向主臥室的陽台在雨天也能成為生活空間。一邊眺望淋著雨的樹木與流動的雲，一邊度過這段時光。

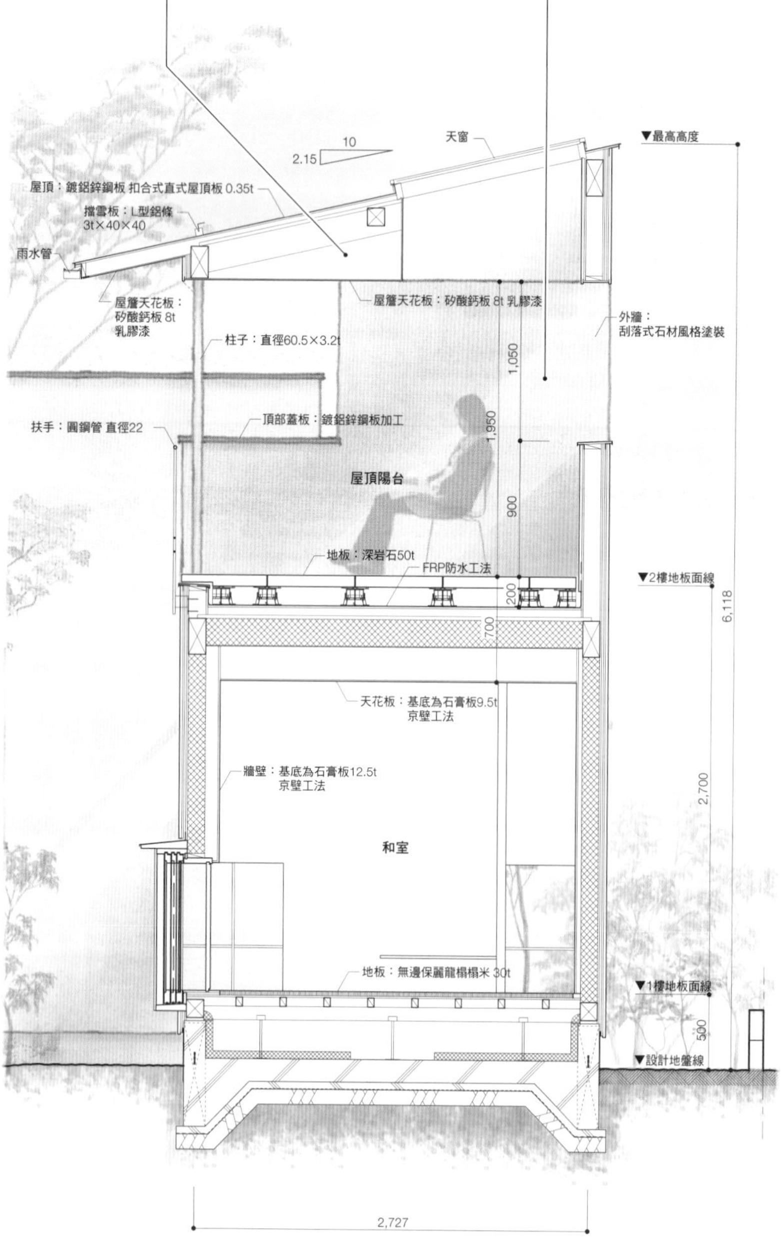
天窗
▼最高高度
10
2.15
屋頂：鍍鋁鋅鋼板 扣合式直式屋頂板 0.35t
擋雪板：L型鋁條 3t×40×40
雨水管
屋簷天花板：矽酸鈣板 8t 乳膠漆
屋簷天花板：矽酸鈣板 8t 乳膠漆
外牆：刮落式石材風格塗裝
柱子：直徑60.5×3.2t
1,050
1,950
扶手：圓鋼管 直徑22
頂部蓋板：鍍鋁鋅鋼板加工
屋頂陽台
900
地板：深岩石50t
FRP防水工法
▼2樓地板面線
200
700
6,118
天花板：基底為石膏板9.5t 京壁工法
牆壁：基底為石膏板12.5t 京壁工法
2,700
和室
地板：無邊保麗龍榻榻米 30t
▼1樓地板面線
500
▼設計地盤線
2,727

從主臥室觀看陽台。只要在窗邊擺放一張「NY椅（NYchair）」，此處也能搖身變為生活空間。只要從昏暗的室內觀看明亮的戶外，內心就會感到平靜。

在窗邊打造舒適的生活空間

「宇都宮之家」2樓平面圖 [S=1：200]

有3邊都被建築物與扶手牆圍住的陽台朝著中庭大大地敞開。在適度的圍繞下，能產生安心感與開放感，打造出舒適的場所。

不必為每位家庭成員準備專用的生活空間。只要讓每個人都認為住宅內有自己的生活空間即可。

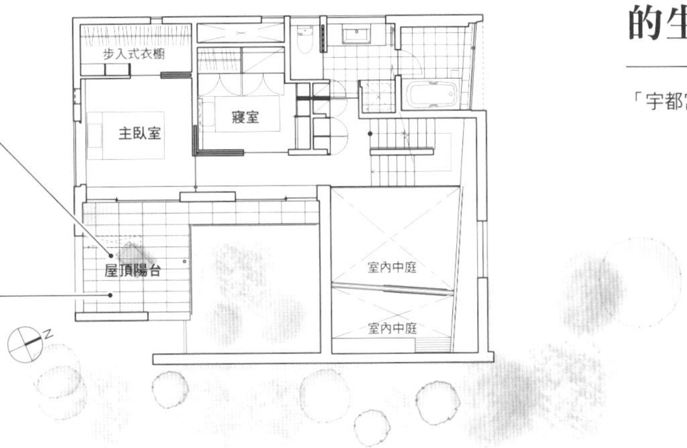

步入式衣櫥
寢室
主臥室
屋頂陽台
室內中庭
室內中庭
N

2樓的屋頂陽台有裝設屋頂。能讓內心感到平靜的場所未必要在住宅的「內部」。受到屋頂、屋簷、牆壁的保護，且能親近植物的「外部」也能讓人放鬆心情。

「宇都宮之家」8／32／44／115／117／140／144／152頁

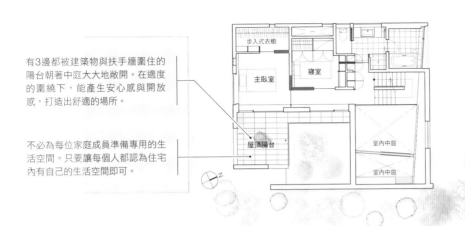

狹小住宅更應透過剖面圖來思考空間設計

在所謂的狹小土地中，如果只考慮到房間配置，也就是房間格局（平面圖）的話，有時會很難滿足住戶的要求，大多必須同時考慮到建築物的剖面設計。藉由縱向地思考住宅的設計，就能找出殘留在有限空間中的空隙與居住方式的啟示。

當初在設計位於狹小土地的「二子玉川之家」時，就是透過剖面圖與模型來進行討論，並讓有限的空間發揮到淋漓盡致。舉例來說，雖然姊妹2人所使用的兒童房大小為2.25坪，但藉由以立體的方式來配置家具，就能讓姊妹倆都擁有「只屬於自己的空間」。另外，還讓該房間的地板比其他房間高出約3階，並在床鋪下方確保了很大的收納空間。

從兒童房觀看家庭房。只要望向天花板方向，就能得知此處是隔著窗戶來和2樓的LDK相連。

從家庭房觀看兒童房。宛如交錯式多層置物架般地擺放2張床，並在用來當作書桌的櫃台桌和書架上，將姊妹倆各自的物品排列成對角線。床鋪底下確保了充足的收納空間。

也要將房間彼此的相連處做成剖面圖

「二子玉川之家」
剖面詳細圖［S＝1：60］

在設計住宅時，並不會如同「先決定平面圖後，再決定剖面圖」這樣地決定順序。何時、在哪裡、和誰一起思考、何時決定素材、要重視什麼、要用多大的規模來思考、要透過模型和透視圖來討論嗎、要用什麼材料來製作模型呢……。透過這些問題，所得出的答案就會有所不同，希望大家能多重視這一點。

雖然LDK與兒童房位於不同樓層，但可以透過窗戶來互相傳遞氣息。

藉由提升兒童房的地板高度，就能創造出地板下方的空間，而且也變得較容易與樓上的空間建立關係。

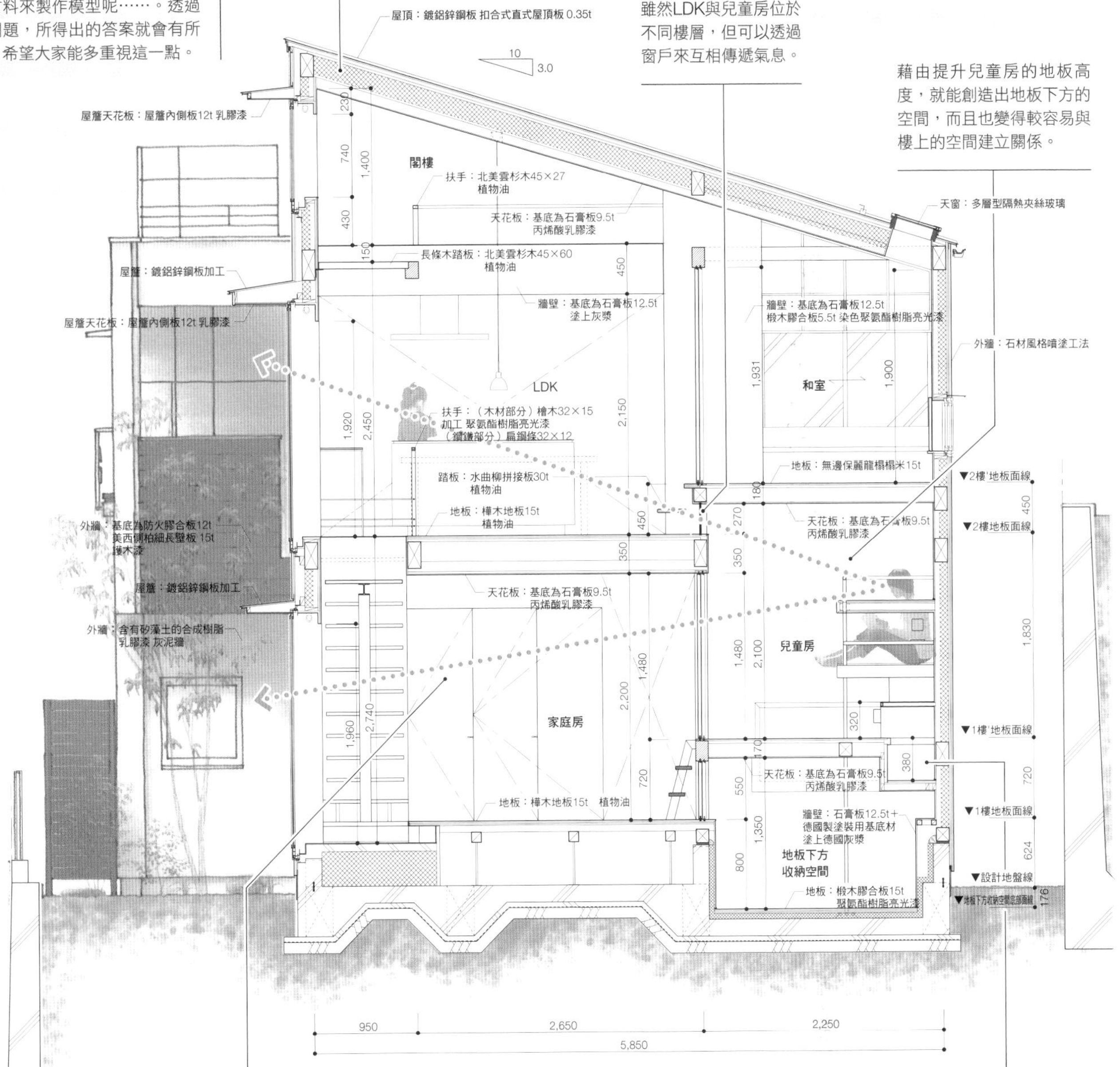

屋頂：鍍鋁鋅鋼板 扣合式直式屋頂板 0.35t
10
3.0
屋簷天花板：屋簷內側板12t 乳膠漆
閣樓
扶手：北美雲杉木45×27
植物油
天花板：基底為石膏板9.5t
丙烯酸乳膠漆
長條木踏板：北美雲杉木45×60
植物油
屋簷：鍍鋁鋅鋼板加工
牆壁：基底為石膏板12.5t
塗上灰漿
屋簷天花板：屋簷內側板12t 乳膠漆
牆壁：基底為石膏板12.5t
椴木膠合板5.5t 染色聚氨酯樹脂亮光漆
天窗：多層型隔熱夾絲玻璃
外牆：石材風格噴塗工法
LDK
和室
扶手：（木材部分）檜木32×15
加工 聚氨酯樹脂亮光漆
（鐵鑄部分）扁鋼條32×12
踏板：水曲柳拼接板30t
植物油
地板：樺木地板15t
植物油
地板：無邊保麗龍榻榻米15t
▼2樓'地板面線
天花板：基底為石膏板9.5t
丙烯酸乳膠漆
▼2樓地板面線
外牆：基底為防火膠合板12t
美西側柏細長壁板 15t
護木漆
屋簷：鍍鋁鋅鋼板加工
天花板：基底為石膏板9.5t
丙烯酸乳膠漆
外牆：含有矽藻土的合成樹脂
乳膠漆 灰泥牆
兒童房
家庭房
▼1樓'地板面線
天花板：基底為石膏板9.5t
丙烯酸乳膠漆
▼1樓地板面線
地板：樺木地板15t 植物油
牆壁：石膏板12.5t＋
德國製塗裝用基底材
塗上德國灰漿
地板下方
收納空間
▼設計地盤線
地板：椴木膠合板15t
聚氨酯樹脂亮光漆
230
740
1,400
430
150
450
1,931
1,900
1,920
2,450
2,150
180
450
270
350
350
1,830
1,480
2,100
1,480
2,200
1,960
2,740
320
170
380
720
550
720
1,350
800
624
176
950
2,650
2,250
5,850

若是狹小土地的話，從設計階段就要特別討論剖面圖。除了將狹窄的空間運用自如外，也要在很早的階段就打造出「開放的視野」，讓人不會產生狹窄感。

嵌入式櫃台桌是書桌。為了讓人可以坐下，所以要將地板挖空。

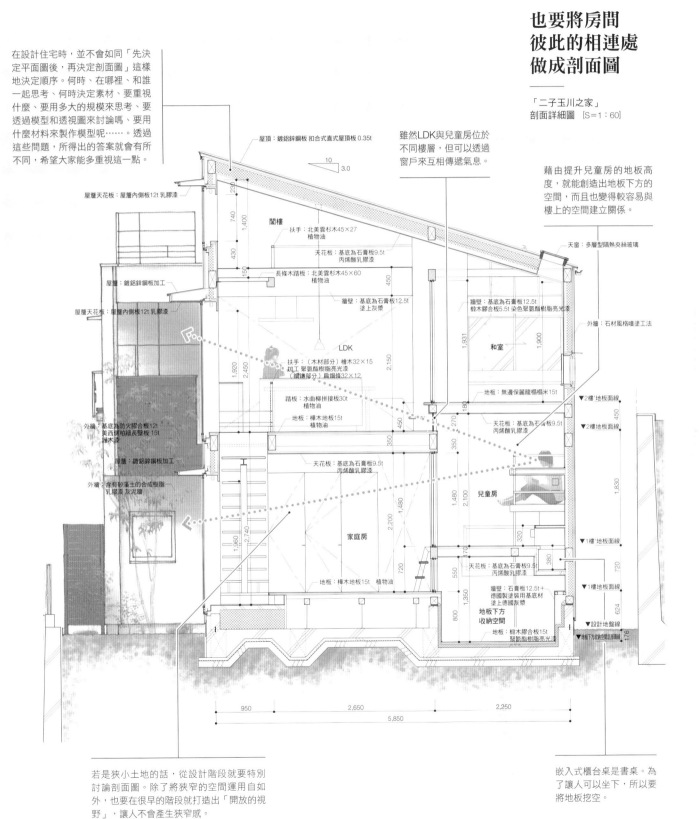

能夠配合孩子的成長來變化的兒童室

所謂的兒童房，在孩子還很小時不太會使用到，等到孩子在社會上自立後，也可能會變得不需要該房間。讓房間能夠依照孩子的成長情況與生活方式來進行變化，且具備多種用途吧！在理想的情況下，孩子的生活空間不會受限於兒童房，並會位於住宅內外的各處。只要客廳的角落有個小櫃台桌，孩子也許就能在該處寫作業。坐在略為寬敞的走廊上看書，在半戶外的空間內和朋友玩耍……。孩子會在家中尋找留白空間，並當成自己的生活空間。為了孩子著想，具有留白感的住宅較為合適。

孩子能當個孩子的時間出乎意料地短。正因如此，我認為要重視在家中與孩子們一起度過的時間與空間。

將門扇收進牆壁內，從兒童房2觀看自由運用空間。包含露臺在內，整體形成了一個寬闊的大空間。在自由運用空間內，為了讓人可以一邊感受到家人的氣息，一邊專心讀書，所以朝向室內中庭設置了牆壁，遮蔽部分的視線與光線。

1 從2樓的樓梯大廳觀看自由運用空間、兒童房2。此處並非普通的走廊，而是悠閒的舒適空間。
2 從兒童房1的窗戶欣賞庭院的樹木。透過角落的窗戶所營造出來的開放感，能讓房間看起來很寬敞。

兒童的活動區域變化多端

「Terrace & House」
2樓兒童房周圍的平面圖 [S＝1：80]

小小的留白空間就能成為聚集場所。只要將兒童房前方的走廊設計得寬敞一點，並設置一個櫃台桌，就會成為孩子們喜愛的空間。

不要讓孩子的生活空間侷限在兒童房內。只要讓家中帶有留白感，孩子就能夠不時地找到適合自己的生活空間。

當孩子需要個人房時，再給他就行了。只要在全家人聚集的場所內，準備各種「生活空間」，孩子就很少會窩在個人房內。

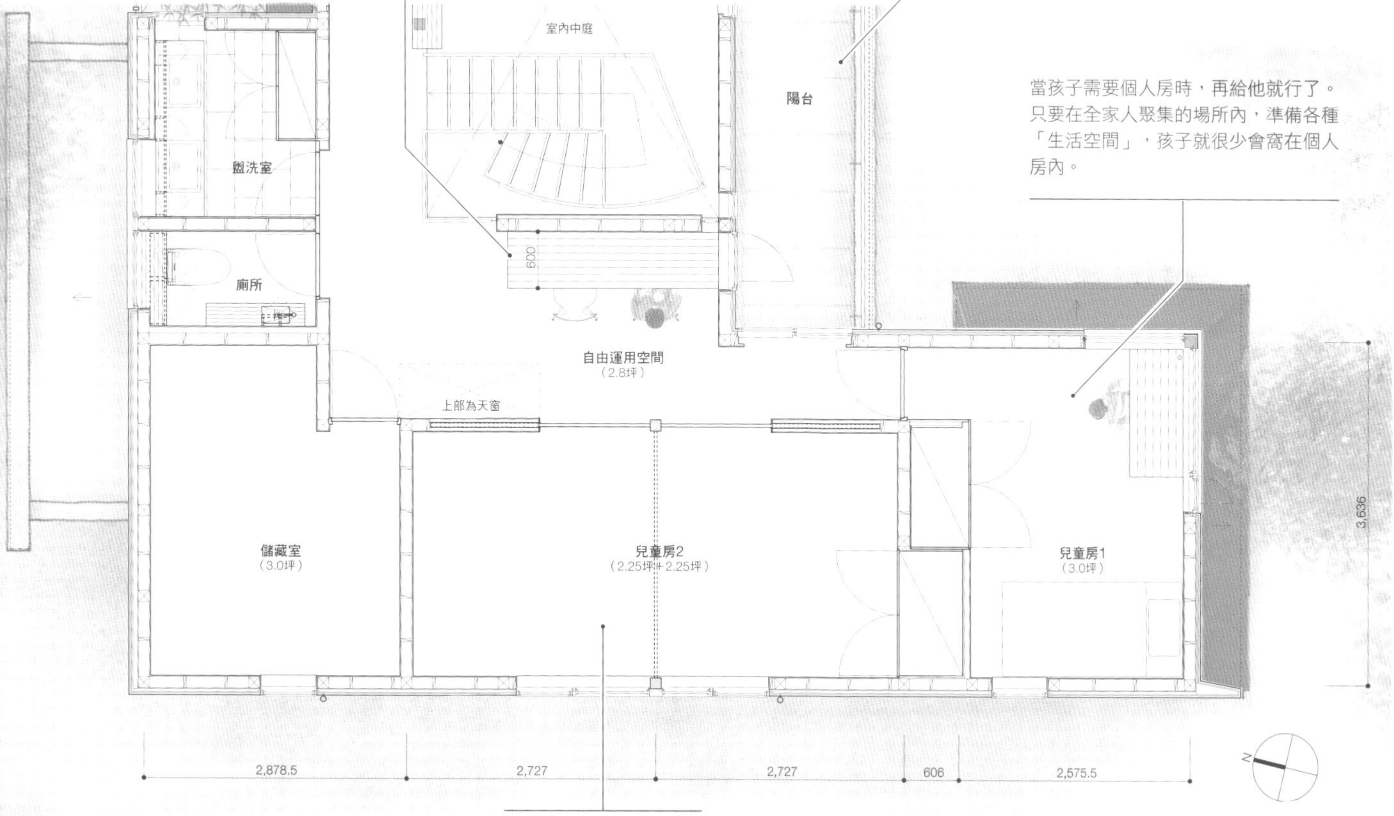
室內中庭
陽台
盥洗室
廁所
600
自由運用空間
(2.8坪)
上部為天窗
儲藏室
(3.0坪)
兒童房2
(2.25坪+2.25坪)
兒童房1
(3.0坪)
3,636
2,878.5
2,727
2,727
606
2,575.5

完工時兒童房只有2間。為將來做準備，所以將較大的兒童房2設計成能夠分割的空間。

「Terrace & House」88／108／124頁

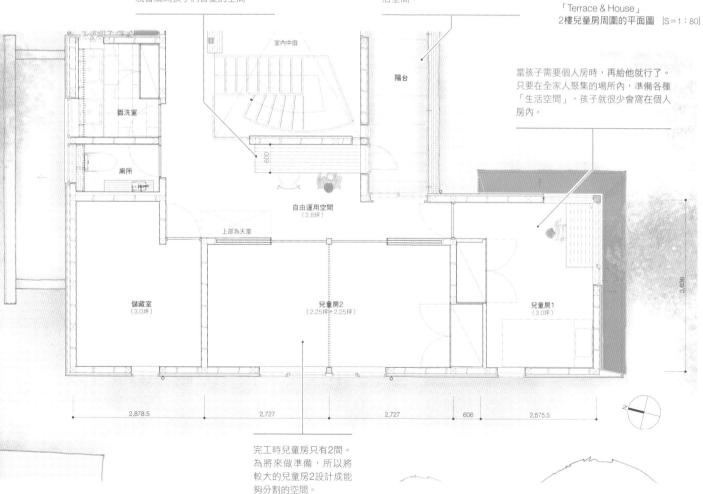

採用讓人易於交流的房間布局

家人們的聚集場所與兒童房位在不同樓層，這種設計方案並不罕見。在那種情況下，只要事先在從玄關到兒童房的路徑（動線）上採用能讓家人互相交流的構造即可。

在「下高井戶之家」中，LDK位於1樓，兒童房位於2樓。由於將通往2樓的樓梯設置在能夠瞭望整個LDK的位置上，所以親子之間會變得容易進行交流。把兒童房設置在飯廳上部的室內中庭的周圍，讓上下樓層的聲音能夠互相傳遞。站在廚房內的母親能夠感受到兒童房傳來的氣息，即使不在孩子身邊，也能放心。

從下方的樓梯口附近隔著室內中庭觀看兒童房。只要將兒童房的門扇收進牆壁內，兒童房就會與室內中庭形成相連空間，兒童房與樓下的LDK能夠得知彼此的情況。

從兒童房觀看室內中庭。由於兒童房位於北側，所以要隔著室內中庭引進南側的光線。即使將拉門關上，由於採用較寬的玻璃門，所以還是具備充足的採光作用。

即使相隔一段距離，還是能夠相連的設計

「下高井戶之家」2樓兒童房·室內中庭周圍的平面詳細圖 [S=1：50]

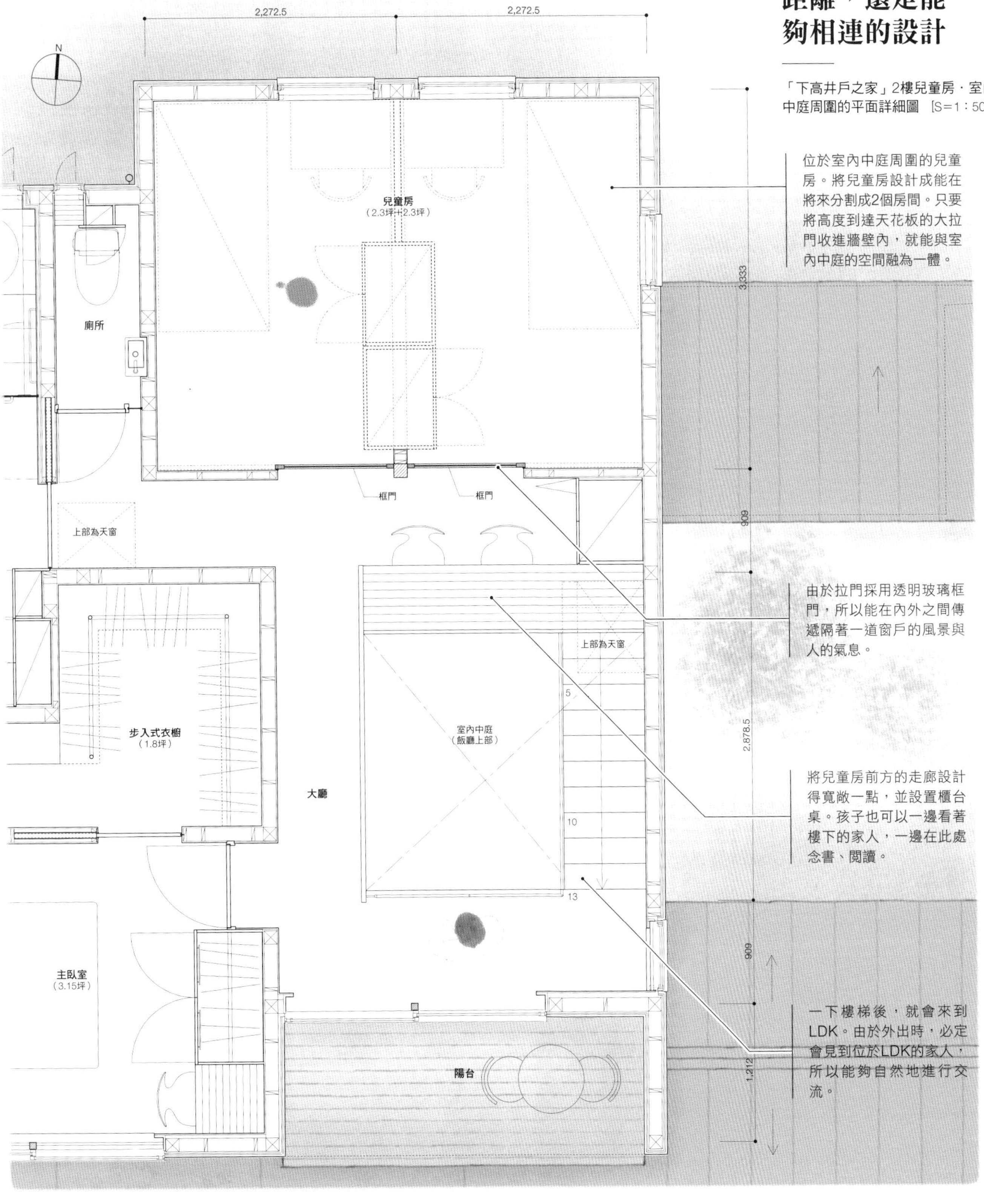

2,272.5
2,272.5
N
兒童房
（2.3坪+2.3坪）
廁所
框門
框門
上部為天窗
上部為天窗
步入式衣櫥
（1.8坪）
室內中庭
（飯廳上部）
大廳
主臥室
（3.15坪）
陽台
3,333
909
2,878.5
909
1,212
5
10
13

位於室內中庭周圍的兒童房。將兒童房設計成能在將來分割成2個房間。只要將高度到達天花板的大拉門收進牆壁內，就能與室內中庭的空間融為一體。

由於拉門採用透明玻璃框門，所以能在內外之間傳遞隔著一道窗戶的風景與人的氣息。

將兒童房前方的走廊設計得寬敞一點，並設置櫃台桌。孩子也可以一邊看著樓下的家人，一邊在此處念書、閱讀。

一下樓梯後，就會來到LDK。由於外出時，必定會見到位於LDK的家人，所以能夠自然地進行交流。

透過室內窗來進行交流

窗戶並非只能裝設在面向外牆的部分上。裝設在房間隔間牆上的「室內窗」可以連接相鄰的空間，改善採光、通風、視野，傳遞人的氣息。

在「常盤之家」中，兒童房內裝設了一個小型室內窗。只要稍微打開這扇窗，就能得知客廳與飯廳內的家人的情況。事先在兒童房內稍微打造一點「空隙」，在進行交流時，應該就會比較順利。孩子們肯定也不想要那種「只要將門關上，就會被完全隔絕開來的閉密兒童房」。

將兒童房的室內窗打開，觀看客廳。可以一直看到樓梯間的書房區與陽台。

不要把孩子關在兒童房內

「常盤之家」2樓平面詳細圖 [S=1：60]

可以從小窗戶看到家人的情況。

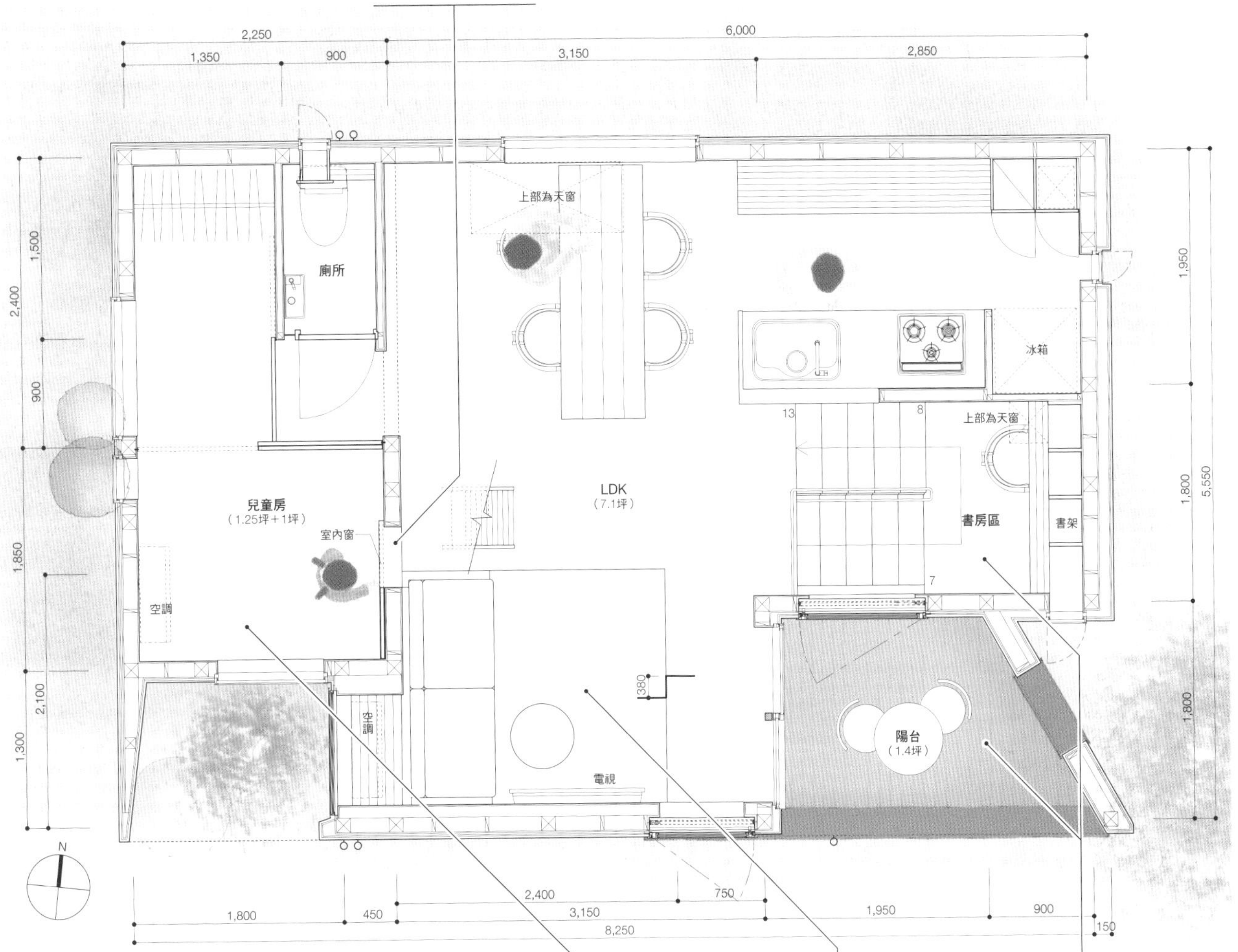

2,250
6,000
1,350
900
3,150
2,850
上部為天窗
廁所
冰箱
1,500
2,400
900
1,850
2,100
1,300
1,950
1,800
5,550
LDK
（7.1坪）
兒童房
（1.25坪＋1坪）
室內窗
空調
上部為天窗
書房區
書架
陽台
（1.4坪）
電視
380
13
8
7
N
2,400
750
1,800
450
3,150
1,950
900
8,250
150

平面圖呈現L形的兒童房可以隔成2個空間。雖然南側的空間為1.25坪大，但除了可以欣賞植物的2個大小不同的窗戶以外，還有用來連接客廳的室內窗，所以不太會感到狹小。

事先在家中各處設置孩子和大人都不禁想要久待的舒適場所。設置在樓梯間的書房區與略為寬敞的陽台也是其中之一。

不要讓孩子的生活空間侷限在兒童房內。我認為，在與孩子一起生活的住宅中，整個家都是孩子們的原野，兒童房則是營地。雖然兒童房較狹小也無妨，但要事先確保足以應付長大後生活的空間。

從客廳觀看室內窗。位於前方的樓梯會連接閣樓。能夠瞭望整個2樓的閣樓是孩子們喜愛的場所。

「常盤之家」20／102／130／158頁

在和室內打造適當的高度與柔和度

和室的前提條件為，直接坐在地板上，也就是「席地而坐」。由於身體會直接接觸到地板與牆壁，所以土壤、紙、源自植物的溫和觸感的素材都很適合。另外，也要依照坐在榻榻米上時的視線，事先降低空間的重心。降低門楣的高度，透過地窗與較深的屋簷來擷取庭院的景色，透過相互關係來使重心變低，在和室內營造出安穩感。

從南側的庭院觀看和室內的水泥地。玻璃門和防雨板能夠全部收進牆壁內。

只要打開日式拉門，就會看到水泥地。可以從此處前往庭院。藉由降低開口部位的高度與寬度，從視野中去除會使人覺得庭院很寬敞的庭院前方的鄰近住家。

與西式房間不同的房間構造

「Terrace & House」
1樓和室周圍的平面透視圖 [S＝1：75]

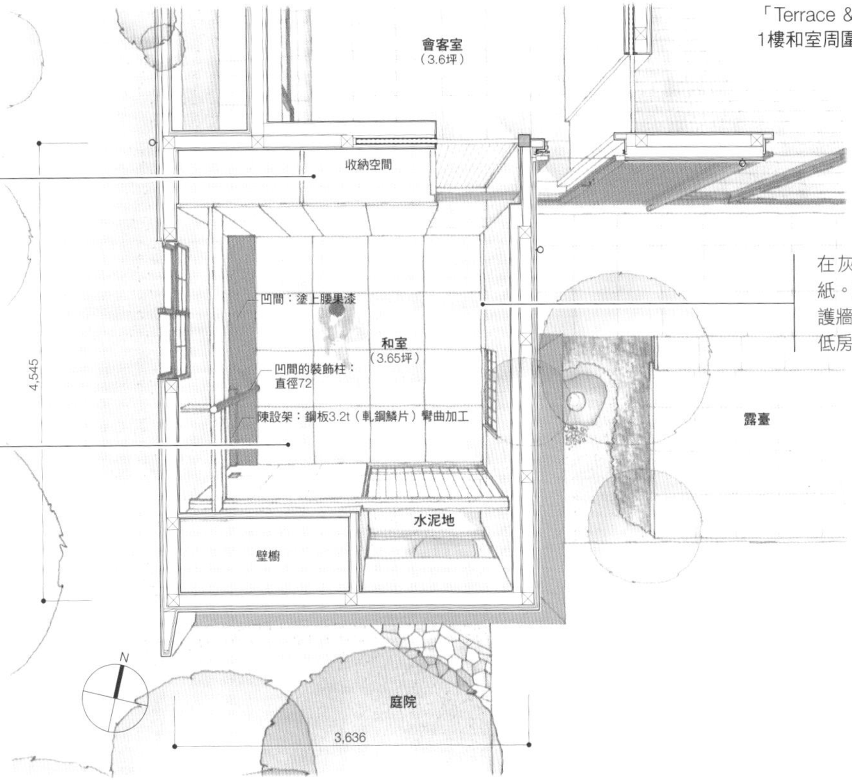
會客室
（3.6坪）
收納空間
凹間：塗上腰果漆
和室
（3.65坪）
凹間的裝飾柱：
直徑72
陳設架：鋼板3.2t（軋鋼鱗片）彎曲加工
水泥地
壁櫥
露臺
庭院
4,545
3,636
N

將手上的桐衣櫃收進收納櫃中。

和室是個空白的空間。不會擺放可以讓人靠上去的固定家具，而是直接坐在地板上。牆壁也在身邊。此處所需要的不是堅硬素材，而是木材、榻榻米、泥土之類的柔軟素材。

在灰泥牆的下部貼上和紙。這樣做當然是為了保護牆壁，同時也能發揮降低房間重心的作用。

適合席地而坐的高度

「Terrace & House」
和室展開圖 [S＝1：60]

抑制了開口部位高度的席地而坐空間

有裝設楣窗的和室入口。站在與榻榻米齊平的木地板上，觀看水泥地前方的庭院。

「Terrace & House」82／108／124頁

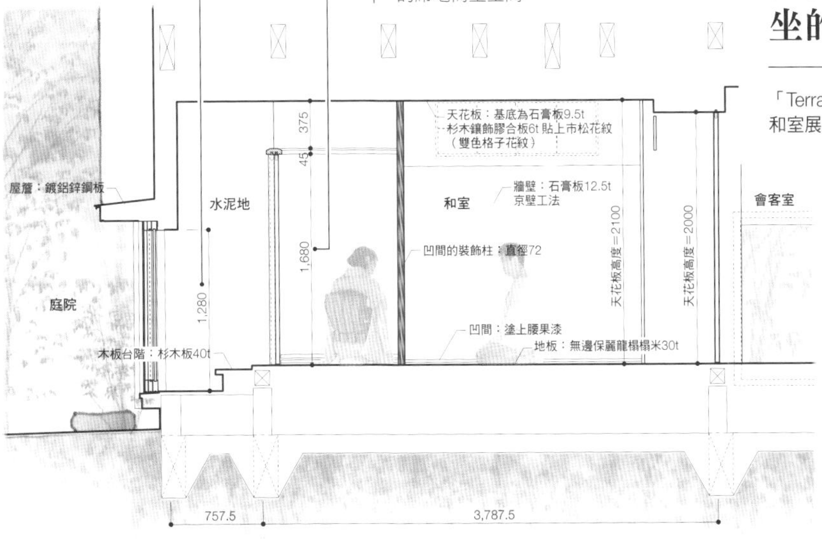
天花板：基底為石膏板9.5t
杉木鑲飾膠合板6t 貼上市松花紋
（雙色格子花紋）
屋簷：鍍鋁鋅鋼板
水泥地
和室
牆壁：石膏板12.5t
京壁工法
會客室
凹間的裝飾柱：直徑72
庭院
凹間：塗上腰果漆
木板台階：杉木板40t
地板：無邊保麗龍榻榻米30t
天花板高度＝2100
天花板高度＝2000
375
45
1,680
1,280
757.5
3,787.5

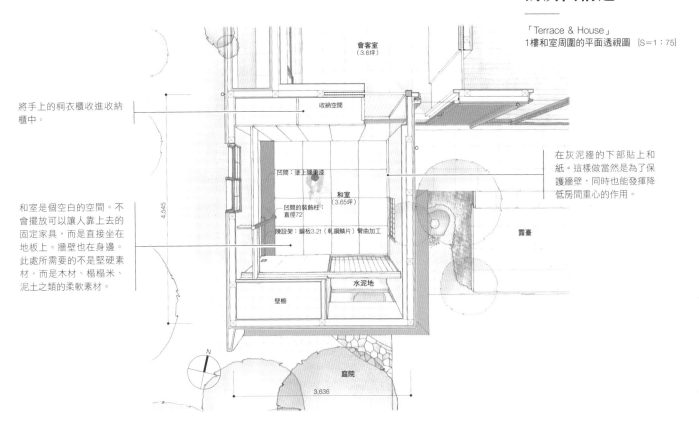

透過極小空間來呈現住宅的縱深感

在茶道的世界中，人們會看著茶杯，說出「真是美景啊」。連在小小的器皿與用具中，都能發現風景。這就是日本人的精神。我想要提出的設計方案就是，即使在平淡無奇的生活中，也能創造出既溫和又擁有豐富景色的住宅。

「二子玉川之家」是個小型住宅。我將樓梯的第一階設計得較寬，並當成通往茶室的放鞋處。為了呈現出不平凡感，所以只要通過茶室矮門，就會來到這個不到1坪大的小房間。裡面只有隔著日式拉門照進來的光線，略為昏暗的亮度令人印象深刻。這個有陰影的極小空間會在狹小住宅內營造出「縱深感」。今天，這幅由昏暗榻榻米房間所編織而成的靜謐安穩景色也治癒了家人的內心。

從上方的樓梯口觀看茶室矮門。第1階具備放鞋處般的作用。

0.85坪的小房間會讓人感受到縱深感

「二子玉川之家」
1樓茶室周圍的平面透視圖
[S=1：30]

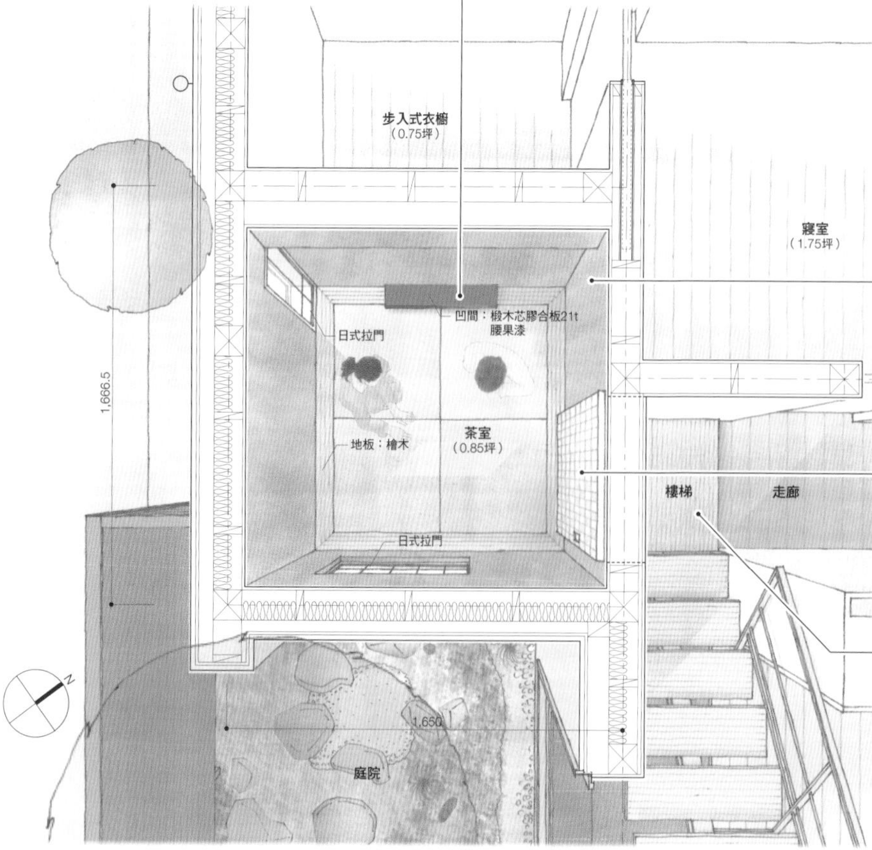

凹間採用可拆卸式的移動式台座，塗上腰果漆。
步入式衣櫥
（0.75坪）
寢室
（1.75坪）
凹間：椴木芯膠合板21t
腰果漆
日式拉門
1,666.5
地板：檜木
茶室
（0.85坪）
樓梯
走廊
日式拉門
1,650
庭院
N
牆壁採用令人感到孤寂的灰色灰泥，天花板貼上了薩摩蘆葦膠合板。
在小茶室內可以看到客人專用的小型出入口，名稱叫做「茶室矮門」，每個人都要跪著往前行才能通過。此處的大小為，寬度約65公分，高度約108公分。
樓梯的第1階也兼作茶室的放鞋處。

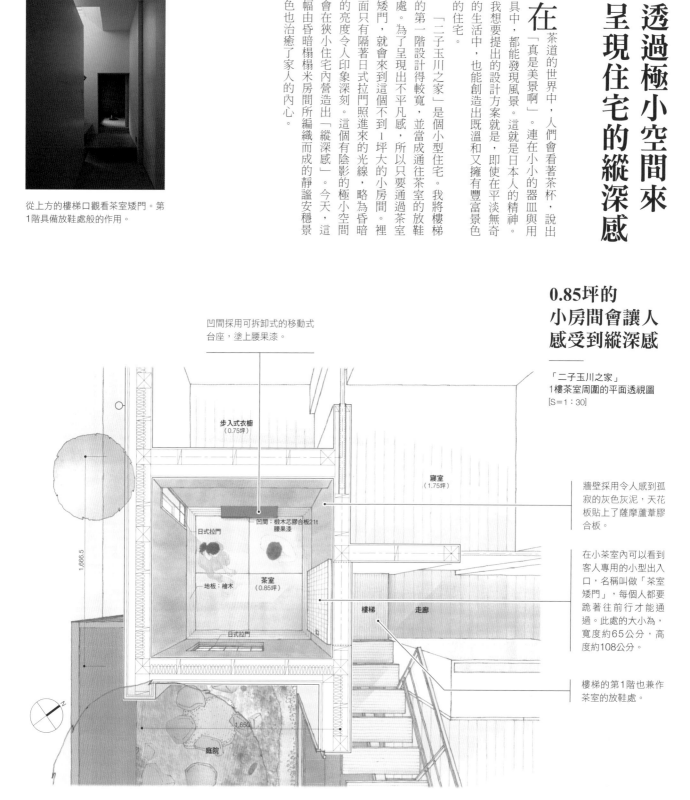

極小的榻榻米空間籠罩在隔著日式拉門照進來的柔和光線中。讓內心感到平靜，靜靜地獨自品茶。

「二子玉川之家」80頁

在榻榻米房間內設置凹間

榻榻米房間是空白的空間，並沒有固定的裝飾。在房間內的凹間，則會依照季節變遷與節日活動來進行布置。光是將花、掛軸、擺設放在凹間內，空間的氣氛就會迅速改變。「光邊之家」的和室是個變形的平面，凹間的寬度僅約94公分，深度僅約30公分。為了賦予此小型凹間存在感，所以使用厚度達42公分的芦野石來當作凹間地板。充滿厚重感的凹間地板能夠襯托各種凹間裝飾。

小型凹間具備簡約感×存在感

「光邊之家」
上：1樓和室周圍平面圖 [S=1：120]
下：凹間地板部分剖面詳細圖 [S=1：3]

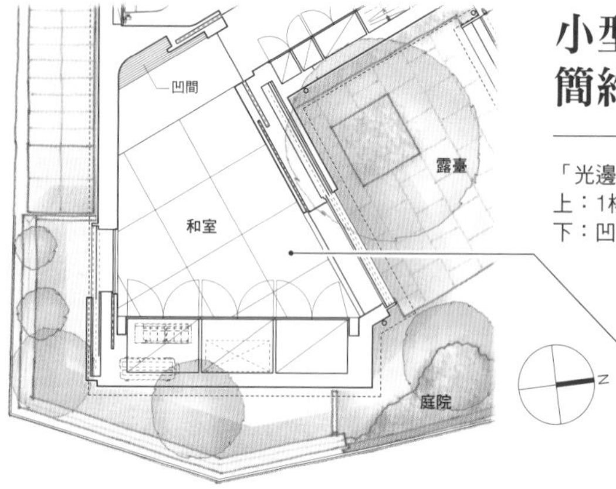
凹間
露臺
和室
庭院
N

變形的和室。在石製凹間的前方鋪設地板，也兼作和室的放鞋處。

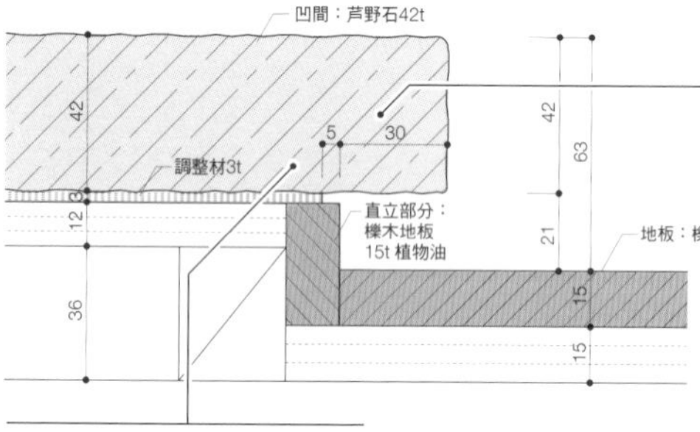
凹間：芦野石42t
調整材3t
直立部分：櫟木地板15t 植物油
地板：櫟木地板15t 植物油
42
5
30
3
12
36
42
63
21
15
15

藉由讓凹間地板突出30mm，看起來就會有如懸空一般。

幾乎不進行倒角處理，直接呈現石材的厚度與質感。

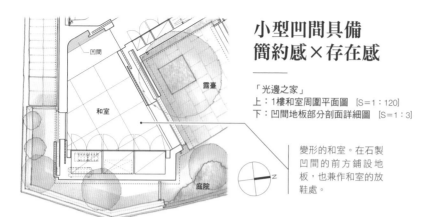

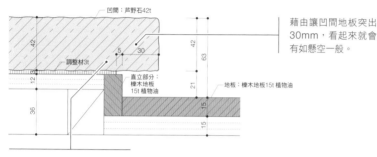

1 雖然凹間的深度不到30公分，但藉由使用石材就能呈現存在感。這天用來裝飾的是簡約的小漆器。
2 將用來製作凹間地板的灰色芦野石當作舞台，讓朱紅色器皿浮現在微弱光線中。

「光邊之家」12／24／46／128／155頁

需從茶室矮門進入的丈夫書房

有的人會將客廳等處的角落當成書房區。雖然可以節省空間，但由於和熱鬧的場所相鄰，所以也會面臨「稍微靜不下心來」的缺點。

在「西大口之家」中，刻意用灰泥牆將0.9坪大的極小空間圍住，鋪滿榻榻米，製作出小茶室般的書房。雖然位於客廳內，但只要穿過茶室矮門，就能在這個寧靜空間內集中精神。

1 位於客廳牆壁上的小巧茶室矮門。
2 只要一打開拉門，氣氛完全不同的榻榻米書房就會映入眼簾。

重現茶室的模樣

「西大口之家」
書房剖面透視圖 [S＝1：30]

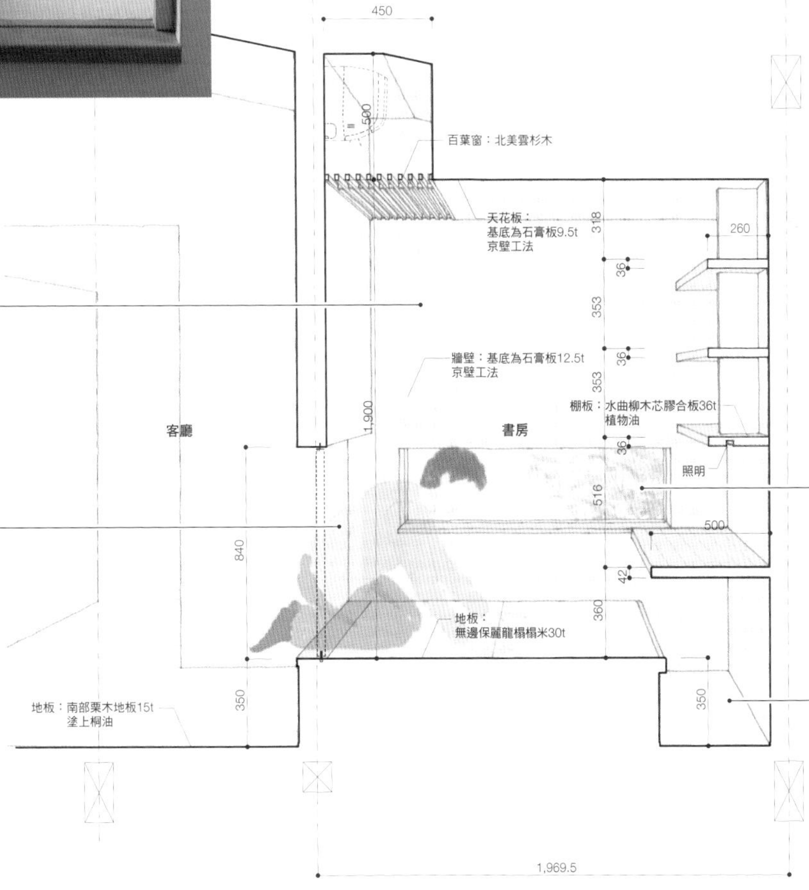
450
500
百葉窗：北美雲杉木
天花板：
基底為石膏板9.5t
京壁工法
318
260
36
353
牆壁：基底為石膏板12.5t
京壁工法
36
353
棚板：水曲柳木芯膠合板36t
植物油
客廳
1,900
書房
36
照明
516
500
840
42
360
地板：
無邊保麗龍榻榻米30t
350
350
地板：南部栗木地板15t
塗上桐油
1,969.5

在牆壁與天花板塗上含有碎稻草纖維的灰泥，打造成茶室風格。

小巧的茶室矮門只能讓人勉強進入。穿過矮門後，就會來到不平凡的世界。

小窗戶不僅能將公園的綠意框成一幅畫，還能引進光線，照亮手邊。

為了讓人可以當成椅子來坐，所以要將地板降低一階樓梯的高度。

「西大口之家」68頁

男人的生活空間打造成書房

書房是男人的夢想，「如果有就好了，就算小一點也無妨」有不少丈夫都會客氣地這樣說。為了設法實現其夢想，所以在設計時，也會不禁多花一點工夫。不要對書房產生「朝著書桌看書的房間」這種刻板印象，比較推薦的方法為，打造一個能夠靜下心來的空間。寬敞度的必要性並沒有那麼高。

「羊腸小道之家」的書房約為1.8坪大。適合用來看書的柔和光線會隔著日式拉門照進來。除了書桌與書架以外，還準備了可動式沙發床，雖然是小型尺寸，但使用方式很自由。此處成為了心胸寬大的男人的生活空間。

丈夫的生活空間

「羊腸小道之家」2樓平面圖　[S＝1：150]

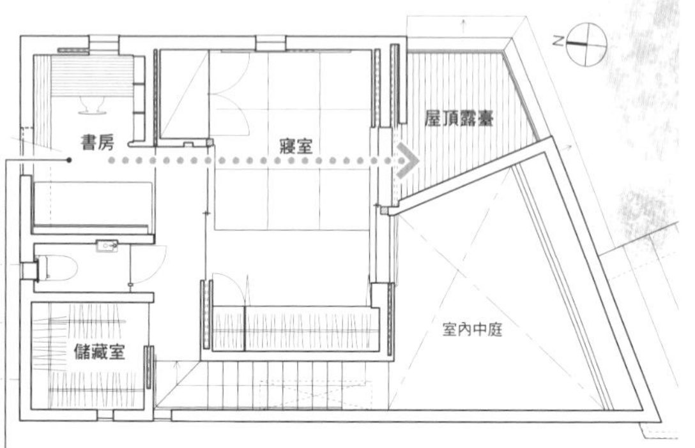

N
書房
寢室
屋頂露臺
室內中庭
儲藏室

設置在2樓東北側角落的小巧空間是丈夫的生活空間。只要將拉門打開，而且寢室的門也不要關上，就能隔著屋頂陽台欣賞庭院的楓樹與梅樹。

雖然狹小，卻很舒適的書房

「羊腸小道之家」
書房剖面透視圖　[S＝1：20]

雖然這個小巧空間僅有1.8坪大，但卻是能讓一個男人放鬆心情的生活空間。

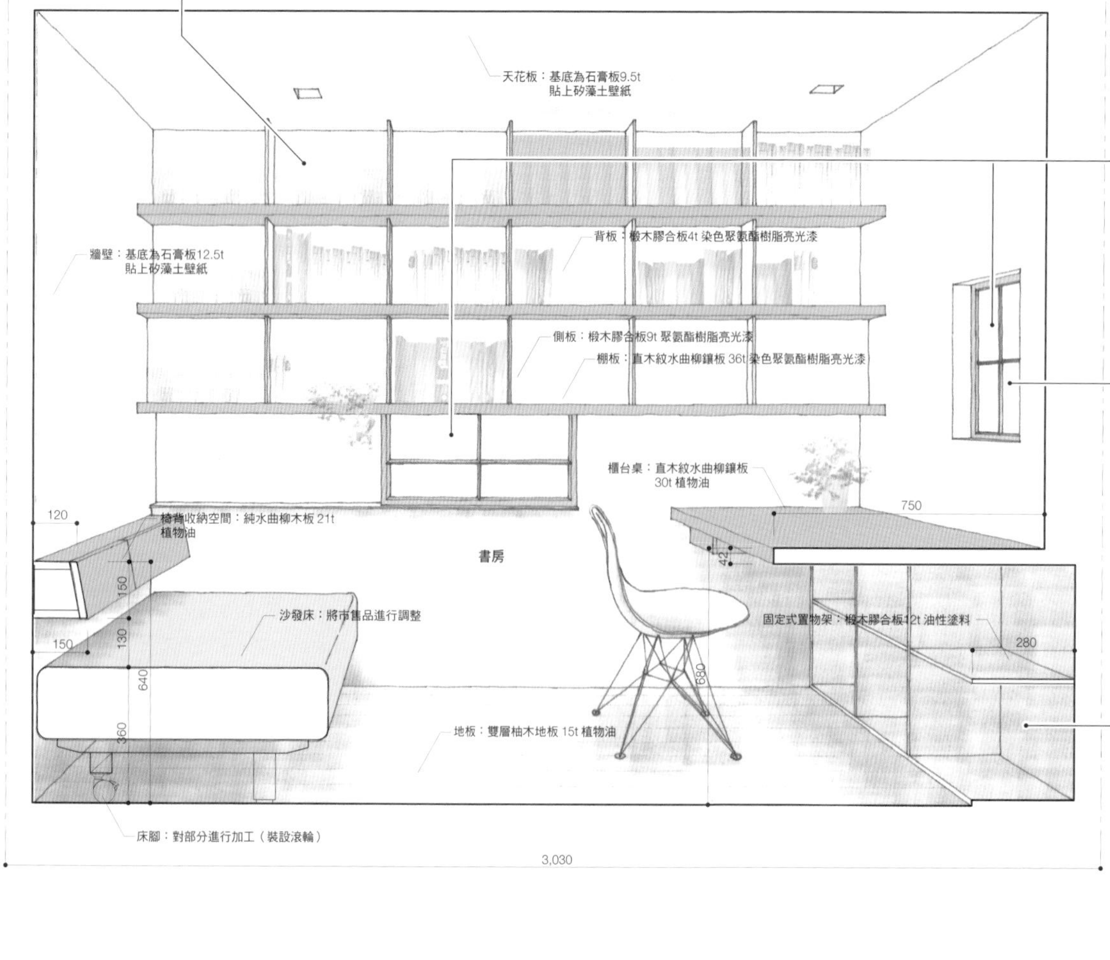

天花板：基底為石膏板9.5t
貼上矽藻土壁紙
牆壁：基底為石膏板12.5t
貼上矽藻土壁紙
背板：椴木膠合板4t 染色聚氨酯樹脂亮光漆
側板：椴木膠合板9t 聚氨酯樹脂亮光漆
棚板：直木紋水曲柳鑲板 36t 染色聚氨酯樹脂亮光漆
櫃台桌：直木紋水曲柳鑲板
30t 植物油
750
120
椅背收納空間：純水曲柳木板 21t
植物油
書房
42
150
130
150
沙發床：將市售品進行調整
固定式置物架：椴木膠合板12t 油性塗料
280
640
680
360
地板：雙層柚木地板 15t 植物油
床腳：對部分進行加工（裝設滾輪）
3,030

有2個小窗戶。可以期待來自北側的穩定光線。為了將光線轉變為適合看書的柔和光線，所以會把日式拉窗當成濾光裝置。

從東側窗戶可以看到鄰居家的庭院。日式拉窗可收進牆壁內。

書房內所收納的物品出乎意料地多，像是書籍、筆記本、資料夾等。為了避免物品將生活空間堆滿，所以要事先確保足夠的收納空間。

雖然此房間名為書房，但卻是個能用喜歡的姿勢做喜歡的事的場所。坐在椅子上看書，躺在沙發上午睡，靠在沙發上聽音樂……。

「羊腸小道之家」10／34／106／133／146／156頁

大家都滿意的休閒空間

我以前很嚮往汽車。在超級跑車時代，現在依然有不少人持續懷抱著當時的熱情。為了和愛車一起生活而打造了廂房的此住宅屋主也是其中一人。在一樓，不僅有停車位，還有能照出車子模樣的鏡子與保養車子用的水槽，而且還準備了一間用來欣賞愛車的房間。

另外，在打造休閒空間時，也沒有忘了顧慮到家人。在此處，一部分的水泥地上鋪滿了很漂亮的大谷石，可以用於舉辦家庭派對等。讓全家人都開心，似乎就是在家中享受個人興趣的秘訣。

在保養車子的空檔，可以坐在柚木地板製成的圓形長椅上休息片刻。寬度5.6公尺的長方形鏡子會照出愛車的模樣。

與車子一起生活＋α的小廂房

「淺間町的廂房」
1樓平面圖 [S=1：75]

在與主房相鄰的廂房內，屋主會將車子當成家中一分子來愛護。

水槽除了用於車子的保養，在舉辦派對時，也能發揮作用。

躺在榻榻米上，凝視著完成保養後的亮晶晶車子，就是最幸福的時刻。

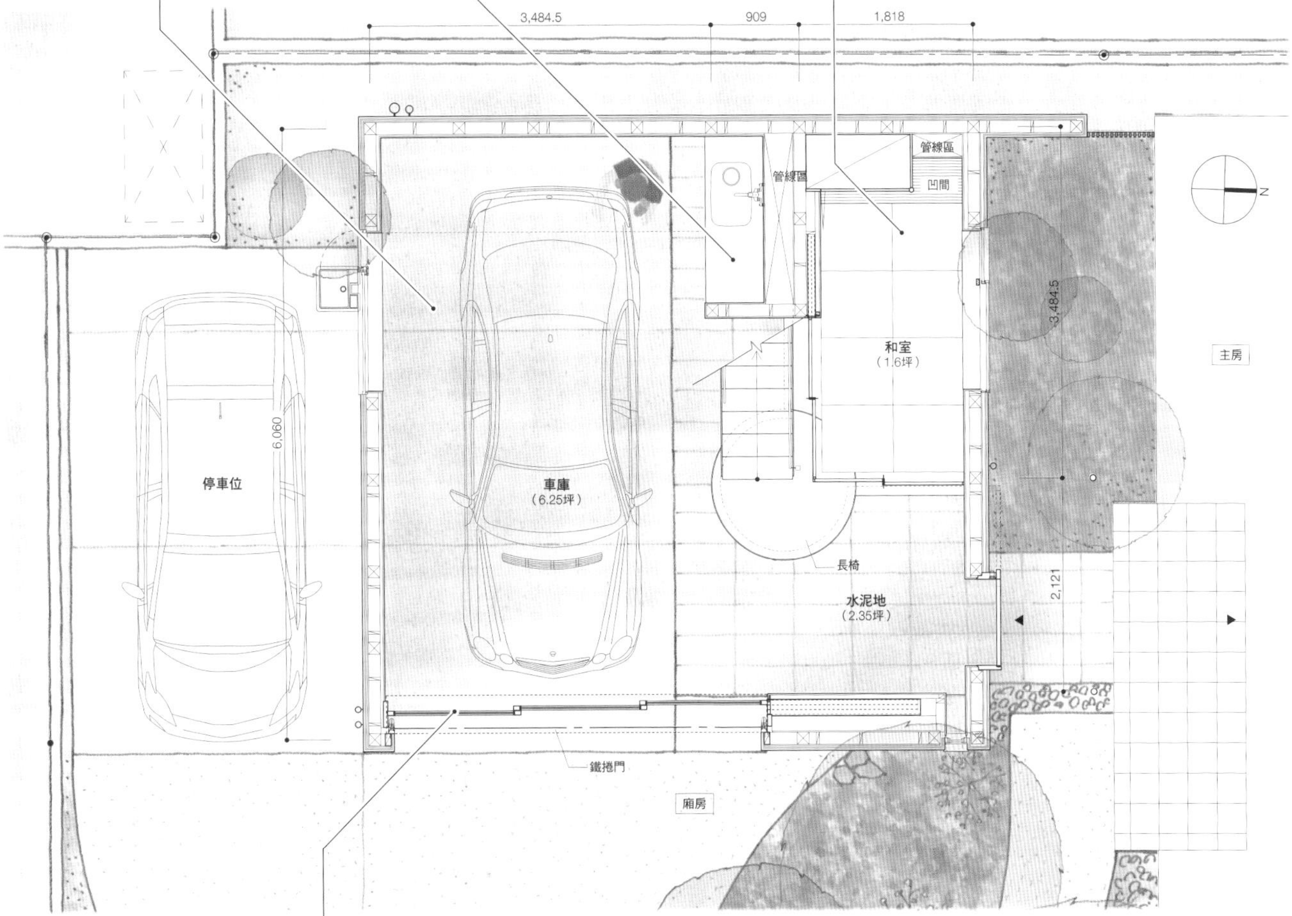
3,484.5
909
1,818
管線區
管線區
凹間
和室
（1.6坪）
主房
3,484.5
停車位
6,060
車庫
（6.25坪）
長椅
水泥地
（2.35坪）
2,121
鐵捲門
廂房

只要將車子開出去，就會成為最適合用來舉辦家庭派對的水泥地空間。在開口部位，除了鐵捲門以外，還有透明玻璃框門。即使關上框門，陽光也能照進來，而且還能欣賞庭院的綠意。

從正面觀看廂房。拉上鐵捲門，並將框門收進牆壁內。右邊的深處為和室。

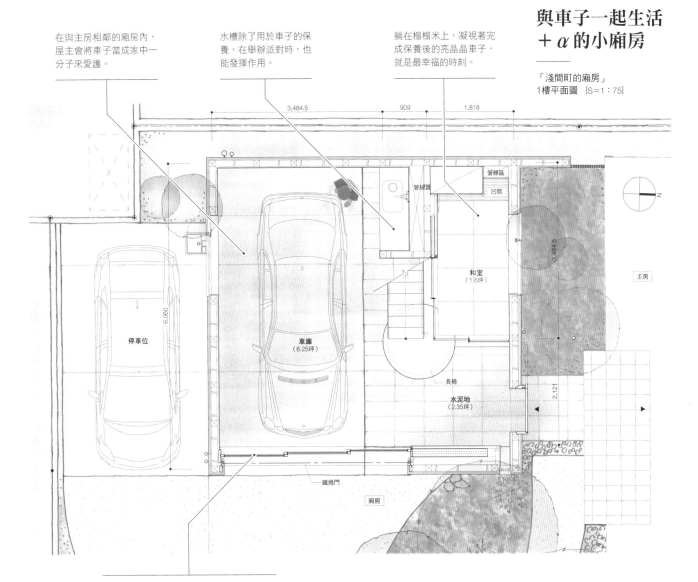

會令人產生期待的隧道狀玄關

形狀工整、寬敞度也還不錯——在市區內，並不會殘留條件如此好的土地。現在，變形土地與狹小土地是理所當然的，我想要積極地將其當成能夠激發建築物魅力的「建地特色」來看待。

「府中之家」是興建在旗竿地上的小住宅。

面向道路的旗桿狀部分的開口寬度為2.5公尺，相較之下，深度居然達到17公尺。我在此處打造出了細長的隧道狀玄關。在略為昏暗的玄關內，只把腳邊照亮，藉由這樣的設計來讓人對穿過隧道後的目的地產生期待。當然，不用說也知道，這樣做是為了襯托前方的居住空間的明亮度與開放感。

從隧道狀的昏暗玄關觀看自由運用空間。從中庭照進來的光線會使深處變得明亮，並溫柔地迎接歸來的家人。

玄關會突顯對比

「府中之家」1樓平面圖
[S＝1：150]

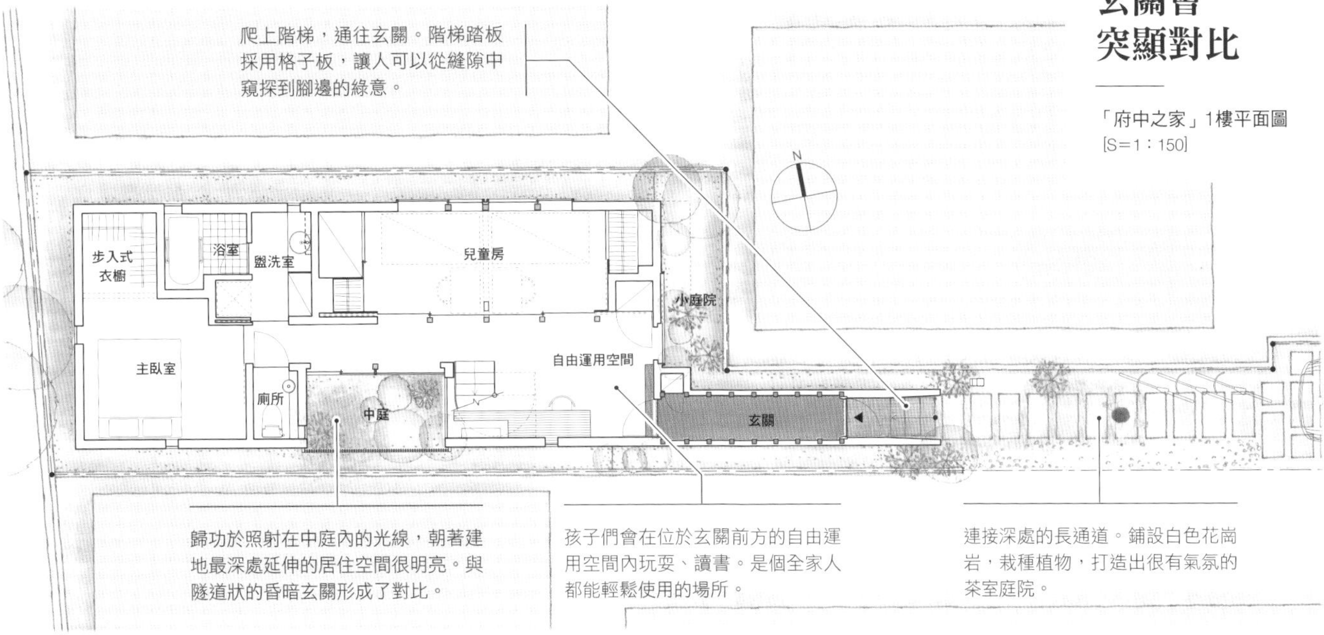

爬上階梯，通往玄關。階梯踏板採用格子板，讓人可以從縫隙中窺探到腳邊的綠意。

歸功於照射在中庭內的光線，朝著建地最深處延伸的居住空間很明亮。與隧道狀的昏暗玄關形成了對比。

孩子們會在位於玄關前方的自由運用空間內玩耍、讀書。是個全家人都能輕鬆使用的場所。

連接深處的長通道。鋪設白色花崗岩，栽種植物，打造出很有氣氛的茶室庭院。

帶有飄浮感的玄關

「府中之家」剖面圖
[S＝1：150]

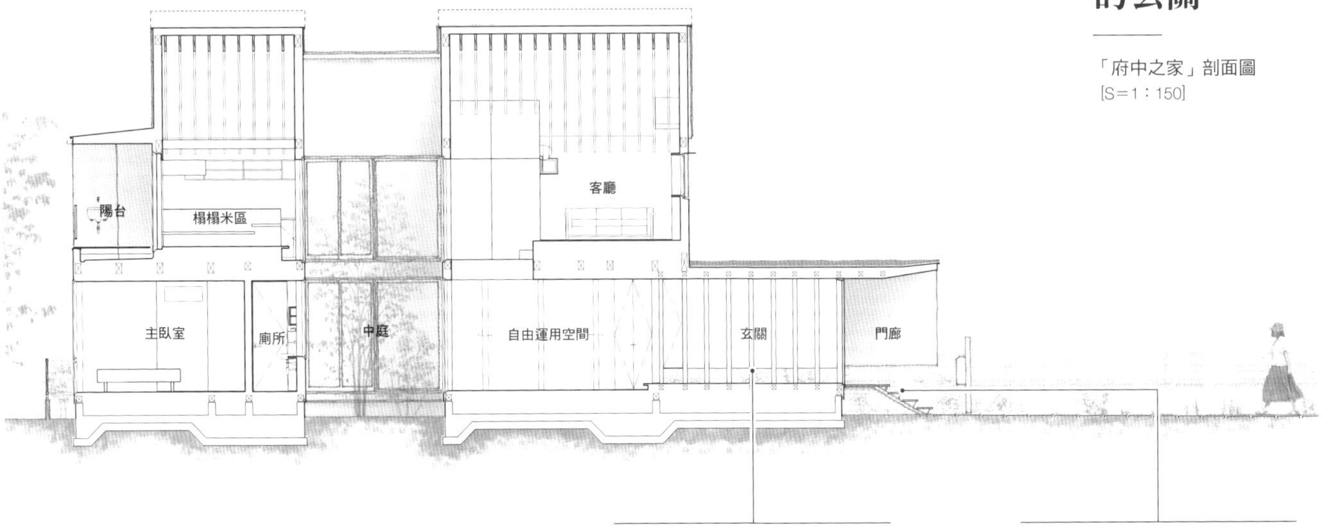

在隧道狀的細長玄關內，由9公分的角材製作而成的門形框的間距為60公分。只有腳邊有設置開口，讓光線集中照在此處。

在玄關門廊與階梯上採用格子板，呈現出飄浮感。自然光和雨水會從格子板的縫隙落下，也能看到樹下雜草等植物與泥土。

從自由運用空間朝著兒童房、其前方的主臥室方向觀看。各空間被配置在中庭的周圍。

「府中之家」56頁

模糊的邊界也能使空間運用變得更加靈活

日式房間的特色為相連和室（48頁）。透過可拆卸式門扇來當作房間之間的隔間方式，使邊界變得模糊。空間不是固定不變的，而是會由內而外或由外而內持續產生變化。只要在此空間構造中加入新的詮釋方式，應該就能打造出與現代住宅也很相襯的空間。

在「妙蓮寺之家」中，我在玄關旁打造一個2.5坪大的自由運用空間。只要關上門，就能當成會客室或休閒室來使用。和室位於玄關的正面深處。只要將隔間用的日式拉門收進牆壁內，就會形成旅館風格的大廳。當有朋友來留宿時，只要關上日式拉門，就能當成客房。正因為身處於融合了各種生活型態的現代住宅中，所以邊界的模糊感與空間的靈活性是必要的。

從和室觀看中庭、自由運用空間（上）。想要將自由運用空間完全隔開時，就從牆壁內將日式拉門拉出（下）。

具備多種運用方式的玄關周圍

「妙蓮寺之家」玄關周圍平面詳細圖
[S=1：60]

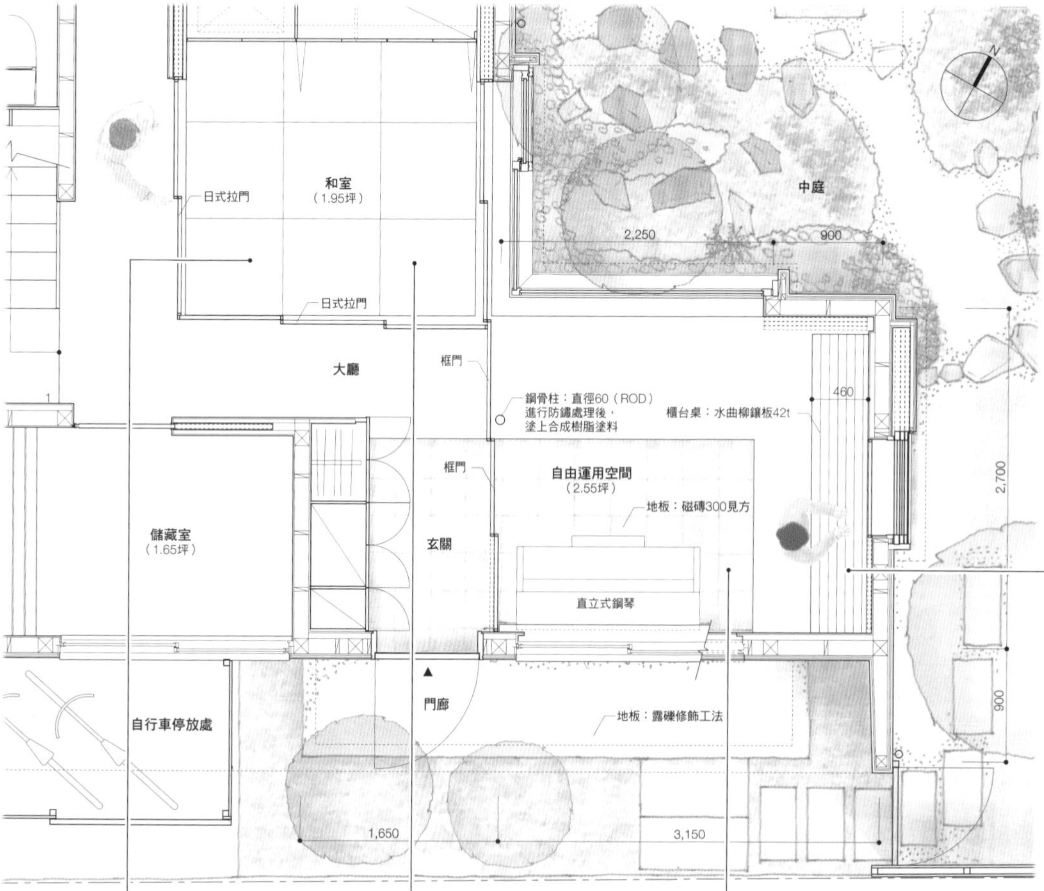
和室
（1.95坪）
日式拉門
日式拉門
中庭
2,250
900
大廳
框門
鋼骨柱：直徑60（ROD）
進行防鏽處理後，
塗上合成樹脂塗料
櫃台桌：水曲柳鑲板42t
460
框門
自由運用空間
（2.55坪）
地板：磁磚300見方
2,700
儲藏室
（1.65坪）
玄關
直立式鋼琴
門廊
自行車停放處
地板：露礫修飾工法
900
1,650
3,150

在和室內，有3邊的隔間方式都採用日式拉門，而且全都能收進牆壁內。

只要將日式拉門收進牆壁內，就會形成有如旅館前廳般的榻榻米房間。

只要將門關上，就算有客人突然造訪，也能當成會客室。也可以在房間內彈鋼琴、看書。

面向庭院的窗邊櫃台桌是全家人喜愛的場所。由於腳下部分被挖空，所以可以坐著使用。

從自由運用空間觀看玄關大廳、和室。雖然開口部位僅有面向中庭的地窗，但藉由打開與關上隔間用的門扇，就能使空間產生縱深感與開放感。

善用玄關旁邊的榻榻米房間

在「常盤之家」中，玄關旁邊有個約1.5坪大的和室。此空間不僅能讓玄關變得較為寬敞，也能當成會客室來使用。只要直接坐在與榻榻米齊平的木地板上，就能讓客人省去了脫鞋的工夫。其實，這間和室到了晚上就會變成丈夫的書房。只要將凹間風格的陳設架凹間木地板拆下，就能當成日式書桌來使用。書架被隱藏在拉門後面。

此和室具備各種用途。想要讓功用發揮實力的話，能讓空間變得空白的設計是必要的。只要將房間收得很整齊，應該就能更進一步地擴大榻榻米房間的可能性。

與玄關水泥地相鄰的和室是用來接待客人的場所。雖然此處也是丈夫的書房，但其功能被巧妙地隱藏了起來。面向小庭院的窗邊採用了凹間風格的設計，其實此處可以變身為日式書桌與書架。

變化多端的榻榻米房間也能當作會客室與書房

「常盤之家」
左：和室剖面圖［S＝1：50］
右：1樓平面圖［S＝1：200］

日式拉門的前方為玄關水泥地。在白天，只要將日式拉門關上，就能迅速成為會客室。

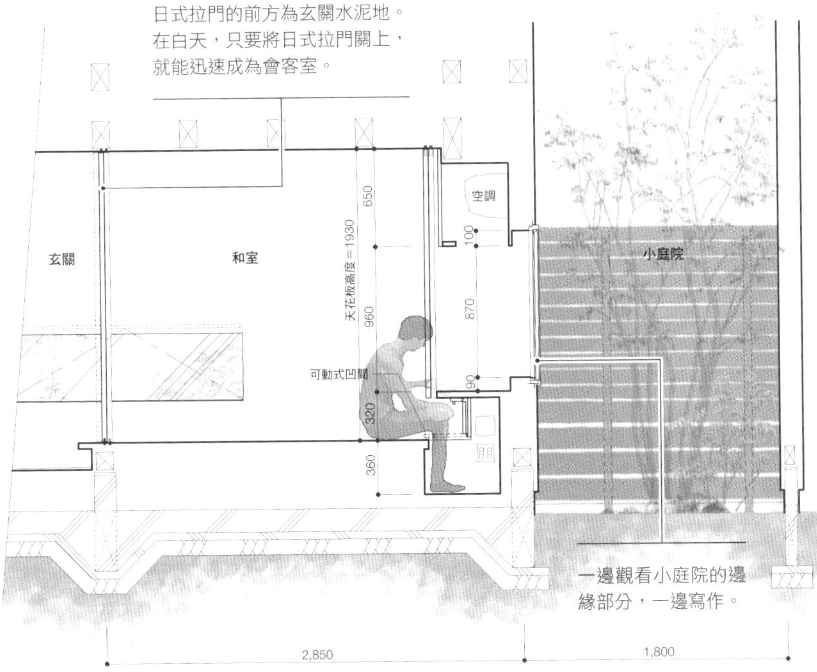

玄關
和室
空調
小庭院
天花板高度＝1930
650
100
960
870
90
320
360
可動式凹間
2,850
1,800

一邊觀看小庭院的邊緣部分，一邊寫作。

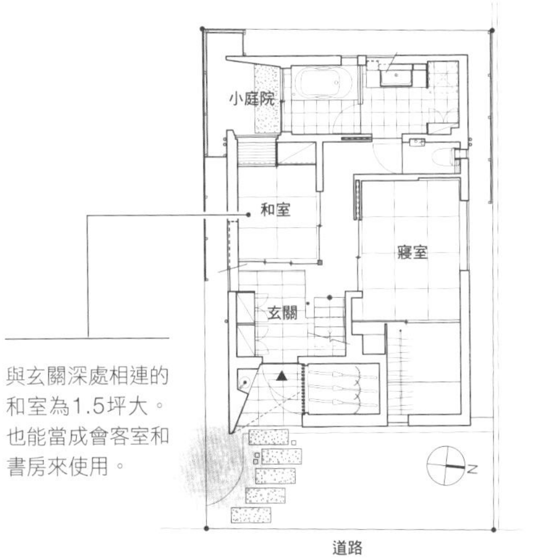

小庭院
和室
寢室
玄關
N
道路

與玄關深處相連的和室為1.5坪大。也能當成會客室和書房來使用。

不要讓空間完全顯露

「常盤之家」
凹間剖面詳細圖［S＝1：10］

窗邊的櫃台桌採用凹間風格。位於右手邊的是懸吊式拉門，只要一打開，就會變成書架。貼上棣棠花色的和紙，使其看起來像牆壁。

使用書架時，要將拉門往櫃台桌這邊拉。

凹間地板為可動式。將陳設架當成日式書桌使用時，只要讓地板往上翹，就能將腳伸進去，並坐下來。

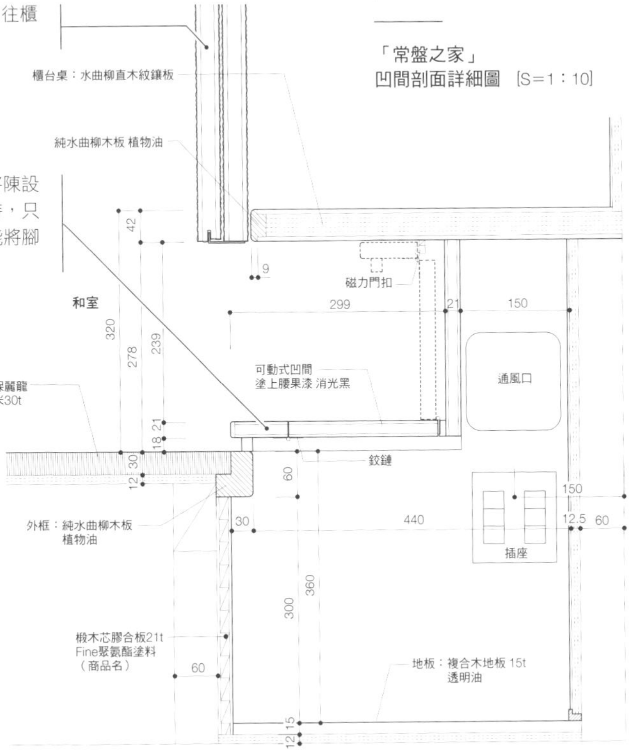

櫃台桌：水曲柳直木紋鑲板
純水曲柳木板 植物油
42
9
磁力門扣
和室
299
21
150
320
278
239
可動式凹間
塗上腰果漆 消光黑
通風口
地板：無邊保麗龍
榻榻米30t
21
18
30
12
鉸鏈
60
150
外框：純水曲柳木板
植物油
30
440
12.5
60
插座
360
300
椴木芯膠合板21t
Fine聚氨酯塗料
（商品名）
60
地板：複合木地板 15t
透明油
15
12

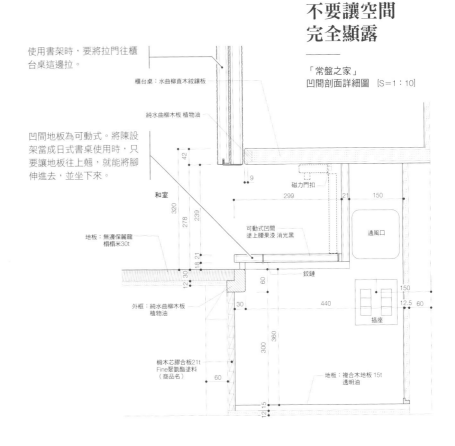

能夠有效率做家事的住宅

在住宅的設計中，我希望大家要注意到的一點為，不要讓做家事的動線變得複雜。尤其是，在採用差層式結構的住宅中，為了避免在做家事時需要反覆上上下下，所以要將包含廚房在內的用水處集中設置在同一層（最好是中間樓層）。

在「東村山之家」中，比客廳高出5個台階的地方是飯廳．廚房所在的2樓的樓中樓。將家事室和曬衣場集中設置此樓層。由於配置在一直線上，所以能夠很有效率地進行烹調、洗衣、曬衣等家事。

從1樓的客廳觀看2樓的樓中樓、通往2樓的2座樓梯。只要待在2樓的樓中樓，進行烹調、洗衣工作時，就不需要上下樓梯。

從飯廳觀看廚房。裡面連接著家事室、盥洗室、浴室。主要的家事空間都集中設置在比客廳高出半個樓層的位置。

將家事動線集中於2樓的樓中樓

「東村山之家」
1樓・2樓的樓中樓平面圖
[S＝1：150]

2樓的樓中樓的魅力在於，可以完成大部分的家事。將飯廳、廚房、家事室、曬衣場大致排列成一直線，做起家事來就會很有效率。

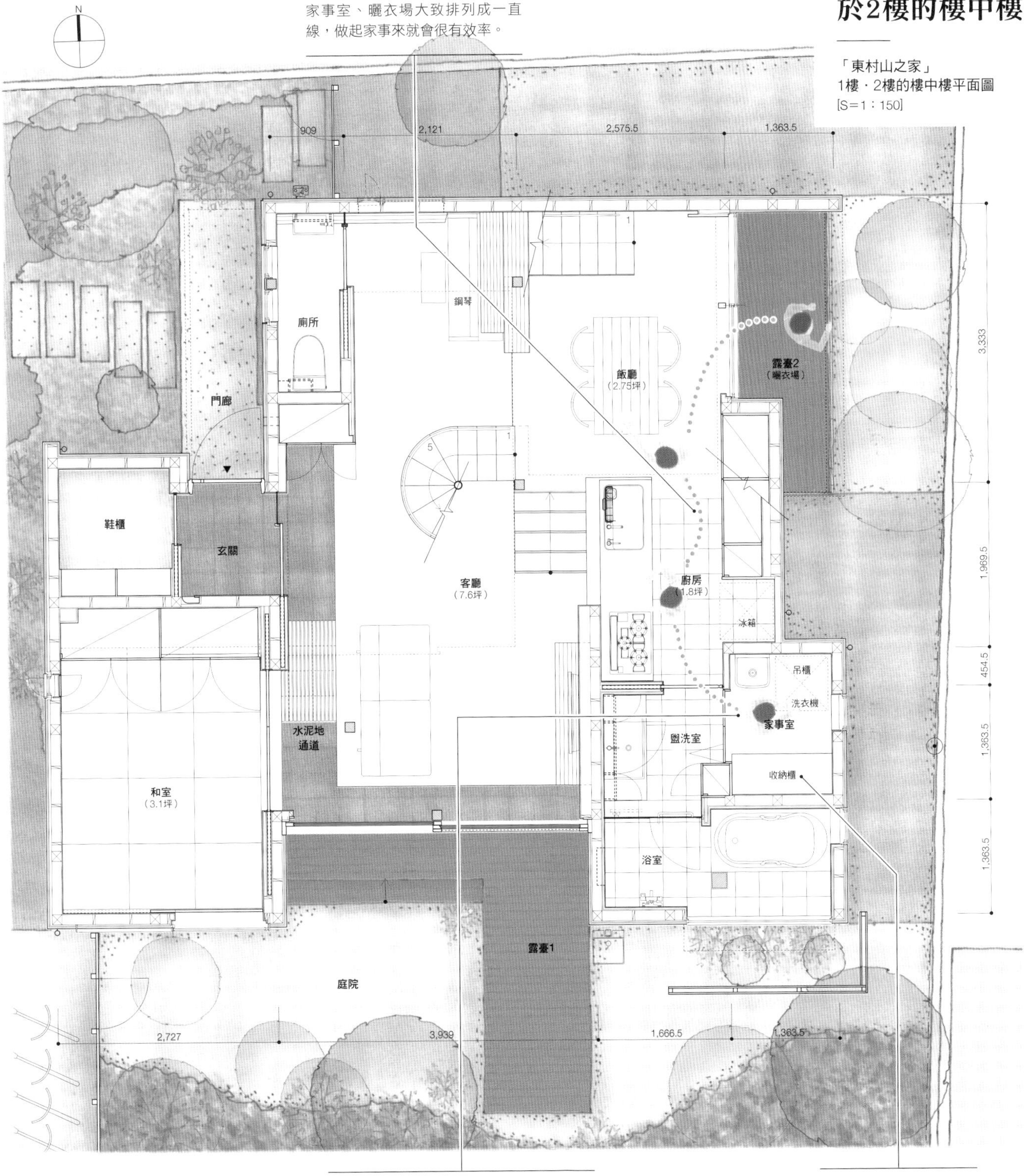
N
909
2,121
2,575.5
1,363.5
鋼琴
廁所
門廊
飯廳
（2.75坪）
露臺2
（曬衣場）
3,333
鞋櫃
玄關
客廳
（7.6坪）
廚房
（1.8坪）
冰箱
1,969.5
吊櫃
洗衣機
454.5
家事室
盥洗室
收納櫃
1,363.5
水泥地
通道
和室
（3.1坪）
浴室
1,363.5
露臺1
庭院
2,727
3,939
1,666.5
1,363.5

家事室距離廚房很近。可以利用煮飯的空檔去洗衣服，很方便。由於有裝設洗拖把用的水槽，所以也可以洗鞋子。

在家事室內設置置物櫃，也能兼作食物儲藏櫃。

「東村山之家」114頁

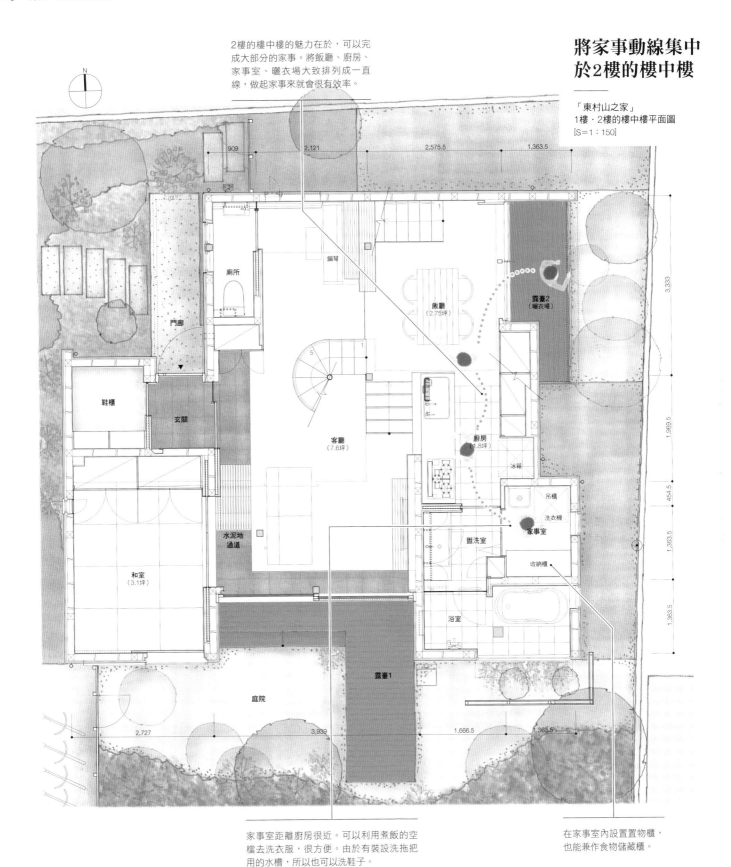

最棒的是符合我喜好的廚房

廚房的使用便利性取決於廚房與房間格局的關係。「羊腸小道之家」的廚房是個與客廳．飯廳相連的空間，瓦斯爐設置在靠牆處，水槽與料理工作台則配置成島型。在處理大部分的工作時，都能一邊看著位於飯廳內的家人與隔著一道窗戶的庭院綠意，一邊做事。由於將島型廚房設置在中央，形成洄游動線，所以許多人可以同時站在廚房內，做起菜也會變得較順暢。水槽側、瓦斯爐側都裝設了抽屜式收納櫃。雖然沒有固定的規則，但想要打造具有深度的收納空間時，採用抽屜式收納櫃會比較容易取出深處的物品，很方便。

其中，也有屋主會提出「希望在廚房內，能用宛如展示的方式來收納烹調用具、鍋子」的要求。由於廚房的使用方式因人而異，所以我會事先與屋主仔細討論，再設計出符合需求的便利廚房。

全家人的廚房

「羊腸小道之家」
上：1樓廚房周圍平面圖 [S=1：40]
下：同處的展開圖 [S=1：40]

只要在瓦斯爐旁確保工作空間，就會出乎意料地方便。

從飯廳這邊觀看廚房時，為了避免給人雜亂的印象，所以會在島型廚房部分上設置直立隔板（比櫃台桌高出23公分）。

洄游型廚房適合多人一起做菜。飯廳內的家人也能幫忙做菜或收拾東西。

由於電視也能收進單扇式大型橫拉門後，所以LDK給人很清爽的印象。

1 從客廳隔著飯廳觀看廚房。廚房周圍的面材全都統一採用水曲柳膠合板，外觀很漂亮。
2 島型廚房的直立隔板。只要將裝好菜餚的餐盤擺放在該處，某個家人就會幫忙端到餐桌上。

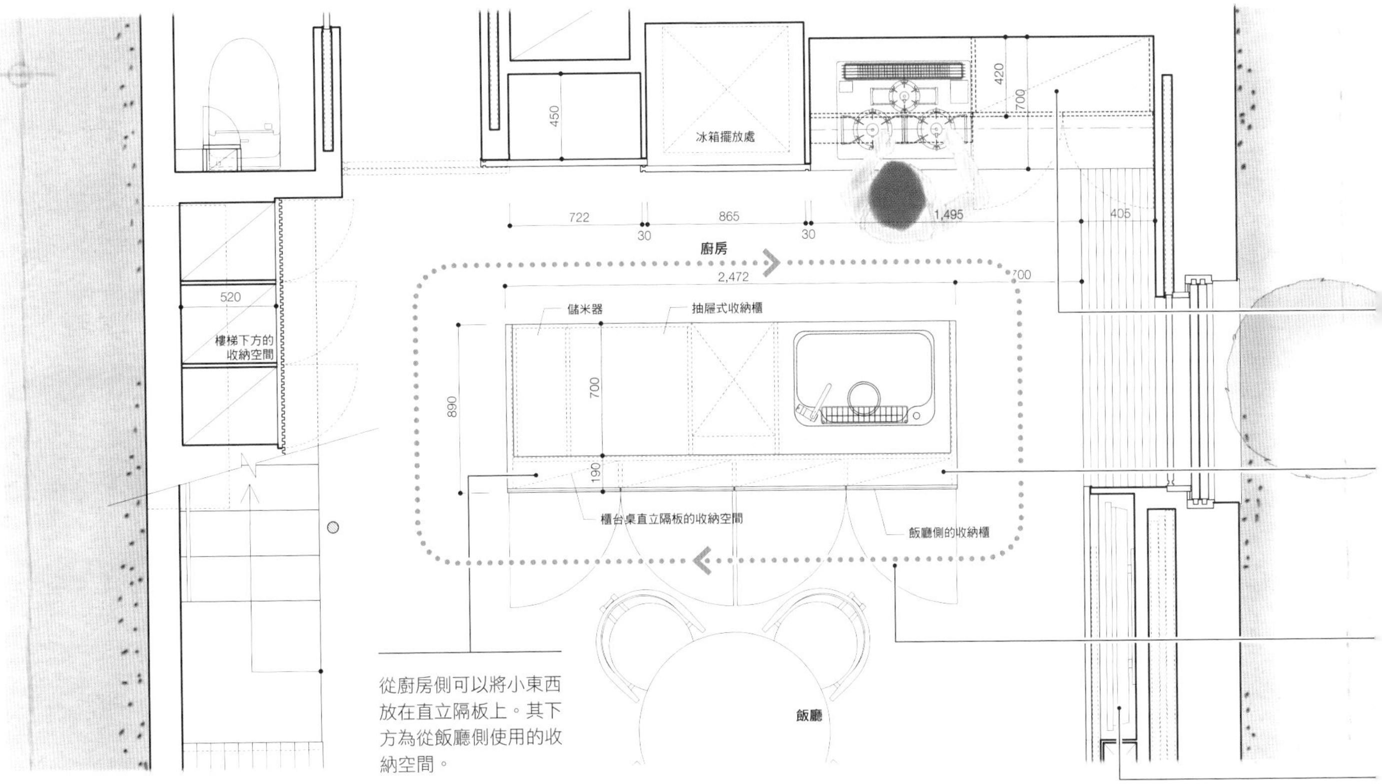

從廚房側可以將小東西放在直立隔板上。其下方為從飯廳側使用的收納空間。

思考從客飯廳所看到的外觀，透過門窗隔扇來將冰箱與烹調家電隱藏起來。

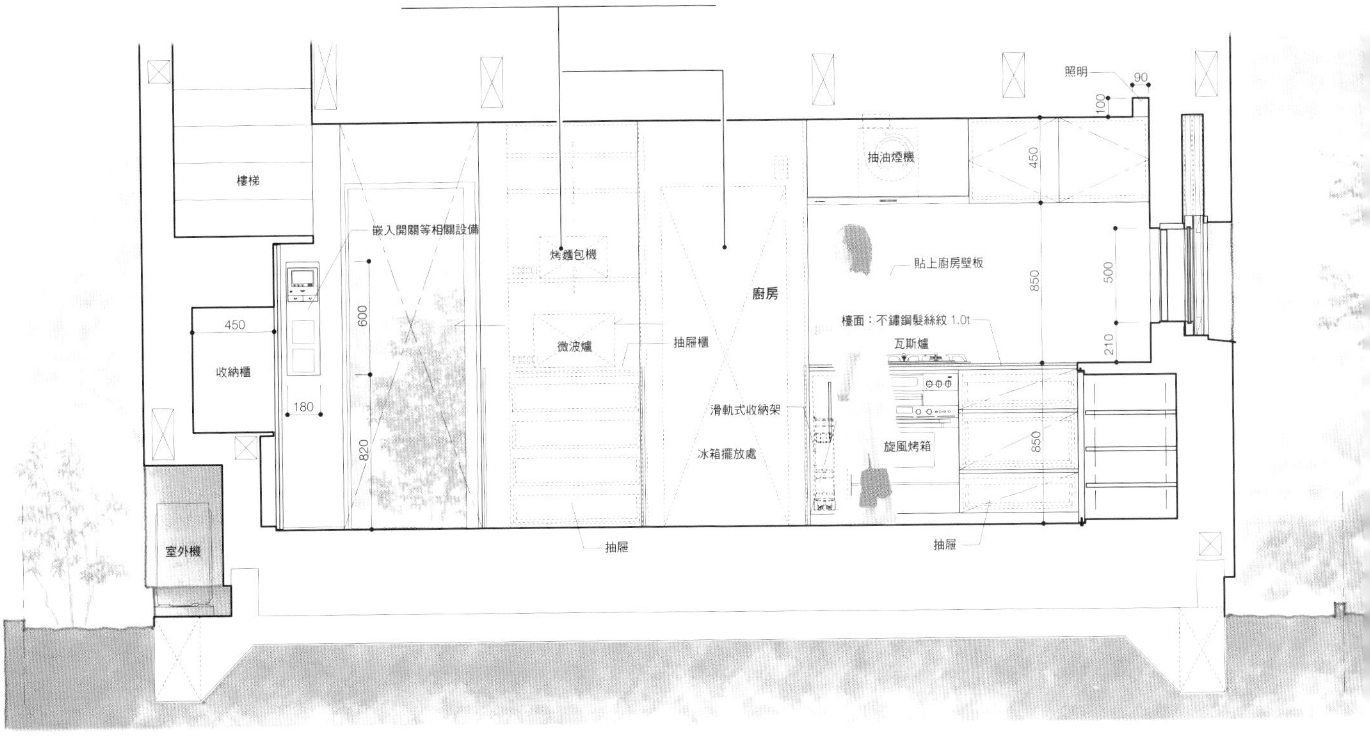

視野良好的陽台朝向南方。由於夏季的強烈日照會使洗好的衣物受損，所以必須留意曬衣服的場所與時段。

易於行動的住宅很舒適

在家中能夠流暢地移動、活動，這一點與生活舒適度有直接關聯。如果能夠順暢地做家事，就不會累積壓力，而且效率也會提昇。在設計住宅時，人的移動路徑，也就是所謂的動線的討論是不可或缺的。在大型住宅中，動線會自然地變長，所以更要特別留意。

在此住宅中，將浴室設置在主臥室旁邊。周圍不僅有洗衣．更衣室，還設置了2個曬衣場與步入式衣櫥，讓衣物的穿脫與清洗等一連串家事（洗衣／曬衣／摺衣／收拾）能合理地自然進行。能夠讓人互相往來的洄游動線也很有效。

位於洗衣動線途中的寢室。可以用來看書或寫東西的櫃台桌與陽台上的椅子，能夠讓人趁著做家事的空檔輕鬆地休息片刻。

一邊繞圈圈，
一邊順暢地做家事

「Terrace & House」
2樓寢室・用水處平面詳細圖
[S=1：60]

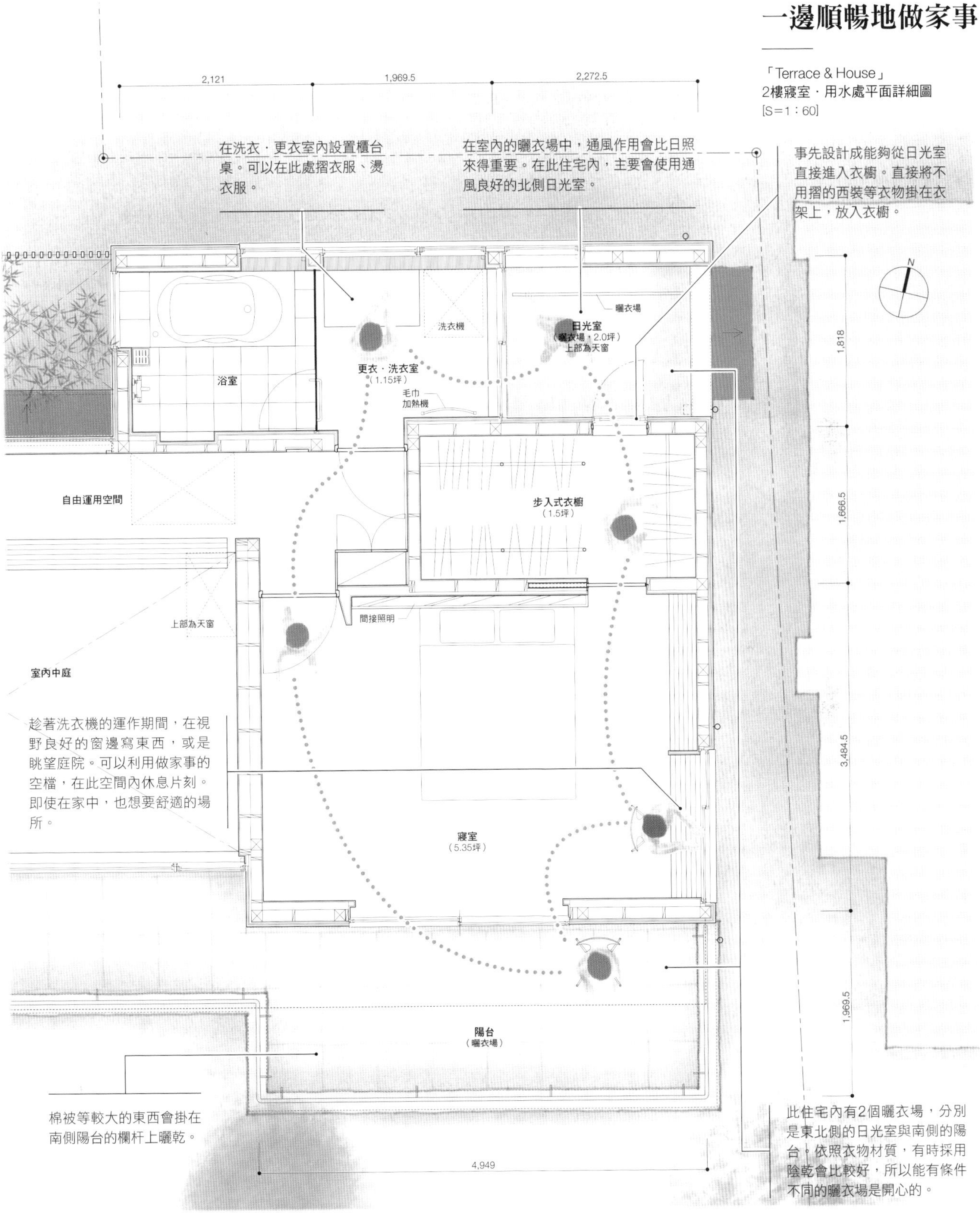
2,121
1,969.5
2,272.5
浴室
更衣・洗衣室
(1.15坪)
洗衣機
毛巾
加熱機
日光室
(曬衣場，2.0坪)
上部為天窗
曬衣場
N
1,818
步入式衣櫥
(1.5坪)
1,666.5
自由運用空間
上部為天窗
室內中庭
間接照明
寢室
(5.35坪)
3,484.5
陽台
(曬衣場)
1,969.5
4,949

在洗衣・更衣室內設置櫃台桌。可以在此處摺衣服、燙衣服。

在室內的曬衣場中，通風作用會比日照來得重要。在此住宅內，主要會使用通風良好的北側日光室。

事先設計成能夠從日光室直接進入衣櫥。直接將不用摺的西裝等衣物掛在衣架上，放入衣櫥。

趁著洗衣機的運作期間，在視野良好的窗邊寫東西，或是眺望庭院。可以利用做家事的空檔，在此空間內休息片刻。即使在家中，也想要舒適的場所。

棉被等較大的東西會掛在南側陽台的欄杆上曬乾。

此住宅內有2個曬衣場，分別是東北側的日光室與南側的陽台。依照衣物材質，有時採用陰乾會比較好，所以能有條件不同的曬衣場是開心的。

不怕被別人看見的悠閒浴室

洗澡時間是能夠消除一天疲勞，讓人早上容易醒來的寶貴時間。如果能夠一邊泡澡，一邊感受戶外空氣與光線，還能一邊賞月的話，就太棒了。另一方面，在家中，浴室是最講究隱私的場所。在打造窗戶時，必須多加留意。

「元淺草之家」位於住宅區，家中的浴室內有一扇面向建地北側道路的大窗戶。對面的窗戶全都面向這邊。因此，在前方製作了陽台，而且從地板到天花板都堆砌了有孔磚。能遮蔽外來視線的陽台最適合用來當作剛洗完澡後的乘涼場所。

1 在浴室前方將有孔磚砌成一道牆，也能使其成為住宅正面的特色。在橫樑與混凝土厚板上也會貼上切成薄片的磚塊，讓整個磚牆面看起來像是縱向地相連。
2 從陽台觀看有孔磚牆。陽台上鋪設了木製露臺，可以當成半戶外空間來使用。

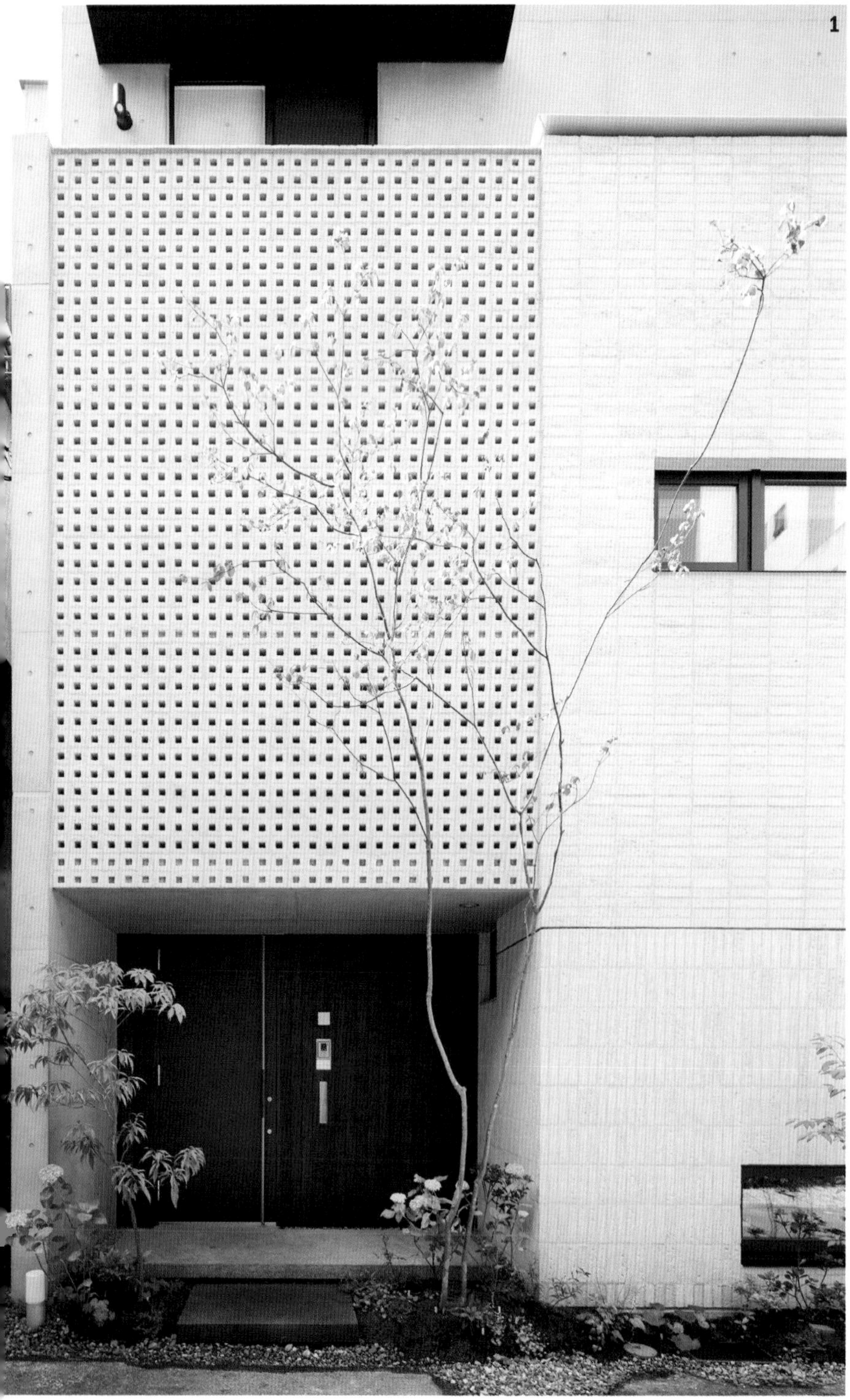
1

2

透過有孔磚來讓光線和風通過，並遮蔽視線

「元淺草之家」
剖面詳細圖（部分）[S=1：30]

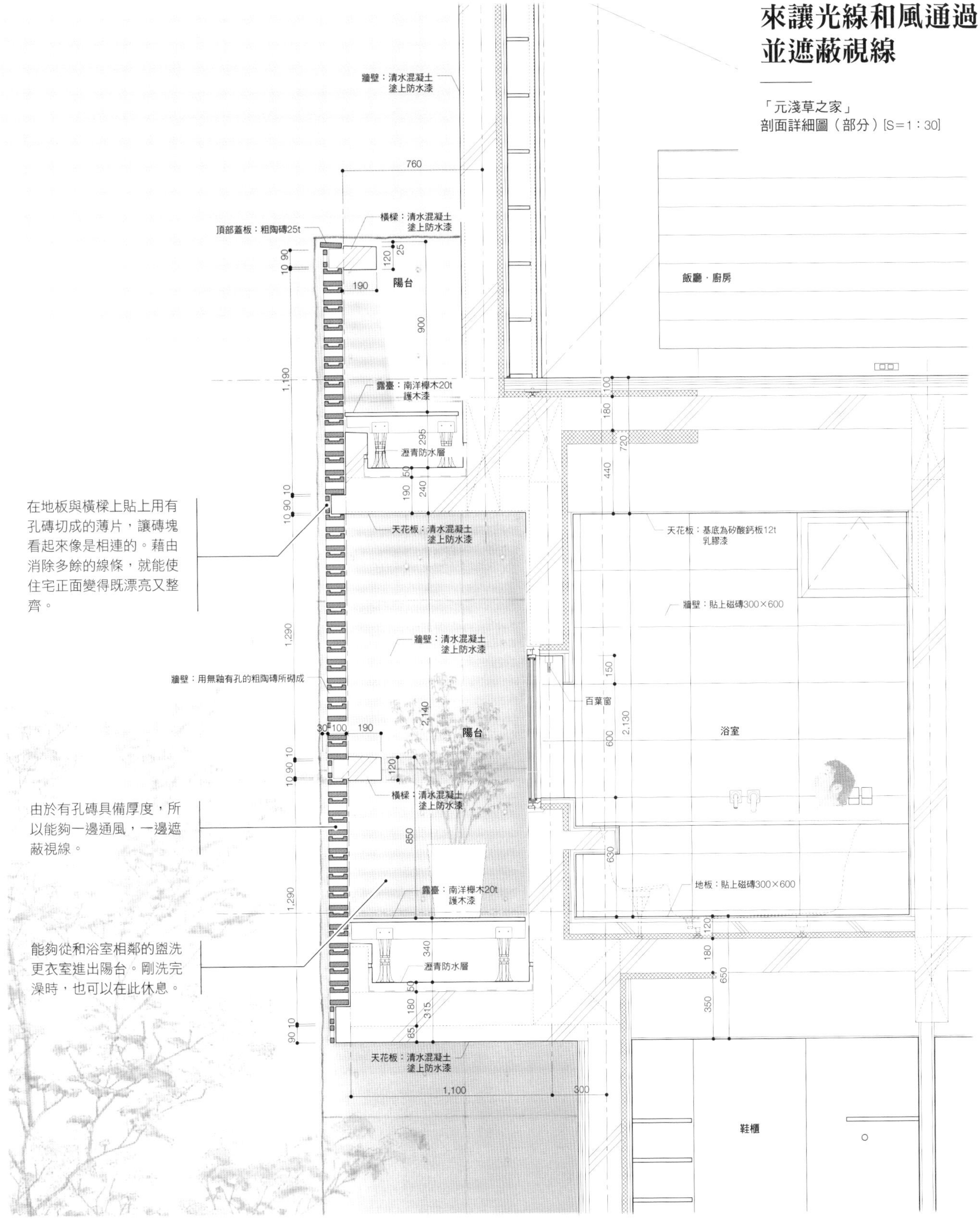
牆壁：清水混凝土
塗上防水漆
橫樑：清水混凝土
塗上防水漆
頂部蓋板：粗陶磚25t
陽台
飯廳・廚房
露臺：南洋櫸木20t
護木漆
瀝青防水層
天花板：清水混凝土
塗上防水漆
天花板：基底為矽酸鈣板12t
乳膠漆
牆壁：貼上磁磚300×600
牆壁：清水混凝土
塗上防水漆
牆壁：用無釉有孔的粗陶磚所砌成
百葉窗
陽台
浴室
橫樑：清水混凝土
塗上防水漆
露臺：南洋櫸木20t
護木漆
地板：貼上磁磚300×600
瀝青防水層
天花板：清水混凝土
塗上防水漆
鞋櫃

在地板與橫樑上貼上用有孔磚切成的薄片，讓磚塊看起來像是相連的。藉由消除多餘的線條，就能使住宅正面變得既漂亮又整齊。

由於有孔磚具備厚度，所以能夠一邊通風，一邊遮蔽視線。

能夠從和浴室相鄰的盥洗更衣室進出陽台。剛洗完澡時，也可以在此休息。

「元淺草之家」66／134／148／154／160頁

位於廂房的露天浴池氣氛很棒

在有中庭的住宅，也就是所謂的中庭型住宅（court house）內，會以中庭為中心來配置各個房間。可以一邊待在自己喜歡的空間內，一邊隔著庭院眺望自己的家，是件非常開心的事。

在「經堂之家」中，有一間可以一邊觀賞庭院綠意，一邊泡澡的浴室。在其前方可以看到被當成多功能空間的和室。只要將面向庭院的日式拉門打開來，使用季節裝飾品來當作擺設的榻榻米房間，就會變成與庭園深處相連的「風景」。這間浴室的氣氛也讓人覺得像是來到一間很雅致的旅館。

1 一邊洗澡，一邊將中庭與其前方的和室當成風景來欣賞。浴室的牆壁由馬賽克大理石與鋪設在地面的灰色磁磚所組成。

2 從和室隔著中庭觀看浴室。整體都統一採用現代的日式風格。

視野良好的浴室

「經堂之家」
上：1樓平面圖 [S＝1：150]
下：剖面詳細圖（部分） [S＝1：60]

活用「開口部位較狹窄，但具備深度的建地」，設置了中庭。

寬度較狹窄的長方形浴室。由於視野寬闊，所以不會有壓迫感。

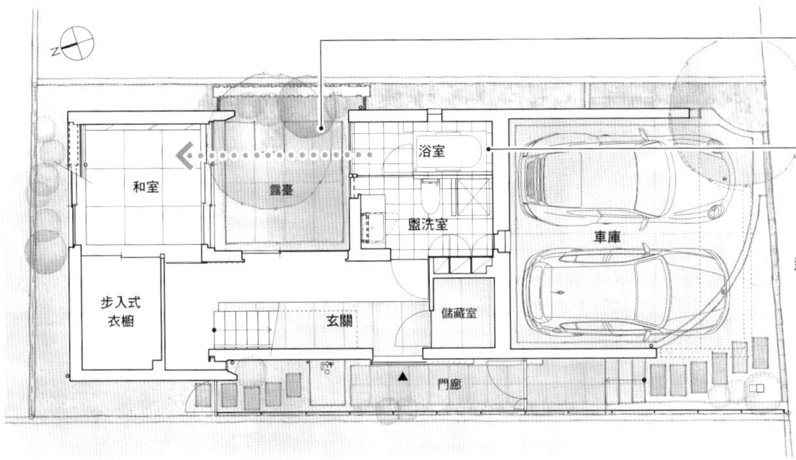
和室
露臺
浴室
盥洗室
車庫
道路
步入式
衣櫥
玄關
儲藏室
門廊

別忘了事先在浴室的窗戶上裝設百葉窗。

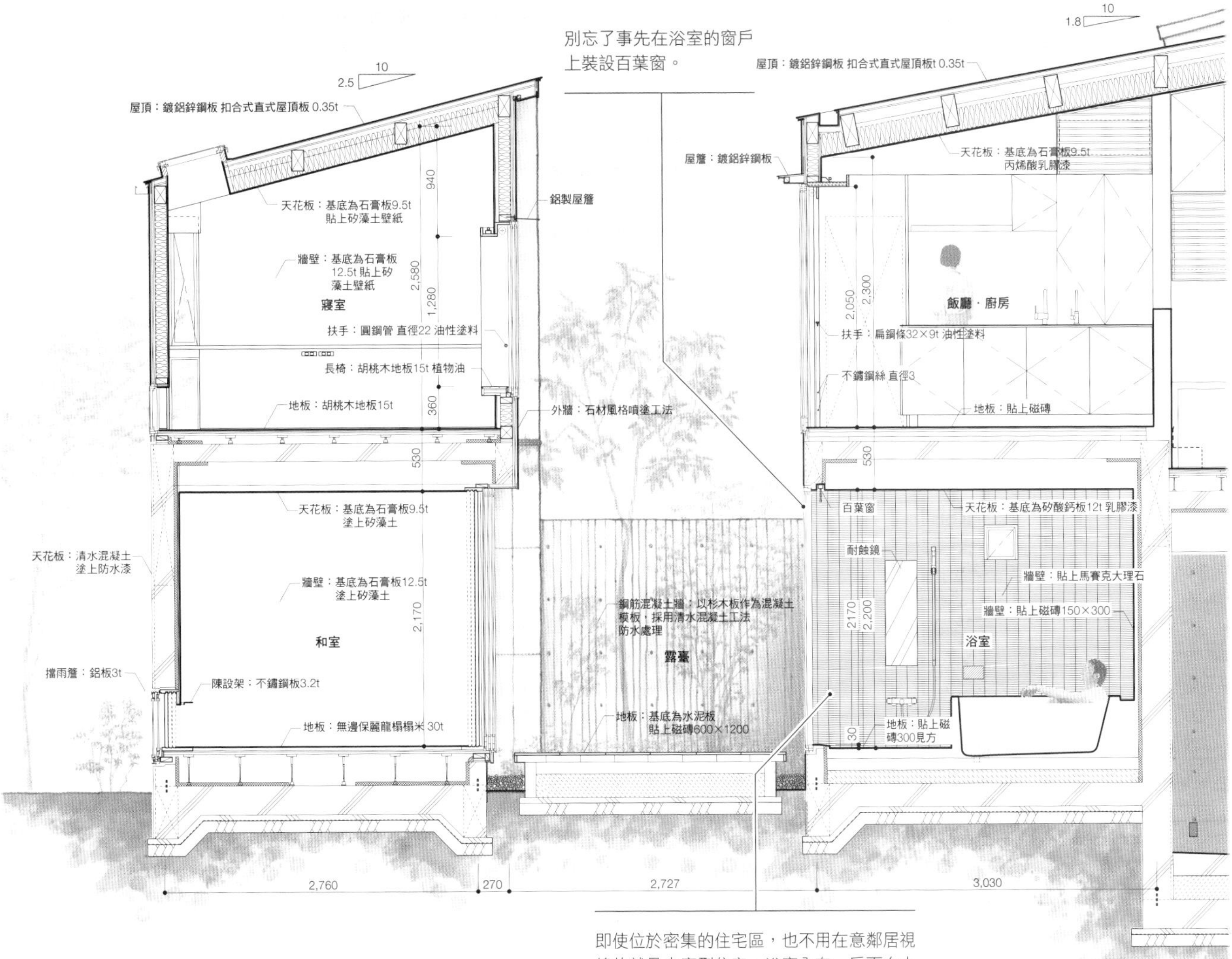
2.5
10
屋頂：鍍鋁鋅鋼板 扣合式直式屋頂板 0.35t
天花板：基底為石膏板9.5t
貼上矽藻土壁紙
鋁製屋簷
牆壁：基底為石膏板
12.5t 貼上矽
藻土壁紙
寢室
扶手：圓鋼管 直徑22 油性塗料
長椅：胡桃木地板15t 植物油
地板：胡桃木地板15t
外牆：石材風格噴塗工法
天花板：基底為石膏板9.5t
塗上矽藻土
天花板：清水混凝土
塗上防水漆
牆壁：基底為石膏板12.5t
塗上矽藻土
和室
擋雨簷：鋁板3t
陳設架：不鏽鋼板3.2t
地板：無邊保麗龍榻榻米 30t
鋼筋混凝土牆：以杉木板作為混凝土模板，採用清水混凝土工法
防水處理
露臺
地板：基底為水泥板
貼上磁磚600×1200
1.8
10
屋頂：鍍鋁鋅鋼板 扣合式直式屋頂板t 0.35t
屋簷：鍍鋁鋅鋼板
天花板：基底為石膏板9.5t
丙烯酸乳膠漆
飯廳・廚房
扶手：扁鋼條32×9t 油性塗料
不鏽鋼絲 直徑3
地板：貼上磁磚
百葉窗
天花板：基底為矽酸鈣板12t 乳膠漆
耐蝕鏡
牆壁：貼上馬賽克大理石
牆壁：貼上磁磚150×300
浴室
地板：貼上磁
磚300見方
940
2,580
1,280
360
530
2,170
2,050
2,300
2,170
2,200
30
2,760
270
2,727
3,030

即使位於密集的住宅區，也不用在意鄰居視線的就是中庭型住宅。浴室內有一扇面向中庭的大窗戶

將浴室設置在2樓的樓中樓時要留意視線

在採用差層式結構的住宅內，雖然設計成活用了室內地板高低落差的房間格局，但此時必須留意與室外之間的高度差距。

在「東村山之家」中，設置在2樓樓中樓的浴室正好位於鄰居的視線高度。由於窗戶是無法退讓的部分，所以要在前方種植紫竹，而且還要使用「腳下部分懸空，且高度較高的木板柵欄」來遮蔽視線。

設置在2樓樓中樓的浴室內，有可以欣賞綠意的地窗與通風用的小窗。

在地窗前方種植植物，並設置遮蔽視線用的柵欄

「東村山之家」
上：2樓樓中樓浴室周圍平面圖 [S=1：80]
下：浴室剖面圖 [S=1：50]

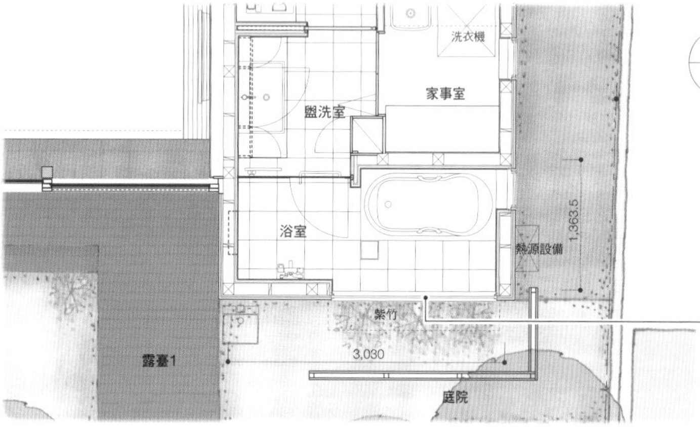
N
洗衣機
家事室
盥洗室
浴室
熱源設備
1,363.5
紫竹
3,030
露臺1
庭院

設置在長方形浴室內的寬地窗。

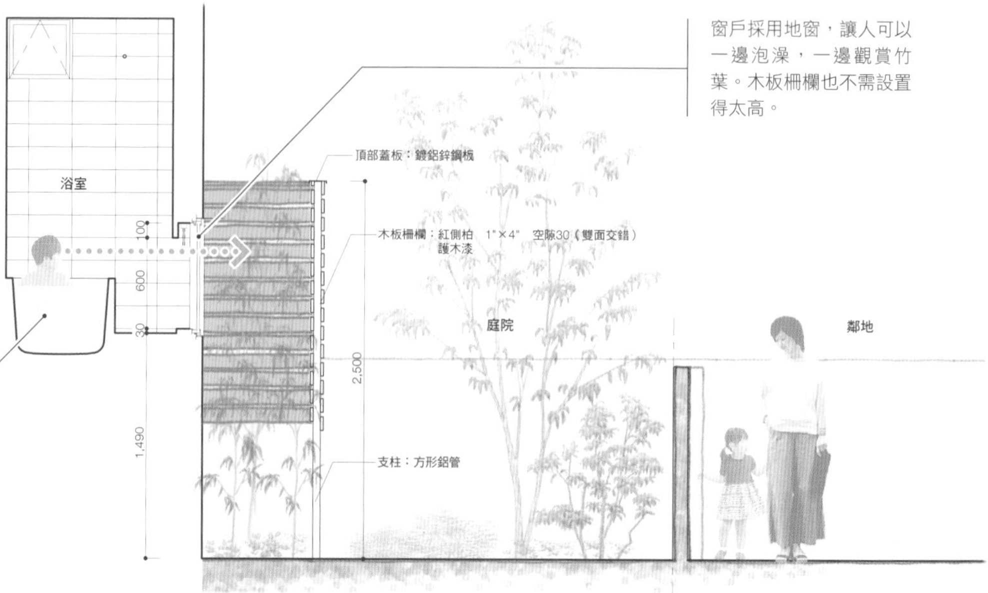
浴室
頂部蓋板：鍍鋁鋅鋼板
木板柵欄：紅側柏 1"×4" 空隙30（雙面交錯）
護木漆
100
600
30
1,490
2,500
庭院
鄰地
支柱：方形鋁管

窗戶採用地窗，讓人可以一邊泡澡，一邊觀賞竹葉。木板柵欄也不需設置得太高。

泡澡時，可以隔著地窗觀賞植物。

「東村山之家」104頁

盥洗室也要講求舒適度

每天所使用的盥洗室與更衣室果然也可以說是很重要的「生活空間」。來打造能夠一邊顧慮到隱私，一邊進行採光與通風的窗戶。視野寬闊，且能看到綠樹與天空的衛生間，應該也很不錯。當然，也別忘了禦寒對策。若採用毛巾加熱機型的暖氣機的話，不僅能使室內變得溫暖，還能藉由溫暖鬆軟的毛巾來放鬆心情。

如果好不容易打造而成的舒適空間內堆滿了毛巾、洗衣粉、香皂等瑣碎物品的話，就太糟蹋了。雖然貯藏用的收納空間是不可或缺的，但若空間不夠的話，也可以採用其他方法，像是在洗臉台前方的走廊上設置收納空間。

從盥洗室觀看浴室。由於地板和牆壁採用相同的磁磚，所以能夠感受到相連空間帶來的寬敞感。高側窗巧妙地擷取了道路旁的櫸木行道樹的綠意。

能夠觀賞櫸木行道樹的2樓用水處

「宇都宮之家」
2樓用水處平面詳細圖
[S＝1：50]

盥洗更衣室的窗戶裝設在洗臉台的鏡子上部。鏡子背後可以當成收納空間來使用。

從面向道路的浴室窗戶可以看到櫸木行道樹。為了顧及隱私，所以將窗戶設置在牆壁上部。

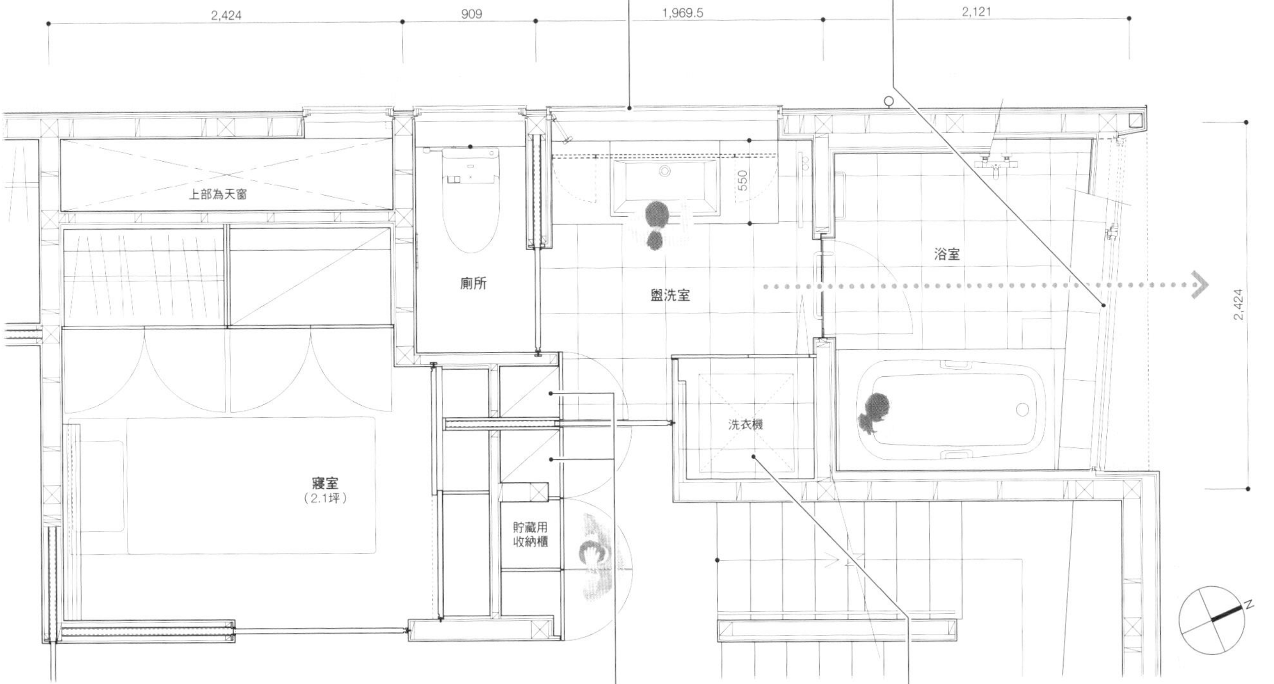
2,424
909
1,969.5
2,121
上部為天窗
550
廁所
盥洗室
浴室
2,424
洗衣機
寢室
（2.1坪）
貯藏用
收納櫃
N

用來放洗衣粉、毛巾、內衣褲等替換衣物的收納空間。也可以利用走廊來確保收納量。

由於洗衣機周圍容易變得雜亂，所以要透過門扇來遮蔽。

「宇都宮之家」8／32／44／78／117／140／144／152頁

設置第二個盥洗區

當家中有三~四人早上要準備上班、上學時，盥洗室會出乎意料地堵塞。一般來說，住宅內只會有一個盥洗室，但如果有第二個的話，就會一口氣變得很方便。

在「北千束之家」中，雖然1樓有浴室和盥洗更衣室，但還是決定在2樓的寢室與兒童房前設置可以洗臉的場所。在走出廁所後的洗手區設置一個略大的洗臉盆，讓家人也可以洗臉。由於是很小的更動，所以不會影響到設計方案。

設置在2樓的樓梯大廳內的洗臉區。右側與廁所相連。

半開放式的洗臉區

「北千束之家」
洗臉區展開圖 [S=1：30]

主要盥洗室位於浴室所在的1樓。在4位家人的寢室所在的2樓設置第二個盥洗區。

只使用布簾來區隔較小的空間。不會讓人覺得礙眼，使用時也不會感受到阻塞感。

在半開放式空間內堆滿東西是不行的。事先準備好可以將瑣碎物品收起來的收納櫃。

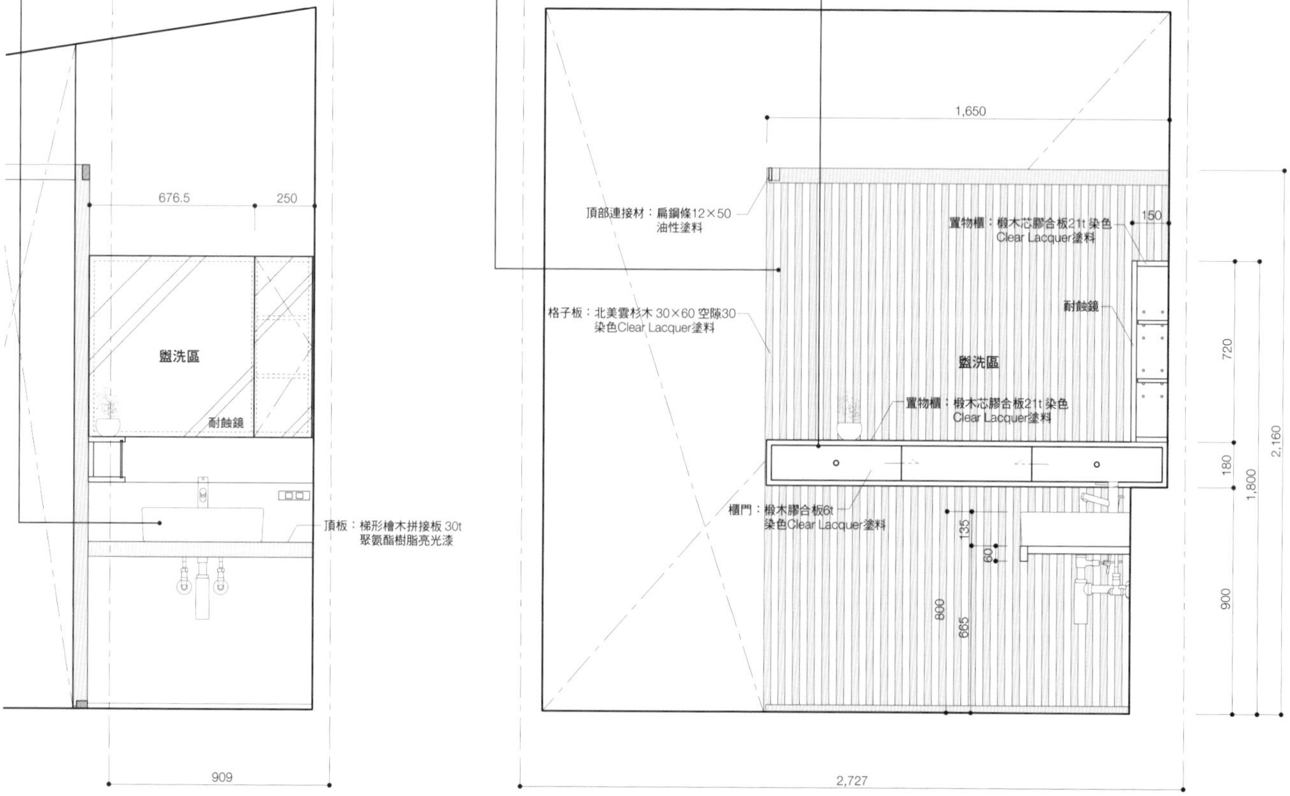
676.5
250
盥洗區
耐蝕鏡
頂板：梯形檜木拼接板 30t
聚氨酯樹脂亮光漆
909
1,650
頂部連接材：扁鋼條12×50
油性塗料
置物櫃：椴木芯膠合板21t 染色
Clear Lacquer塗料
150
格子板：北美雲杉木 30×60 空隙30
染色Clear Lacquer塗料
耐蝕鏡
盥洗區
置物櫃：椴木芯膠合板21t 染色
Clear Lacquer塗料
櫃門：椴木膠合板6t
染色Clear Lacquer塗料
135
60
800
665
720
180
900
1,800
2,160
2,727

讓廁所空間呈現良好的氣氛

廁所會顯得雜亂的原因之一在於，衛生紙與清掃用具。光是不要將備用的衛生紙等物品一直擺在外面，就能讓人覺得整潔。

在「宇都宮之家」的廁所內，陳設架的一部分上設置了嵌入式的衛生紙收納盒。另外，還要將廁所背面的牆壁加厚，形成一個可以收納清掃用具的空間。只要讓收納空間看起來不像收納空間，就能打造出優質的氣氛。

L形陳設架與貯藏空間的搭配。採用如同凹間的交錯式多層置物架的設計，來提升質感。

讓人覺得很自然的廁所收納櫃

「宇都宮之家」
左：1樓廁所周圍平面圖 [S=1：40]
右：廁所展開圖 [S=1：40]

牆壁背後設置了用來擺放清掃用具的空間。

只要將陳設架做成L形，坐在廁所內時，小東西就會剛好正對自己。

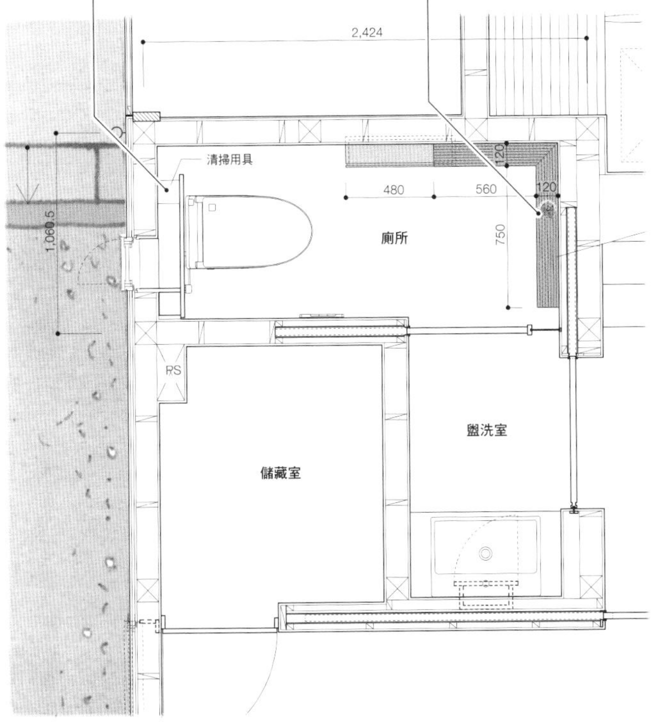
2,424
清掃用具
480
560
120
120
1,060.5
750
廁所
RS
盥洗室
儲藏室

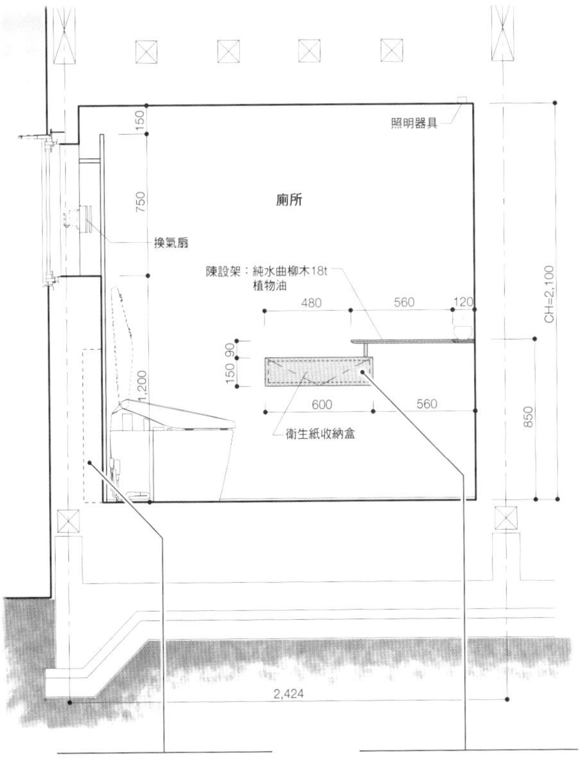
照明器具
廁所
150
750
換氣扇
陳設架：純水曲柳木18t
植物油
480
560
120
CH=2,100
150
90
1,200
600
560
衛生紙收納盒
850
2,424

由於廁所刷子等物品含有水分，所以收納處不用裝門。

為了不讓人看到衛生紙，所以事先在收納盒上裝了門。

「宇都宮之家」8／32／44／78／115／140／144／152頁

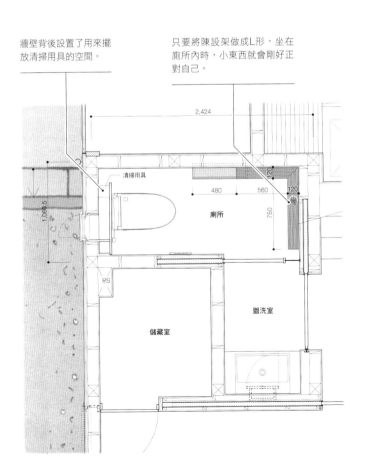

chapter 4

光線

掌控陰影

在谷崎潤一郎的著作《陰翳禮讚》中，記載著「……總覺得最近的我們已經對電燈感到麻痺，對於過度照明而造成的不便這件事，我們似乎變得無動於衷……」這樣的內容。另外，書中也寫了「……現在的室內照明要用於看書、寫字、使用針線，早已不是問題，但卻得浪費在專門消除四個角落的陰影上，這種想法無法和日式住宅的審美觀並存」。谷崎悲嘆地認為80年前的日本住宅過於明亮，相較之下，現代住宅到底又變得多麼明亮呢？照度是用來表示光線的量，輝度則用來表示光線給人的感覺。只要一看到高輝度的東西，眼睛就會去適應，「感覺到的亮度」會降低，並會覺得周遭反而變暗了。只要這樣想，就能得知，也許現代人對於亮度的感覺變得更加麻痺了。

在設計現代住宅中的燈光時，當然要考慮到防盜、安全性、節能性等要素。而且，還必須考慮到，要讓何種性質的自然光進入室內？應該確保白天的明亮度嗎？以及，在需要使用照明設備的夜晚，要讓燈光變得如何呢？

要特別說明的是，為了避免「會導致眼睛所感受到的亮度變低的高亮度光線」過度進入視線內，所以在設計上必須多加留意。在夜晚，盡量不要讓照明光源進入視線內，是比較安全的做法。無論白天還是夜晚，在呈現空間的風格時，雖然「直射光」是很關鍵的重要光線，但基本上還是會採用「間接光線」，像是隔著日式拉門照進來的柔和光線。重點在於，要讓光線在室內擴散。另外，正因為有昏暗的場所，當眼睛看向該處時，就會覺得明亮的場所變得更加明亮。為了觀賞陰影，所以昏暗的場所是必要的。

照片：光邊之家

微暗的通道恰到好處

即使設置很多窗戶，讓室內變得明亮，人還是會適應那種亮度。這就叫做適應性。然而，若反過來保留昏暗部分的話，就會覺得明亮部分變得更加明亮。

在設計通道時，比較推薦的做法為，不僅要拉長距離（34頁），還要讓玄關也包含在內，並使光線變得集中。藉由打造輝度的對比，就能讓從室外進來的人覺得室內很明亮。帶有陰影的住宅入口區域，能讓人感受到縱深感與寂靜感。

1 名為內茶室庭院的通道，是個會透過腳邊的隙縫來引進自然光，且帶有陰影的空間。朝著街道延伸的綠意會讓人感受到更強烈的縱深感。

2 從正面觀看通往內茶室庭院的入口。光線很集中的通道能讓人的心情變得平靜，溫和地將人引向玄關。

能在狹小土地中營造出縱深感的內茶室庭院

此住宅興建在8.5坪大的建地上。由於在距離道路不太遠的位置，打造了一條頗長的通道，將光線和聲音集中起來，所以要沿著外牆來設置有屋頂的內茶室庭院。

遠離街道的喧鬧，籠罩在柔和光線之中的內茶室庭院所呈現的寂靜感能夠觸動人心。

「內茶室庭院之家」上：玄關周圍平面圖 [S=1：50]
下：內茶室庭院剖面詳細圖 [S=1：30]

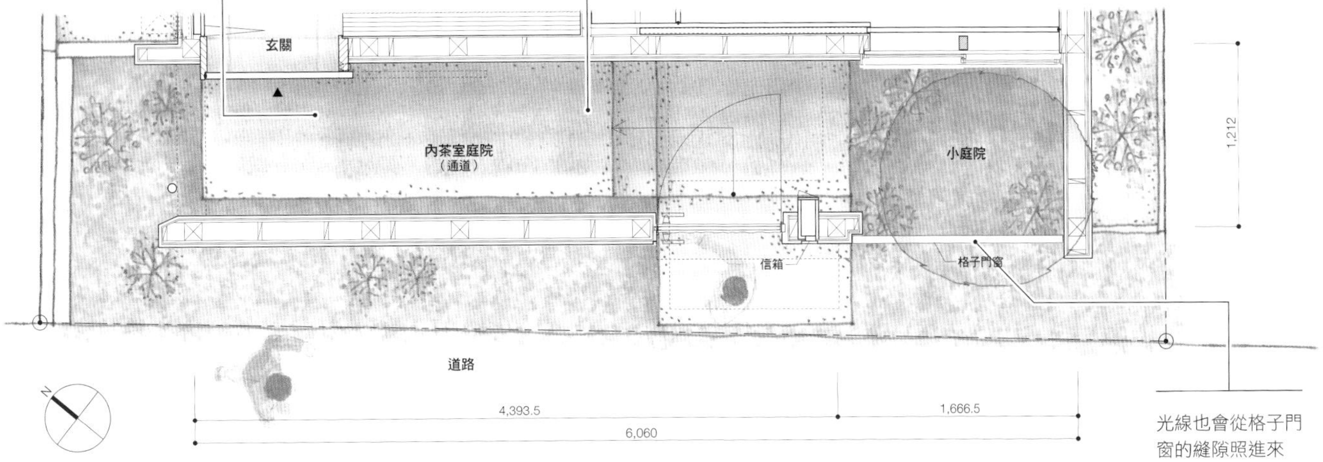
玄關
內茶室庭院
（通道）
小庭院
1,212
信箱
格子門窗
道路
N
4,393.5
1,666.5
6,060

光線也會從格子門窗的縫隙照進來

讓朝著道路方向突出的2樓外牆延伸到1樓腳邊的高度，使來自道路的視線與自然光變得集中。

內茶室庭院的地板採用露礫修飾工法，牆壁、天花板採用刮落式石材風格塗裝。帶有素材質感的加工方式能使從腳邊高度照射進來的光線輕微地擴散，在空間內營造出寂靜感。

內茶室庭院的地板採用與地基相連的懸臂式設計。讓陰影落在有綠色植物的部分上，讓人感受到「縱深感」。

從內茶室庭院也能看到的腳邊綠意，也能讓路過行人觀賞。

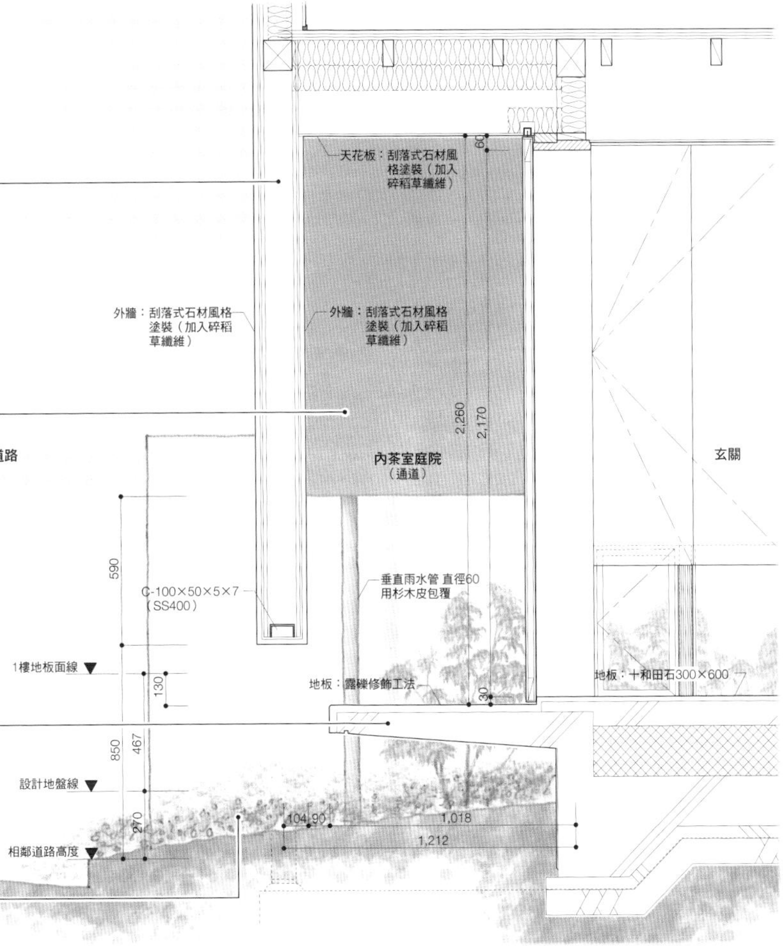
天花板：刮落式石材風格塗裝（加入碎稻草纖維）
60
外牆：刮落式石材風格塗裝（加入碎稻草纖維）
外牆：刮落式石材風格塗裝（加入碎稻草纖維）
道路
內茶室庭院
（通道）
玄關
2,260
2,170
590
C-100×50×5×7
（SS400）
垂直雨水管 直徑60
用杉木皮包覆
1樓地板面線
130
地板：露礫修飾工法
30
地板：十和田石300×600
850
467
設計地盤線
270
104
90
1,018
1,212
相鄰道路高度

「內茶室庭院之家」16頁

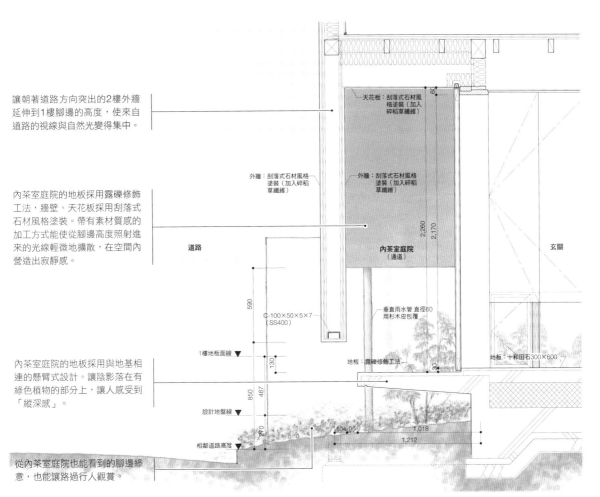

掌控光線

茶室——這個不平凡的空間也可以說是，將由柱子和日式拉門所構成的開放式數寄屋（茶室型建築）刻意用土牆圍起來而打造出來的。另外，茶室也對中庭、水泥地通道這類町家建築的要素產生了影響。不管是誰，都能藉由掌控光線（日照）的量，在各個場所內打造出令人印象深刻的空間。

「包覆庭院之家」是位於狹小土地內的住宅。藉由使用木板柵欄來溫和地將小庭院圍起來，即使位於市區內，也能實現帶有寧靜感的光線／空間。另一方面，這道木板柵欄會在通道上形成陰影，降低亮度（120頁）。再加上，由於玄關內的光線一口氣變得很集中，所以已經習慣室外光線的眼睛就能順利地適應室內的溫和亮度。

1 有裝設小天窗與地窗的玄關。細微的光線會落在德國灰漿牆與鋪設大谷石的水泥地上。
2 透過將小庭院圍起來的木板柵欄，可以看到通道樓梯的深處。

讓光線穿過
讓光線集中

「包覆庭院之家」
上：立面圖 [S=1：100]
下：外部結構圖（部分） [S=1：100]

由於木板柵欄與建築物會以溫和的包覆方式將中庭圍起來，所以風和光線都能順利地通過。

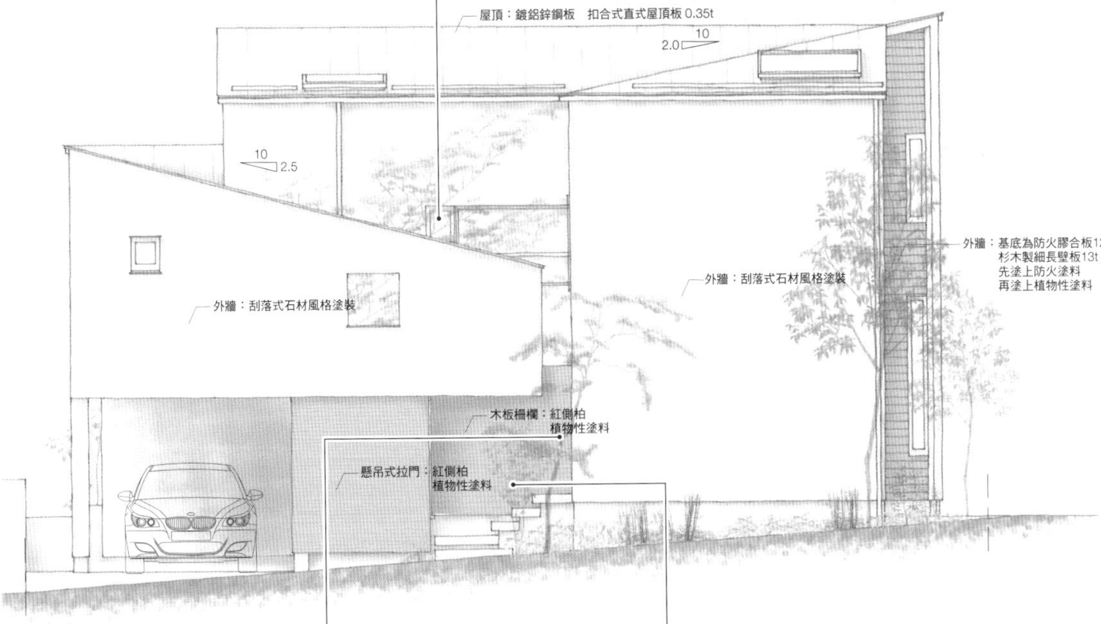
屋頂：鍍鋁鋅鋼板 扣合式直式屋頂板 0.35t
10
2.0
10
2.5
外牆：基底為防火膠合板12t
杉木製細長壁板13t
先塗上防火塗料
再塗上植物性塗料
外牆：刮落式石材風格塗裝
外牆：刮落式石材風格塗裝
木板柵欄：紅側柏
植物性塗料
懸吊式拉門：紅側柏
植物性塗料

走上樓梯後，牆壁的對面與右側會連接門廊、玄關。在被建築物圍繞的門廊內，帶有寂靜感與適度的昏暗。

即使在很短的通道內，也能製造出樹蔭和陰涼處，讓光線變得集中。

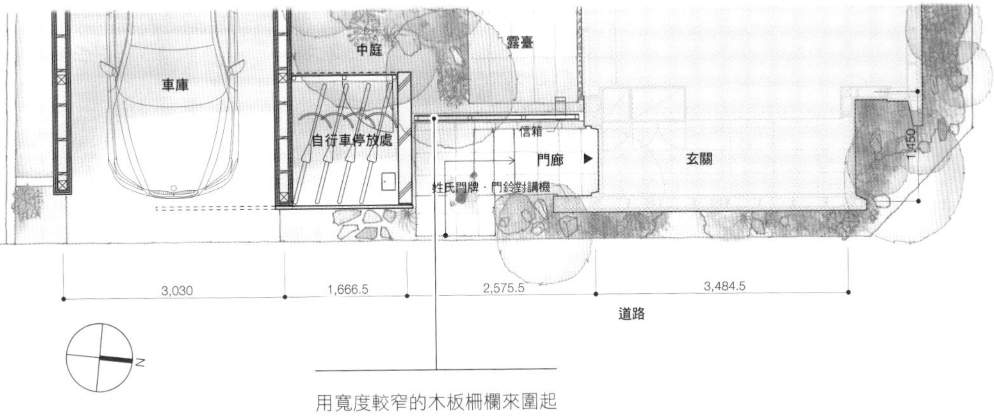
中庭
露臺
車庫
自行車停放處
信箱
門廊
玄關
1450
姓氏門牌・門鈴對講機
3,030
1,666.5
2,575.5
3,484.5
道路
N

用寬度較窄的木板柵欄來圍起來，讓光線和風能夠通過。

從庭院觀看室內。只要到了晚上，景色就會驟變，開著燈的室內會變得顯眼，中庭的綠意則會形成剪影。

在黑暗中靜靜地綻放光芒的光線

寧靜溫和的光線不僅能讓人的心情感到平靜，還能使人感受到溫暖或涼爽。若想要將這種「優質光線」引進室內的話，「優質的昏暗空間」是必要的。正因為有黑暗，寧靜的光線才能綻放光芒。

對於習慣明亮的現代日本人來說，也許會抗拒在室內留下昏暗空間。在那種情況下，只要分開使用幾個小型照明設備，確保整個房間所需的照度即可。只要依照時段或心情，試著自己調整燈光，就能自然地體會到「不必時常處於最大亮度」這一點。畢竟，在美麗的住宅中，光亮與黑暗會巧妙地取得平衡。

1 從玄關觀看大廳。將照明設備配置在此處，照亮腳邊，把家人或客人引向位於左側的飯廳。

2 在白天，玄關會略為昏暗。大廳前方的亮光很顯著，會將位於玄關的人引向深處。

兼具明亮與昏暗的玄關

「Terrace & House」
1樓照明配置圖（部分） [S=1：75]

明亮的飯廳在玄關前方等待人們到來。採用前方與深處的燈光會形成對比的設計。

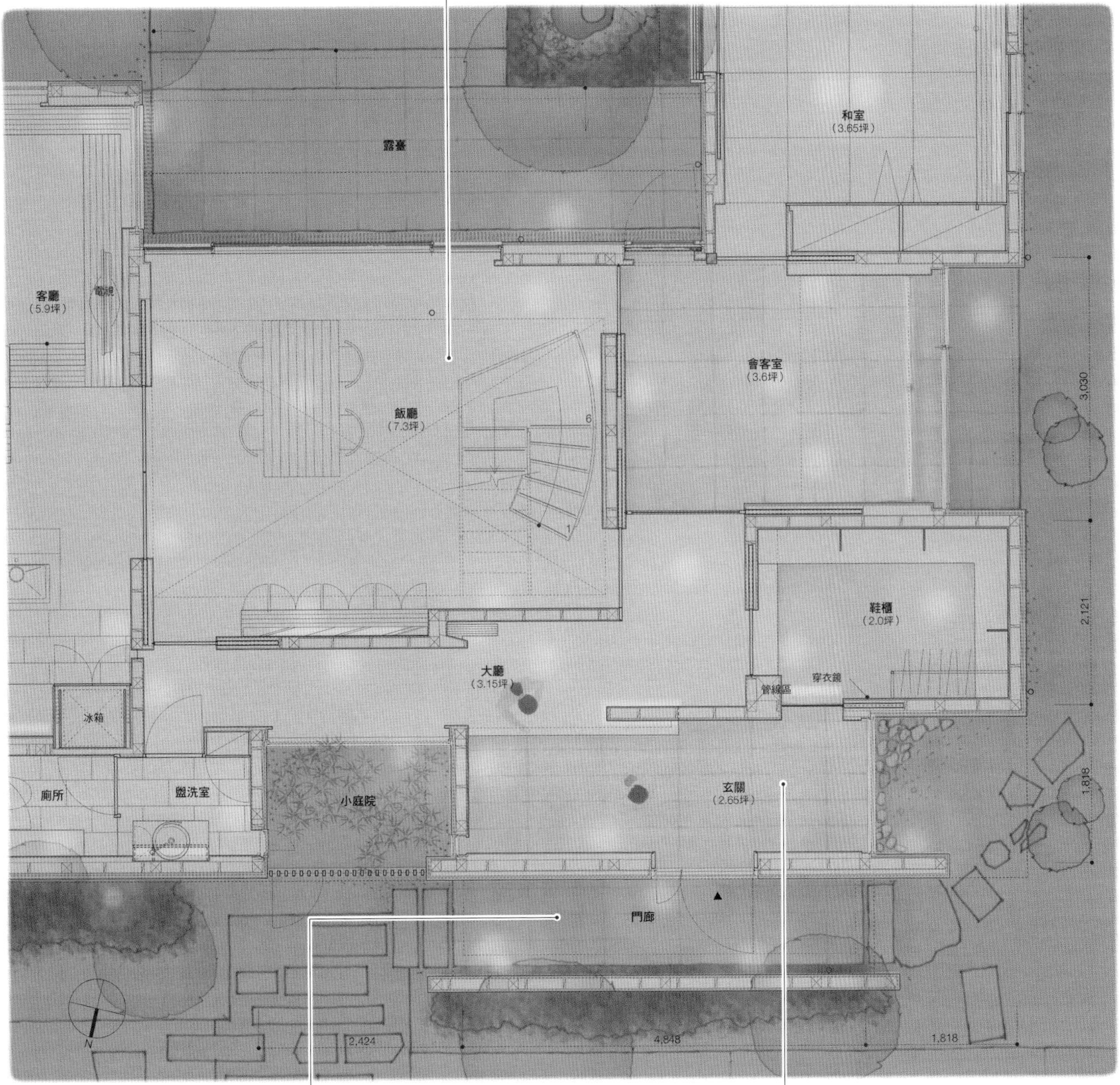
露臺
和室
（3.65坪）
客廳
（5.9坪）
電視
會客室
（3.6坪）
飯廳
（7.3坪）
鞋櫃
（2.0坪）
大廳
（3.15坪）
管線區
穿衣鏡
冰箱
廁所
盥洗室
小庭院
玄關
（2.65坪）
門廊
3,030
2,121
1,818
2,424
4,848
1,818
N

被夾在牆壁之間的門廊是個亮度較低的外部空間。當眼睛適應門廊的昏暗程度時，就能打開玄關大門。

以門廊作為基準，降低玄關的照度。只使用小型聚光燈與裝設在翼牆腳邊的結構性照明。

透過擴散開來的光線來打造出安穩的空間

住宅的光線是由，透過太陽與照明器具等光源來直接傳遞的直射光線，以及透過牆壁與地板等的反射而形成的間接光線所構成。在設計房間的燈光時，基本上要採用間接光線。為了避免光源本身照到眼睛，所以要將光源移到視野之外，並讓光線反射／擴散到牆壁、天花板等處。

間接光線的特徵在於，能使物品的輪廓看起來較為柔和。正因為主要空間為具備間接光線所製造出來的陰影空間，所以偶然從窗外照進來的陽光、照在餐桌上的吊燈光線等能夠引人注目地點綴生活的直射光線才能發揮作用。

無論白天還是夜晚 基本上都要採用間接光線

「one-story house」
上：起居室——兒童房展開圖 [S=1：50]
下：間接照明詳細圖 [S=1：10]

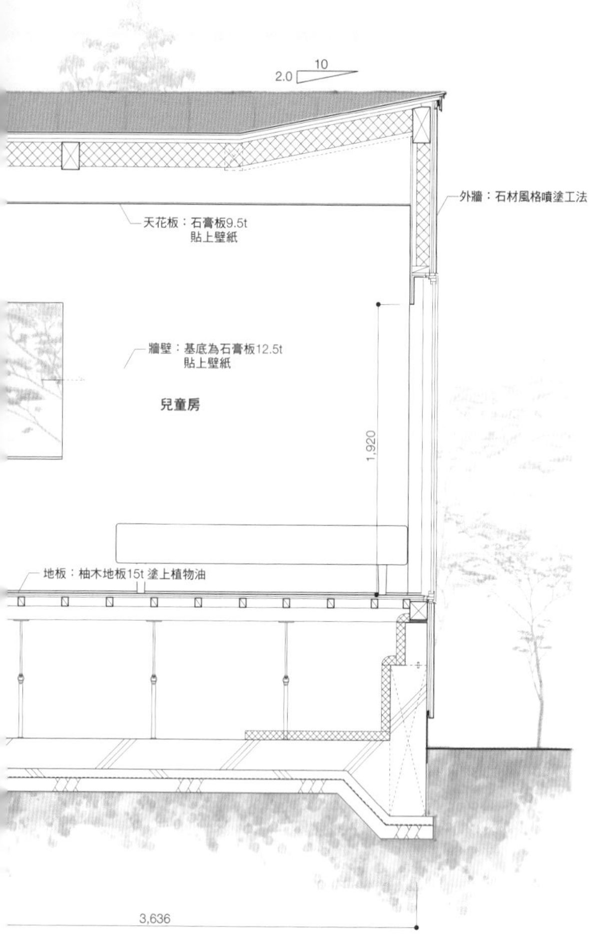
10
2.0
外牆：石材風格噴塗工法
天花板：石膏板9.5t 貼上壁紙
牆壁：基底為石膏板12.5t 貼上壁紙
兒童房
1,920
地板：柚木地板15t 塗上植物油
3,636

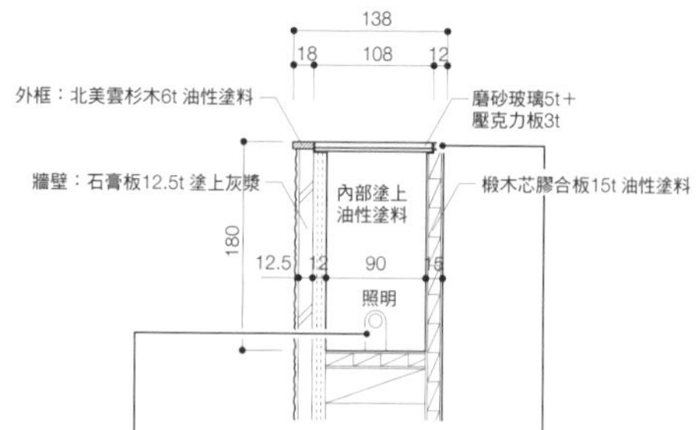
138
18
108
12
外框：北美雲杉木6t 油性塗料
磨砂玻璃5t＋壓克力板3t
牆壁：石膏板12.5t 塗上灰漿
內部塗上油性塗料
椴木芯膠合板15t 油性塗料
180
12.5
12
90
15
照明

為了讓光線擴散，所以盒子內的照明與玻璃蓋需保持一段距離。

在玻璃蓋上貼上乳白色的壓克力材，對光線的擴散狀態進行微調。

位於自由運用空間上部的天窗光線會形成擴散光，照射在客廳內。適度昏暗的空間能營造出寂靜感。

客廳與其他空間被嵌入了線狀照明設備的腰壁區隔開來。一到晚上，此間接照明的柔和光線就會籠罩整個空間。

天窗的光線會在灰漿牆上反射／擴散，照亮自由運用空間的櫃台桌周圍。擴散光很柔和，手邊的陰影也不會令人在意。

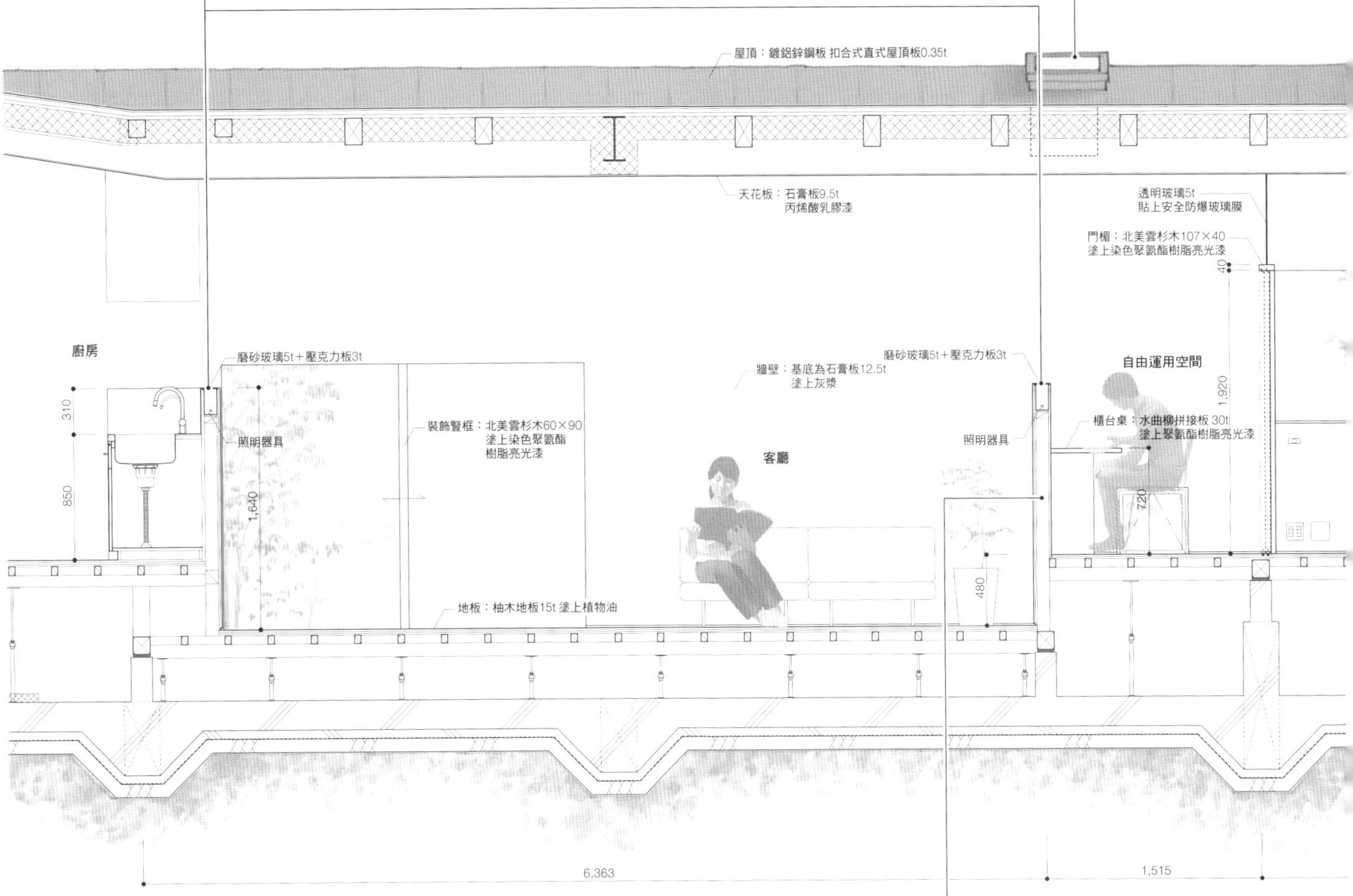
屋頂：鍍鋁鋅鋼板 扣合式直式屋頂板0.35t
天花板：石膏板9.5t
丙烯酸乳膠漆
透明玻璃5t
貼上安全防爆玻璃膜
門楣：北美雲杉木107×40
塗上染色聚氨酯樹脂亮光漆
40
廚房
磨砂玻璃5t＋壓克力板3t
照明器具
310
850
1,640
裝飾豎框：北美雲杉木60×90
塗上染色聚氨酯
樹脂亮光漆
牆壁：基底為石膏板12.5t
塗上灰漿
磨砂玻璃5t＋壓克力板3t
客廳
照明器具
自由運用空間
1,920
櫃台桌：水曲柳拼接板 30t
塗上聚氨酯樹脂亮光漆
720
480
地板：柚木地板15t 塗上植物油
6,363
1,515

在自由運用空間內念書時，為了不要讓位於客廳的人映入眼簾，所以要將腰壁設得高一點。

從自由運用空間俯視客廳。沒有設置嵌燈，而是將朝向天花板的照明裝設在櫃台桌前的腰壁上。讀書時，會將檯燈放在手邊。

「one-story house」136頁

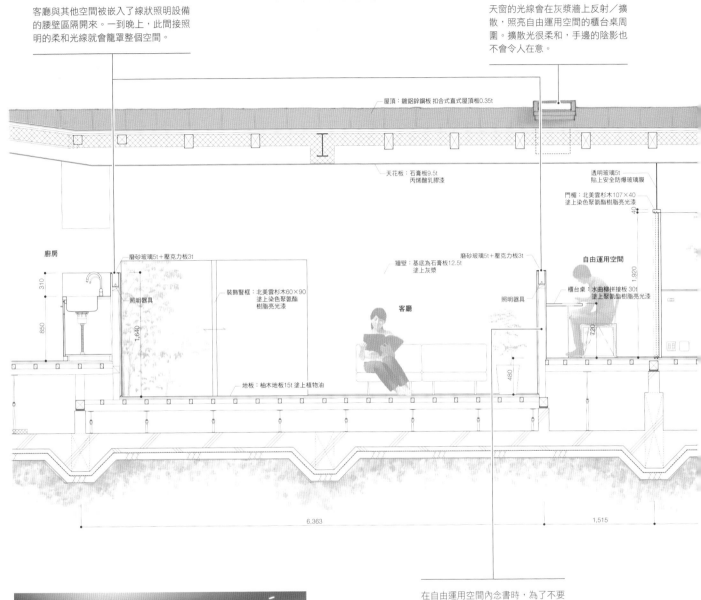

在光線旁生活

能夠感受到四季變化的住宅是很舒適的空間。窗前的風景與從該處照進來的光線的變化會告訴我們時光的變遷。強烈的夏季日照也會因為在屋簷、地板／牆壁上反射／擴散而減弱，我們只要透過日式拉門或窗簾等物來將穿透的光線引進室內即可。

在「光邊之家」內，將窗邊設計成能夠調整日照，讓人一整年都能站在溫和的光線旁。窗邊是全家人喜愛的場所，大家總是會聚集在舒適的窗邊。

在各處打造能讓人站在光線旁的場所

「光邊之家」
剖面透視圖 [S=1：50]

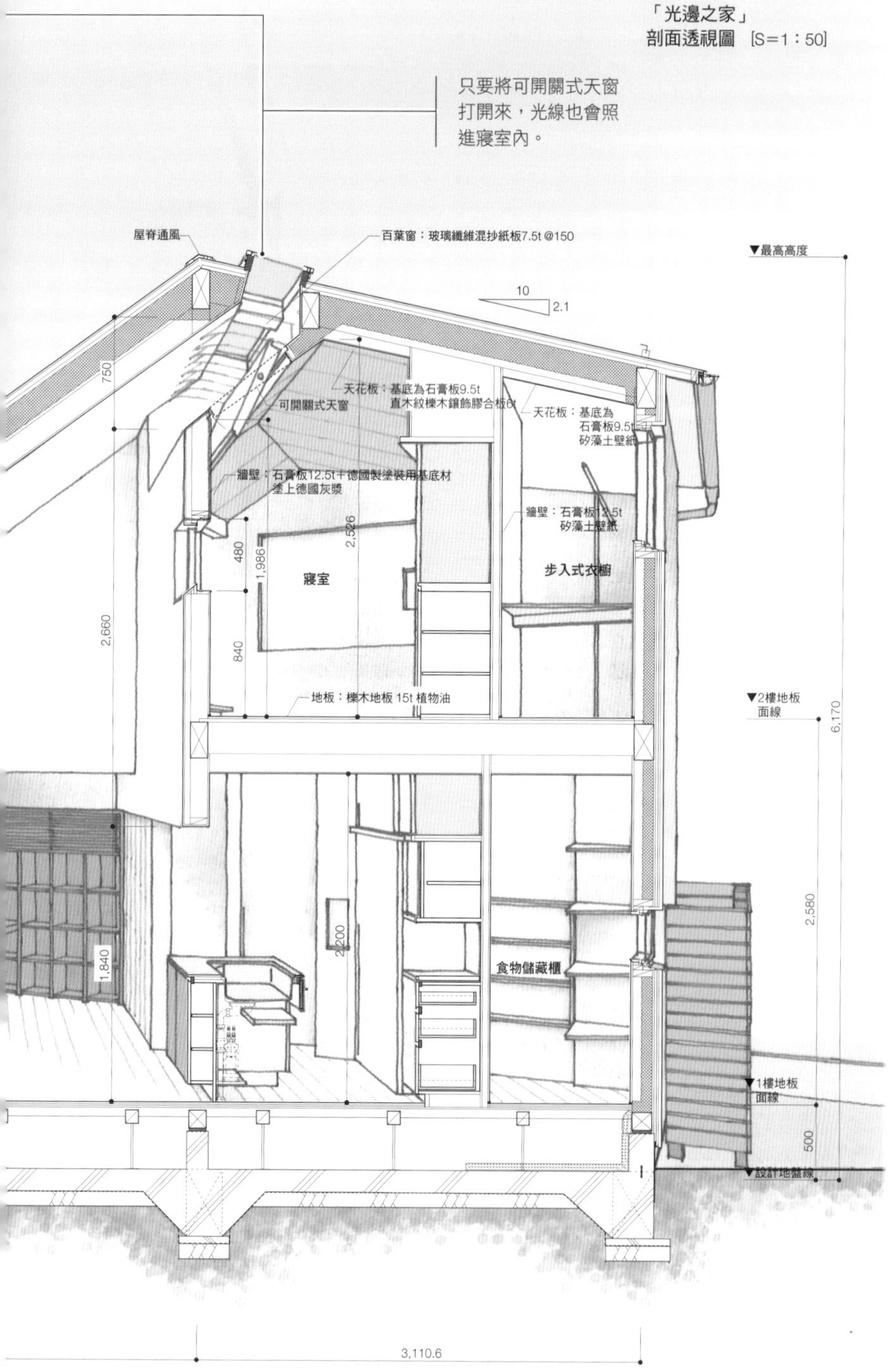
只要將可開關式天窗打開來，光線也會照進寢室內。
屋脊通風
百葉窗：玻璃纖維混抄紙板7.5t @150
▼最高高度
10
2.1
750
天花板：基底為石膏板9.5t
直木紋櫟木鑲飾膠合板6t
可開關式天窗
天花板：基底為
石膏板9.5t
矽藻土壁紙
牆壁：石膏板12.5t＋德國製塗裝用基底材
塗上德國灰漿
牆壁：石膏板12.5t
矽藻土壁紙
2,526
480
1,986
寢室
步入式衣櫥
2,660
840
地板：櫟木地板 15t 植物油
▼2樓地板
面線
6,170
2,580
1,840
2,200
食物儲藏櫃
▼1樓地板
面線
500
▼設計地盤線
3,110.6

設置在玄關角落的天窗。有限的光線照射在牆壁上。

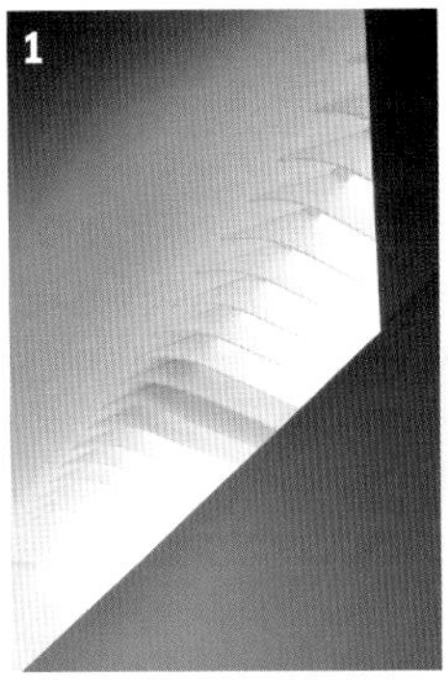
1

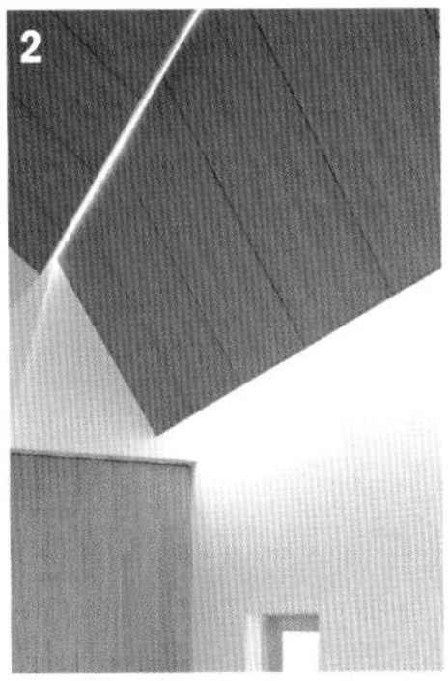
2

1 客廳的天窗。藉由裝設百葉窗來讓光線漫反射、擴散。
2 將寢室的可開關式天窗打開後的樣子。從隙縫洩漏的光線會沿著牆壁落下。

在斜面天花板的最高處裝設長方形天窗。穿過半透明百葉窗的光線，以及在灰泥天花板與灰泥牆上擴散的光線，會溫和地籠罩整個客廳。

裝設捲簾，讓人能夠調整進入室內的光線量。

穿過日式拉門上的和紙而變得微弱的光線會稍微照亮榻榻米房間。

在面向中庭的窗戶上裝設窗簷，遮蔽直射陽光。只讓在磁磚地板上反射的微弱光線進入室內。

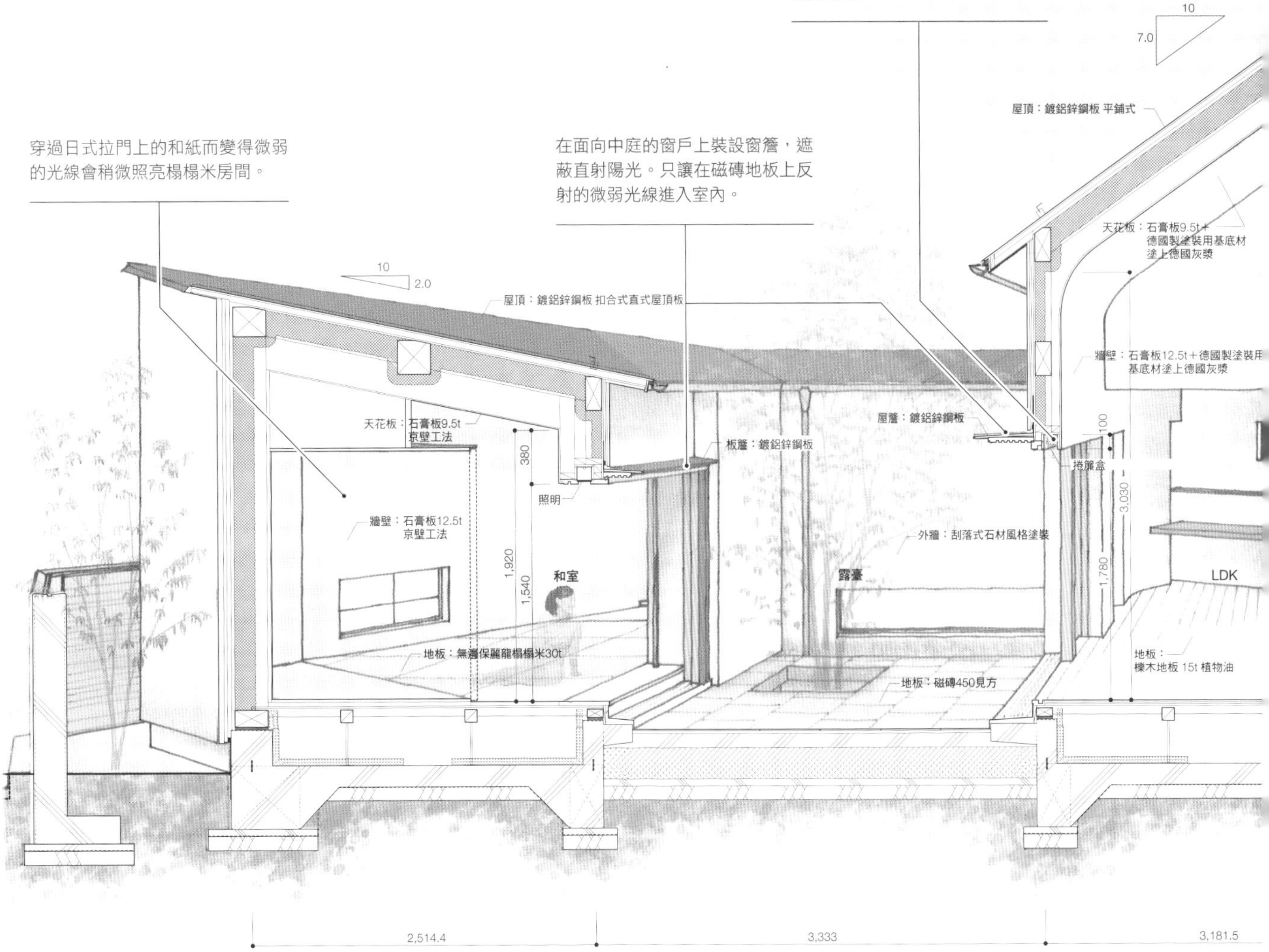
10
7.0
屋頂：鍍鋁鋅鋼板 平鋪式
天花板：石膏板9.5t＋德國製塗裝用基底材塗上德國灰漿
牆壁：石膏板12.5t＋德國製塗裝用基底材塗上德國灰漿
10
2.0
屋頂：鍍鋁鋅鋼板 扣合式直式屋頂板
天花板：石膏板9.5t 京壁工法
380
照明
板簷：鍍鋁鋅鋼板
屋簷：鍍鋁鋅鋼板
100
捲簾盒
3,030
牆壁：石膏板12.5t 京壁工法
外牆：刮落式石材風格塗裝
1,920
1,540
和室
露臺
1,780
LDK
地板：無邊保麗龍榻榻米30t
地板：磁磚450見方
地板：櫟木地板 15t 植物油
2,514.4
3,333
3,181.5

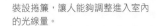

在餐桌上打造出可以吸引人群的向心性光線

具有向心性的光線很適合用於人群所聚集的用餐場所。當然，漂亮地照亮料理也是很重要的一點。

在「常盤之家」中，飯廳設置在東北側，為了讓早上的清爽光線照在餐桌周圍，所以裝設了天窗。整個白天，牆壁與地板所反射的擴散光會籠罩著飯廳，到了晚上，則會用懸吊在餐桌附近的吊燈來點綴餐桌。由於吊燈的燈罩為乳白色玻璃，所以微弱的光線也會照到天花板表面。在此處，沒有裝設一般用來照亮房間的天花板照明。光線當然是建築的關鍵要素，在用來點綴生活的室內裝潢中，也是最重要的元素。

設置在牆邊的天窗。光線會反射在牆壁上，將飯廳照亮。從北側開口部位進來的光線很穩定，一整天都有適當的亮度。

在白天和夜晚都要打造適當的亮度

「常盤之家」
剖面詳細圖（部分）
[S=1：50]

在看書時，會打開沙發上方的壁燈。一邊想像生活中的景象，一邊配置聚光燈。

安穩的亮度能讓人的心情變得平靜。過於明亮的房間出乎意料地多。希望大家在規劃照明設備時，能考慮到白天與夜晚亮度的平衡。

為了讓料理看起來更加美味，所以燈具要選擇演色性較高的產品。

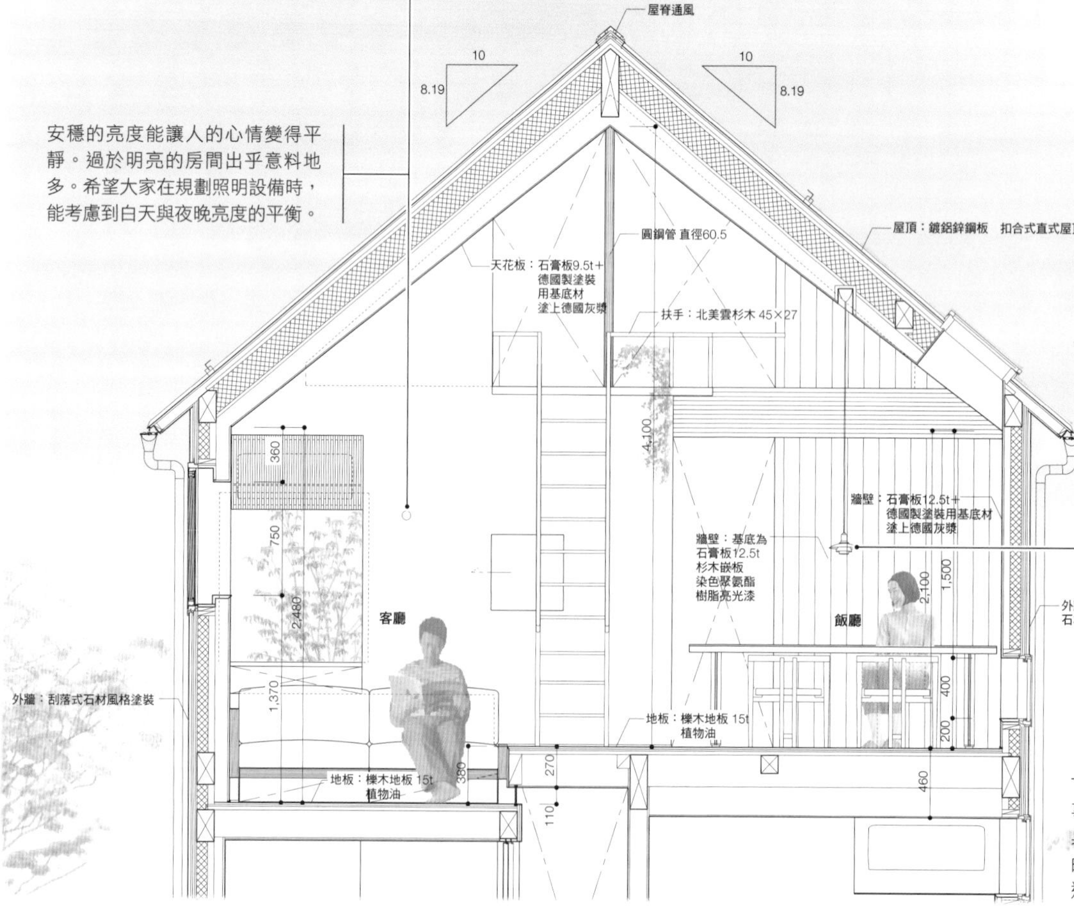
屋脊通風
10
8.19
10
8.19
屋頂：鍍鋁鋅鋼板 扣合式直式屋頂板 0.35t
圓鋼管 直徑60.5
天花板：石膏板9.5t＋
德國製塗裝
用基底材
塗上德國灰漿
扶手：北美雲杉木 45×27
360
4,100
750
2,480
1,370
客廳
牆壁：基底為
石膏板12.5t
杉木嵌板
染色聚氨酯
樹脂亮光漆
牆壁：石膏板12.5t＋
德國製塗裝用基底材
塗上德國灰漿
1,500
2,100
飯廳
外牆：
石材風格噴塗工法
400
200
外牆：刮落式石材風格塗裝
地板：櫟木地板 15t
植物油
270
380
地板：櫟木地板 15t
植物油
110
460

事先將吊燈懸掛在接近餐桌的位置。只要降低光線的重心，就能在空間中營造出安穩感。

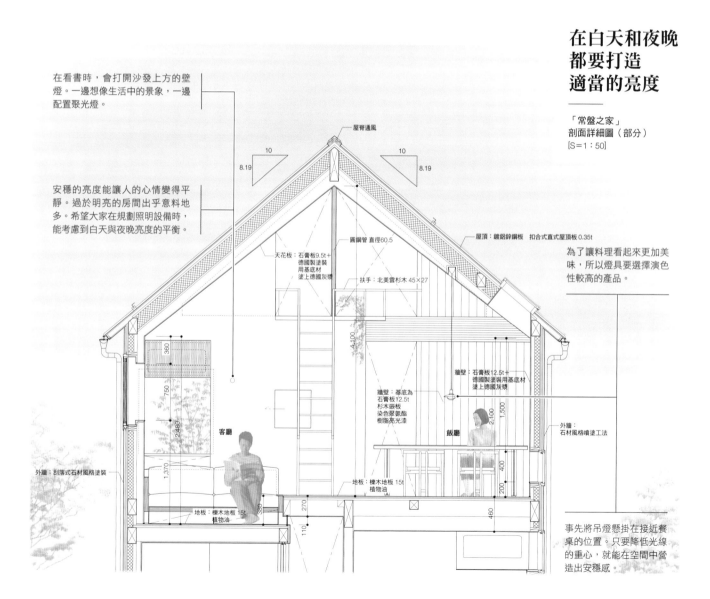

白天使用天窗的光線，晚上則使用重心較低的吊燈光線來使飯廳周圍變得顯眼，營造出向心性。

用來點綴生活空間的光線設計

從樹葉縫隙落下的陽光照在地板上，小庭院的牆壁上映出樹蔭。在時光的變遷中，陽光與樹蔭的表情會不斷改變。在日常生活中，這種一瞬間就會消失的短暫畫面惹人憐愛，且能治癒我們的心靈，賦予我們生存的力量。

雖然「縱露地之家」是位於狹小土地上的小住宅，但到處都能感受到柔和的光線與綠意。如何將能夠讓生活變得多采多姿的「無明確形態之事物」與住宅結合？像這種在平面圖與剖面圖中不易呈現出來的部分，要如何賦予其形狀？這一點正是設計者的拿手好戲。

能與光線遊玩的住宅

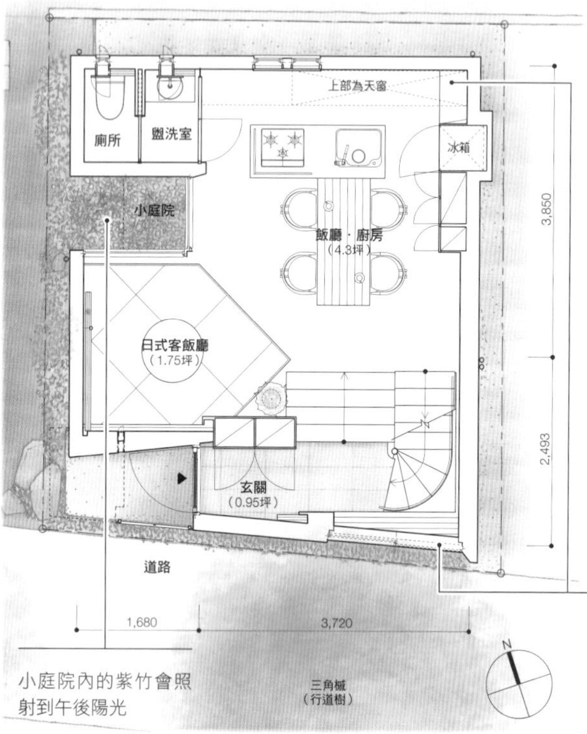
上部為天窗
廁所
盥洗室
冰箱
小庭院
飯廳・廚房
（4.3坪）
日式客飯廳
（1.75坪）
玄關
（0.95坪）
道路
3,850
2,493
1,680
3,720
三角槭
（行道樹）
N
小庭院內的紫竹會照射到午後陽光

「縱露地之家」
1樓平面圖
[S=1：100]

房間深處設置了天窗，前方則有面向室內中庭的大窗戶。窗戶的高度為3層樓高。

1 從玄關觀看飯廳・廚房。採用一室格局的整個樓層會籠罩在溫和的光線中。從樹葉縫隙落下的陽光，會從面向道路的樓梯間窗戶照進來，且落在地板上。位於深處的廚房也因為有來自天窗的光線而很明亮，不會使人產生壓迫感。

2 來自天窗的光線會照在灰漿牆上，並在室內持續擴散。

「縱露地之家」52／70／149／150／162頁

透過溫和的光線來照亮深處

只要讓光線照在接下來要前往之處，就會讓人不禁感到興奮。

「羊腸小道之家」的生活中心是樓梯所在的LDK。在爬上樓梯後的地方裝設天窗，讓自然光照下來。在有深度的屋頂層中漫反射的光線，會照在牆壁上，進行擴散，將腳邊稍微照亮。擴散到LDK內的光線與陰影會時常一起變換表情，使聚集在該處的家人的內心感到充實富足。

打造光線聚集處

「羊腸小道之家」
1樓平面圖 [S=1：150]

在樓梯與走廊的前方設置窗戶，在LDK的深處打造光線聚集處。只要將視線的前方照亮，不僅能加強縱深感，還能讓人產生期待感。

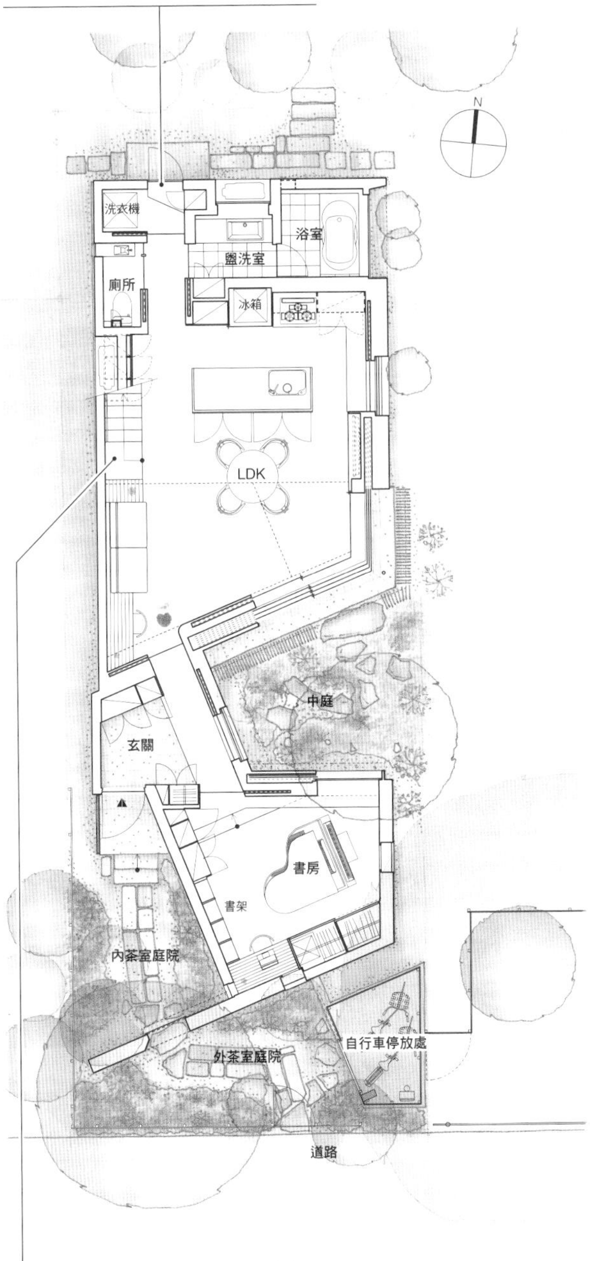

LDK的深處有一座籠罩在安穩擴散光線之中的樓梯。

從客廳觀看飯廳、廚房與樓梯。不禁被從樓梯上方溢出的光線吸引住。從前方往深處逐漸變亮的光線中充滿了希望，使人情緒高漲。

「羊腸小道之家」10／34／94／106／146／156頁

透過光線來打造舒適的樓梯空間

在上下樓梯時，若腳邊與前方很明亮的話，就太好了。沒有必要特意地將整個樓梯間照亮。更重要的是，為了避免前方的腳下受到自己影子的影響而看不清楚，所以要多留意窗戶與照明器具的配置方式。

在「元淺草之家」內，有一座三邊被牆壁圍起來的U型樓梯。在這種情況下，容易形成具有阻塞感的樓梯間，當住宅位於市區內時，並非只要打開窗戶就行。因此，要在牆壁上設置縱長形的細縫窗，讓光線能隔著鏤空樓梯在上下樓層之間傳遞。在照明方面，只採用裝設在樓梯平台的牆面上的壁燈與上下樓梯口的地腳燈。這樣的亮度足以讓人放心地上下樓梯。

即使沒有大窗戶，也足以消除被牆壁圍起來的樓梯間的阻塞感。當然，沒有樓梯豎板的鏤空樓梯與從樓上落下來的光線也能發揮作用。

打造既舒適又方便的樓梯

「元淺草之家」
左：細縫窗剖面詳細圖 [S=1：7]
右：同位置平面詳細圖 [S=1：7]
下：樓梯周圍平面圖 [S=1：60]

讓來自窗戶的光線與照明的燈光在灰泥牆與純木地板上反射／擴散，提升寂靜感與溫馨感。

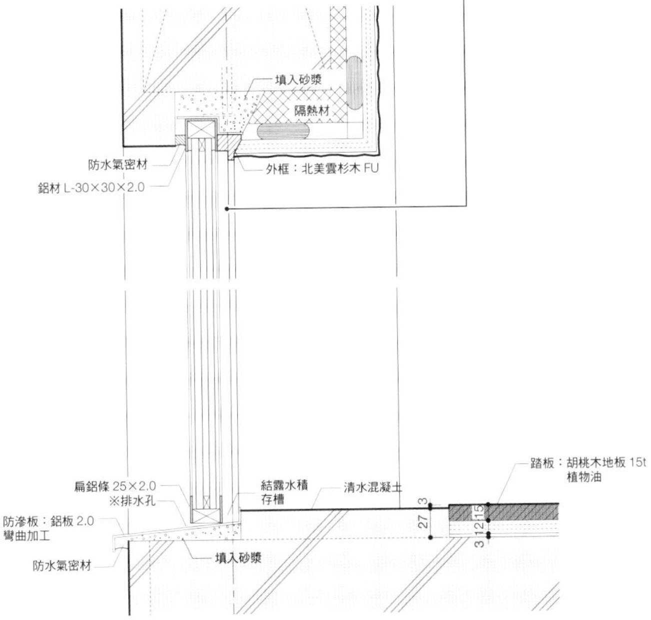
填入砂漿
隔熱材
防水氣密材
鋁材 L-30×30×2.0
外框：北美雲杉木 FU
扁鋁條 25×2.0
※排水孔
防滲板：鋁板 2.0
彎曲加工
防水氣密材
結露水積
存槽
清水混凝土
填入砂漿
踏板：胡桃木地板 15t
植物油
27
3
3
12
15

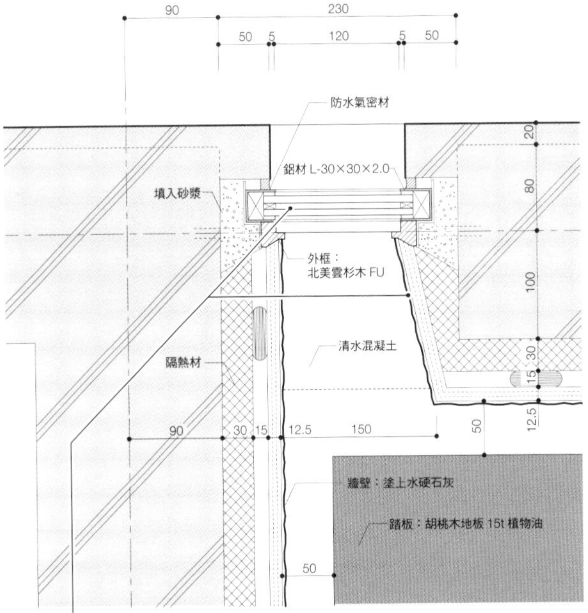
90
230
50
5
120
5
50
防水氣密材
鋁材 L-30×30×2.0
填入砂漿
外框：
北美雲杉木 FU
隔熱材
清水混凝土
20
80
100
30
15
12.5
50
90
30
15
12.5
150
牆壁：塗上水硬石灰
踏板：胡桃木地板 15t 植物油
50

能讓光線先集中後再擴散的細縫窗。藉由讓光線通過牆壁的內側轉角，就能消除盡頭感，帶有角度的牆壁會形成反光板，使光線擴散到樓梯間。

想要打造出用起來很舒適的樓梯的話，採用適當尺寸的寬度、樓梯豎板／踏板是必要的，而且適當的光線也很重要。

從細縫窗進入的光線會在灰泥牆上反射，形成柔和的擴散光，照亮腳邊。

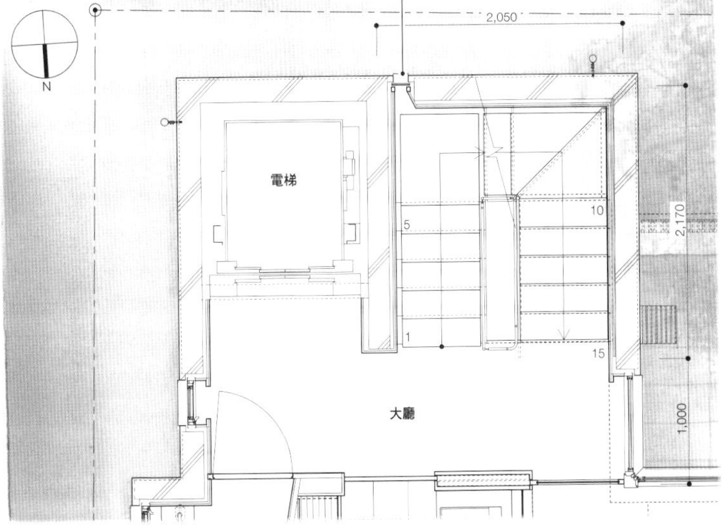
N
2,050
電梯
5
10
1
15
2,170
1,000
大廳

「元淺草之家」66／110／148／154／160頁

稍微調暗光線享受夜晚時光

呆呆地眺望庭院的時光是最幸福的。只要準備好照明設備，夜晚也能欣賞景色，白天不在家的家人也會很高興。不必將整個庭院照得紅通通的，只要一點點燈光就夠了。基本上，照在庭院樹木上的光線採用從高處照下來的聚光燈會比較自然。話雖如此，由於此平房的中庭很小，只能隔著長方形的矮窗來觀賞綠意，所以來自上方的照明設備只有一個。取而代之的是，將用來照亮樹木根部的照明降到最少，並透過從牆上反射的光線來使草木變得顯眼。藉由在庭院中保留昏暗度，能營造出縱深感。

室內的照明採用能夠調光的產品。只要稍微調暗光線，窗戶上的反射影像就會減少，夜晚的庭院會一口氣變得很顯眼。

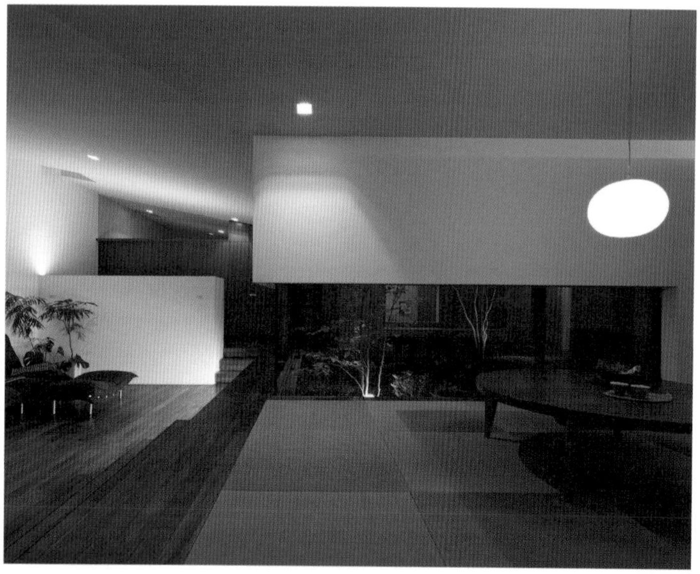

隔著日式客飯廳觀看中庭。日式客飯廳的主要照明只有吊燈。也將左側客廳內的結構性照明調得比平時暗，讓人欣賞中庭的綠意。

從客廳觀看中庭。在夜深時，只要將室內光線調暗，被照亮的庭院看起來就會別有一番風味。映在牆上的樹影也能治癒人心。

夜晚也能享受有庭院的生活

「one-story house」
1樓照明配置圖 [S＝1：100]

重要的庭院樹木為楓樹、紅山紫莖、具柄冬青這3棵。在燈光下浮現的樹木看起來很有個性。

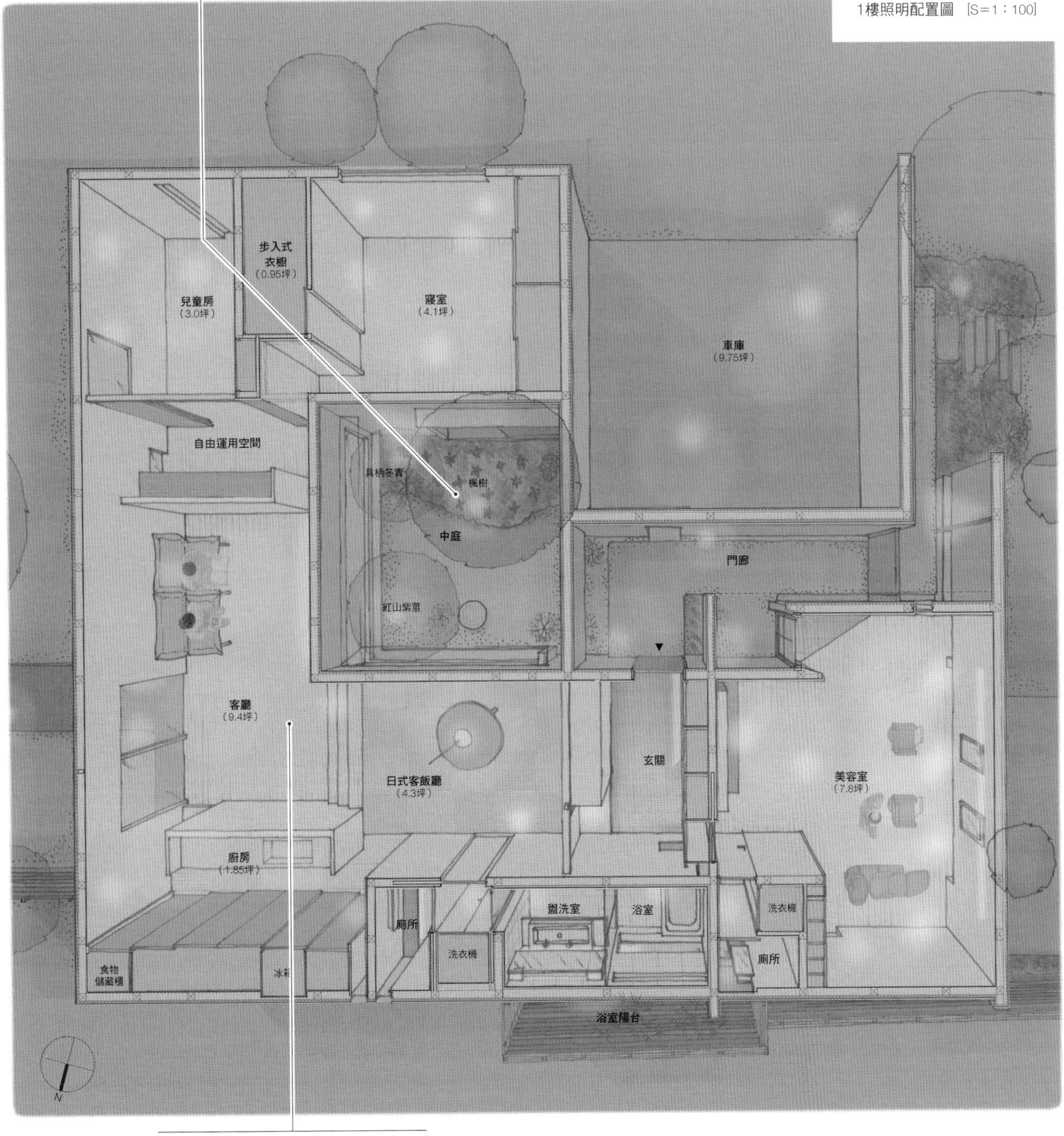

步入式衣櫥（0.95坪）
兒童房（3.0坪）
寢室（4.1坪）
車庫（9.75坪）
自由運用空間
具柄冬青
楓樹
中庭
門廊
紅山紫莖
客廳（9.4坪）
日式客飯廳（4.3坪）
玄關
美容室（7.8坪）
廚房（1.85坪）
盥洗室
浴室
洗衣機
廁所
洗衣機
廁所
食物儲藏櫃
冰箱
浴室陽台
N

室內的照明是由許多個小型照明設備所組成，能夠確保照度。因此，可以依照自己的喜好，輕易地將光線調暗或調亮。

「one-story house」126頁

chapter 5

細節

為了讓生活更加舒適的講究設計

在設計東西，並畫成設計圖時，必須決定的就是尺寸。不過，就算以餐桌與天花板的高度為例，也沒有所謂的「絕對的尺寸」。「這張桌子為68公分，若在此住宅中的話，則要採用71公分，由於要在這種情況下使用，所以採用65公分」如同這樣，每一次，我們不僅要考慮到使用者的生理／心理上的特性與動作，還要考慮到該空間或住宅／建地的大小、該場所的光線等，然後再算出具體的尺寸。也就是說，決定最適合該場所的尺寸，就是名為「設計」的工作。

在決定細節時，當然要考慮到該結構材料的位置、尺寸、構造，更重要的是，要留意材料之間的微小差異。

松尾芭蕉曾作了「仔細一瞧，那應該是開著薺菜花的籬笆吧」這首詩。那不是誰都看得出來的巨大變化，在不仔細盯著看就會錯過的微小變化與差異之中，也存在著美。用心打造出來的細節能夠治癒人心。日本民族擁有「能夠細膩地去呈現各種事物」的感性，具備一種獨特的能力，即使在如同十二單那樣，由好幾層衣袖重疊而成的部分中，也能看到美。不過，在現代這個時代，人們會以效率、合理性、經濟效益等為優先，看起來也像是「將從該處溢出的碎片或部分捨棄」。雖然一部分會被視為組件要素，但到了最近，我在各個領域中了解到，全體與部分的關係並非單純的主從關係。

美也被稱作觀看者的主觀意識。在生活中，我們會在各個季節的自然環境中，從周圍的微小變化裡找出喜悅。在該處，肯定會有與眼睛或身體接觸的部分。將細節設計得既方便又簡潔，就是「細節設計」的重點。

照片：縱露地之家

以立體方式來搭配窗戶

開口部位具備各種作用，像是採光、通風、眺望等。無論室內還是室外，都要在適當場所設置開口部位。

「宇都宮之家」的主臥室內有2個窗戶，分別是與鄰居相鄰的南側與連接陽台的東側。設置在南側的是通風用的小型上懸式外推窗。由於能夠打開的角度較小，並嵌入了壓花玻璃，所以也不用在意來自外部的視線。用來出入東側陽台的清掃窗，也能讓人欣賞到庭院的風景。陽台的屋頂上設置了天窗，讓較深的屋簷所形成的陰影不會使寢室變得過於昏暗。

從主臥室觀看有屋頂的陽台。在室內，有設置大型清掃窗與小窗，在作為半戶外空間的陽台，則在牆壁與屋頂上設置了開口部位。藉由以立體方式來設置開口部位，就能讓室內一整天都擁有各種光線。

透過內外的窗戶來打造舒適的寢室

「宇都宮之家」
主臥室展開圖 [S=1：50]

有屋頂的陽台可以當成半戶外空間來使用。在用來支撐屋頂的牆壁上設置大開口部位，連接內外空間。

也可以將天窗裝設在外部。在此處，為了避免房間因為陽台的屋頂而變暗，所以將天窗設置在靠近主臥室的位置。

若有很深的陽台的話，即使是大開口部位，也不用在意視線。

若採用嵌入壓花玻璃的外推窗，在打開窗戶時，就不用在意鄰居的視線。

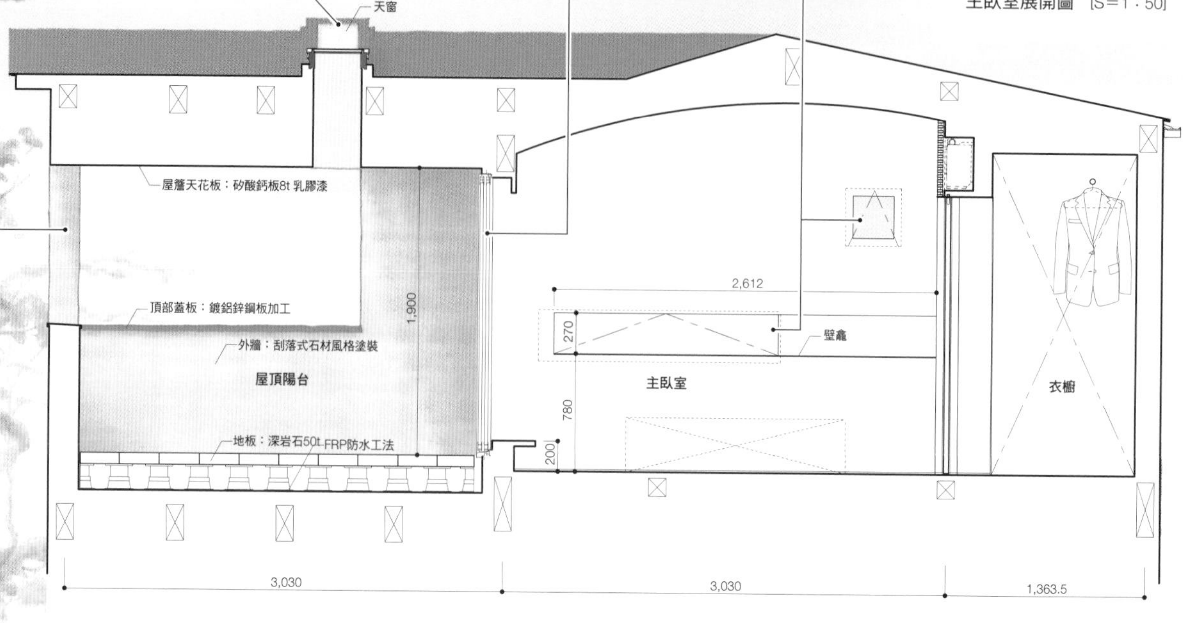
天窗
屋簷天花板：矽酸鈣板8t 乳膠漆
頂部蓋板：鍍鋁鋅鋼板加工
外牆：刮落式石材風格塗裝
屋頂陽台
地板：深岩石50t FRP防水工法
1,900
2,612
270
壁龕
主臥室
780
200
衣櫥
3,030
3,030
1,363.5

「宇都宮之家」8／32／44／78／115／117／144／152頁

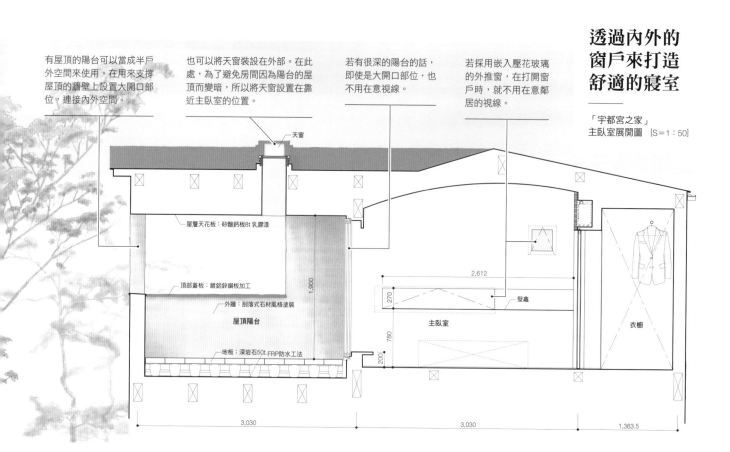

看起來不像窗戶的室內窗

窗戶並非只有面向室外的類型。在用來區隔房間的牆上也能設置窗戶。要如何讓窗戶融入室內裝潢，則取決於細節。

在此要介紹的是寢室的縱長型平開窗。能將從陽台進入的光線和風傳到相鄰的客廳。雖然有採用木製門窗隔扇，但從客廳這邊看，只會看到細長的細縫（空隙）。這是因為，採用了可以隱藏窗框的結構工法。在開口部位，對單側的牆壁進行了圓角處理，使其形成曲面。從寢室漏出的光線會在客廳的牆壁上形成光影的漸層，賦予溫和的表情。

通風窗的客廳特色

「稻毛之家」
上：開口部位平面詳細圖 [S=1：6]
下：同位置詳細圖 [S=1：6]

在客廳側的開口部位，只對單側的牆壁進行了較圓滑的倒角處理。左右兩邊明確地分成會清楚呈現陰影的牆面，以及會讓光線繞進去的牆壁。

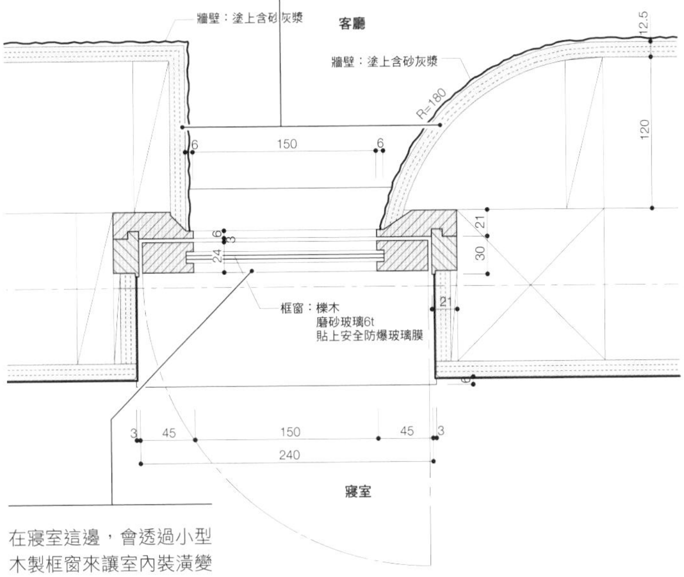

牆壁：塗上含矽灰漿
客廳
牆壁：塗上含矽灰漿
12.5
R=180
120
150
6
6
21
30
24
3
框窗：櫟木
磨砂玻璃6t
貼上安全防爆玻璃膜
21
3
45
150
45
3
240
寢室

在寢室這邊，會透過小型木製框窗來讓室內裝潢變得醒目。

在2樓的寢室這邊，此平開窗位於腰部以上的高度。打開與關上都很簡單。

客廳位於2樓的樓中樓。在客廳這邊，包含貼上膠合板的部分在內，要讓人看到從天花板連接到地板的細縫。

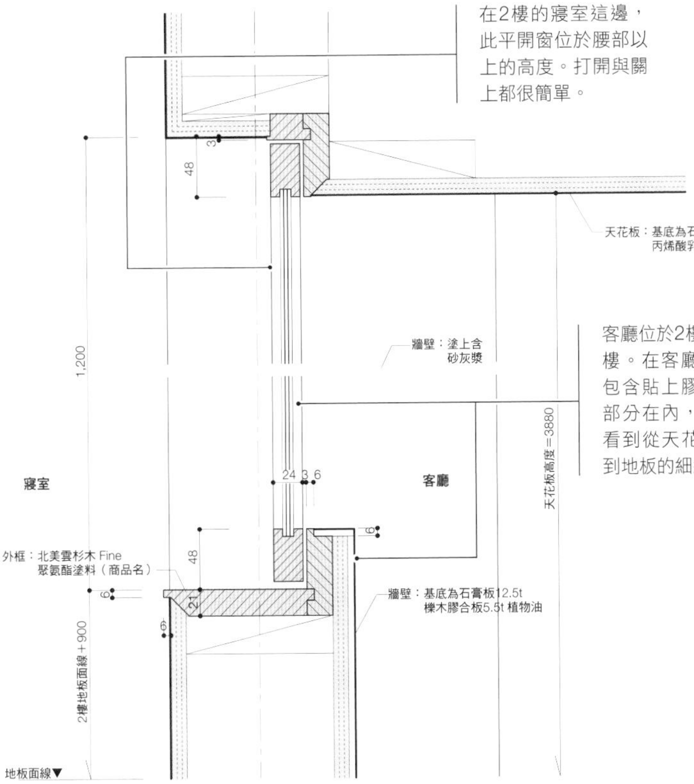

3
48
天花板：基底為石膏板
丙烯酸乳膠漆
牆壁：塗上含
矽灰漿
1,200
天花板高度=3880
24 3 6
寢室
客廳
外框：北美雲杉木 Fine
聚氨酯塗料（商品名）
48
6
21
6
牆壁：基底為石膏板12.5t
櫟木膠合板5.5t 植物油
2樓地板面線+900
地板面線▼

從客廳這邊觀看室內窗。由於不僅外框，連內框也被隱藏起來了，所以與其說是窗戶，更像是一條細縫。與貼上櫟木膠合板的部分一起為客廳的牆壁增添特色。

「稻毛之家」50頁

重點在於打開／關上之間的平衡

在設計狹小住宅時，必須留意到不要「過度敞開」這一點。如果在覺得必要的場所將窗戶全都打開，讓窗戶的量變得比牆壁還多的話，就會形成讓人無法靜下心來的空間。重點在於，要仔細研究窗戶的作用、尺寸、開關方式，採用透過一扇窗戶就能將走廊或其他房間照亮的設計，並調整好開口部位的數量。在設計開口部位與牆壁的設置處時，請讓兩者達到良好的平衡吧！

「包覆庭院之家」的和室內設置了一扇有如茶室矮門的可愛窗戶。有限的光線能在空間中營造出寂靜感。雖然窗戶前方為不到2坪大的小庭院，但藉由刻意透過小窗戶來擷取庭院景色，就會讓人覺得比實際上來得寬敞。

1 從和室小窗戶所看的小庭院只是一小部分。被牆壁隱藏起來的部分也能讓人覺得庭院很寬敞。
2 走到外簷廊上，觀看小庭院。雖然有深度，但寬度很窄。與從榻榻米房間看時相比，別有一番風味，是個能讓人感受到大自然的屋簷下方空間。

1

2

大窗戶並非總是最佳選擇

「包覆庭院之家」
剖面詳細圖（部分）[S=1：50]

從2樓浴室的窗戶可以欣賞小庭院的綠意。依照窗戶與位於其前方的圍牆之間的關係來計算出窗戶尺寸。若窗戶太大的話，就很難確保隱私。牆壁太大的話，則無法讓自然光照進庭院。

外簷廊所反射的光線會傳到天花板，在曲面上形成陰影的漸層。這個寧靜的空間會讓人忘了自己身處在市區。

用來連接小庭院與和室的是，約90公分見方的小窗戶。只要採取跪姿，就能進出此處。

屋簷下方的小型外簷廊是個能親近大自然的場所。在此處賞月也會很開心。

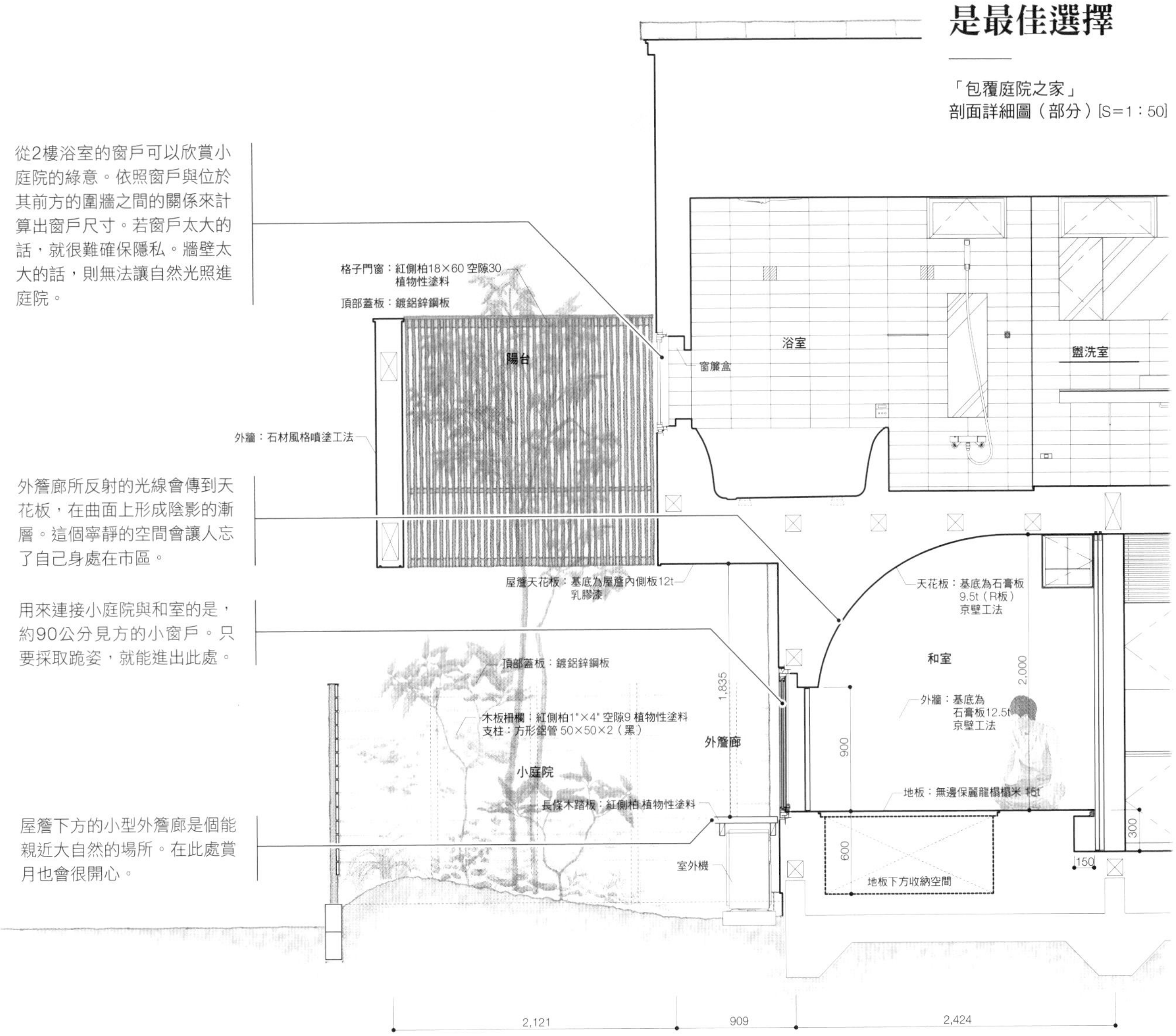
格子門窗：紅側柏18×60 空隙30
植物性塗料
頂部蓋板：鍍鋁鋅鋼板
陽台
窗簾盒
浴室
盥洗室
外牆：石材風格噴塗工法
屋簷天花板：基底為屋簷內側板12t
乳膠漆
天花板：基底為石膏板
9.5t（R板）
京壁工法
和室
頂部蓋板：鍍鋁鋅鋼板
1,835
2,000
外牆：基底為
石膏板12.5t
京壁工法
木板柵欄：紅側柏1"×4" 空隙9 植物性塗料
支柱：方形鋁管 50×50×2（黑）
外簷廊
900
小庭院
地板：無邊保麗龍榻榻米 15t
長條木踏板：紅側柏 植物性塗料
300
600
室外機
150
地板下方收納空間
2,121
909
2,424

縮小開口部位的尺寸

「包覆庭院之家」
1樓和室周圍平面圖（部分）
[S=1：75]

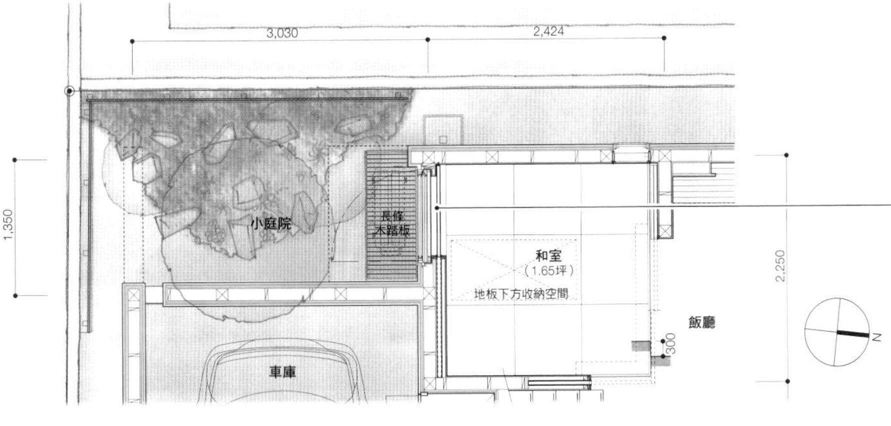
3,030
2,424
1,350
小庭院
長條木踏板
和室
（1.65坪）
地板下方收納空間
2,250
飯廳
300
車庫
N

主要窗戶設置在1.5坪大的和室內。尺寸約為90公分見方，能夠巧妙地擷取小庭院的綠意。

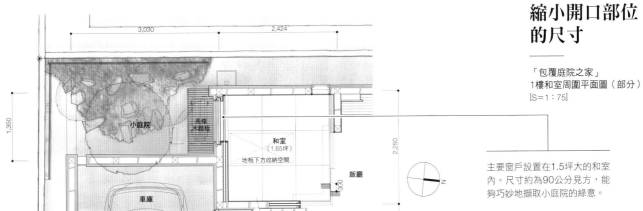

能夠帶來綠意和光線的高側窗

想要將窗戶設置在道路側，但又在意來自外部的視線……。在這種情況下，可以選擇採用高側窗（設置在牆壁較高處的窗戶）或地窗。

在「宇都宮之家」內，可以透過設置在日式客飯廳的室內中庭的高側窗來欣賞櫸木行道樹的綠意。由於也設置了狹小通道（catwalk），所以不會因為窗戶很高而不好擦。到了晚上，裝設在狹小通道內的線型燈的燈光會在天花板與灰泥牆上擴散，溫和地照亮室內。

設置在日式客飯廳的室內中庭之高側窗。採用狹小通道時，要消除扶手的存在感，使其融入空間中。

能眺望遠景的高側窗

「宇都宮之家」
剖面圖（一部分）[S=1：100]

朝向北方的窗戶的魅力在於，整個白天都能提供穩定的光線。而且，還能讓綠樹看起來更加漂亮。

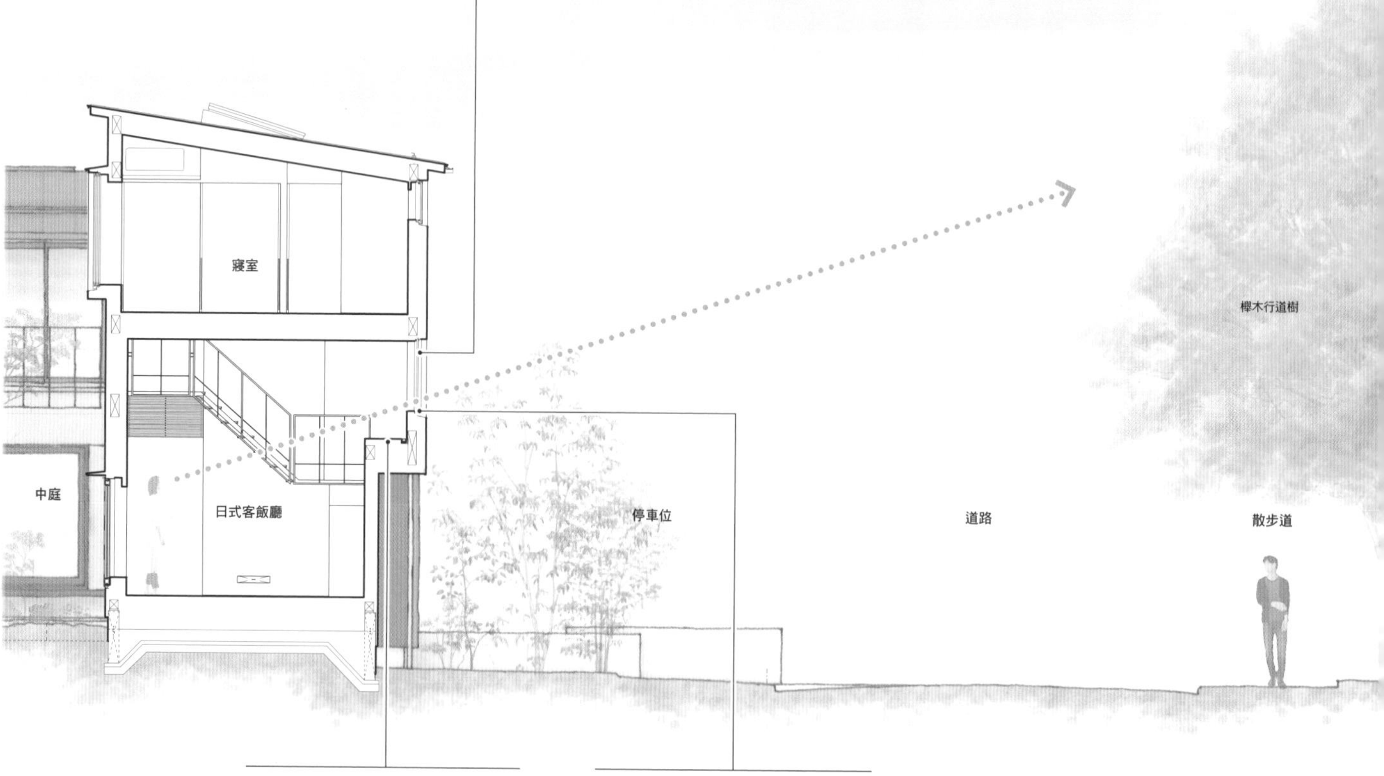

由於高側窗位於距離一樓地板約3.3公尺的高度，所以要設置用來保養窗戶的狹小通道。

透過高側窗可以觀看道路對面的櫸木行道樹。由於位於高處，所以不用在意路上行人的視線。

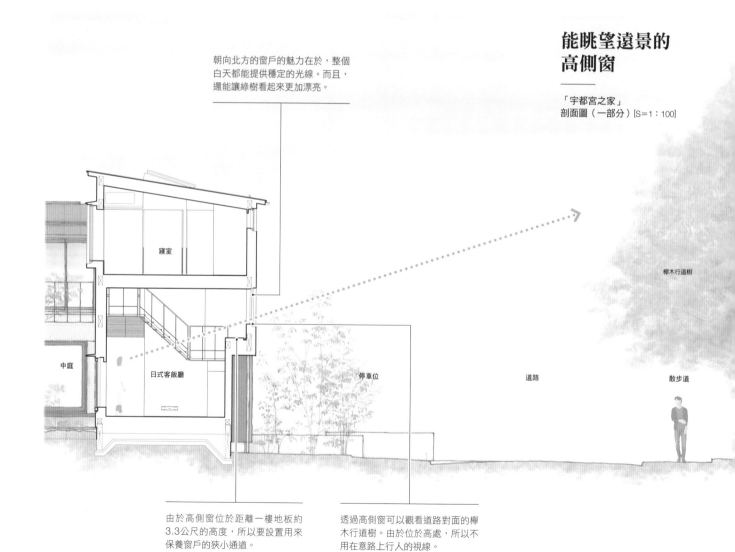

高側窗能將位於建地北側的櫸木行道樹帶進家中。窗戶會宛如相框般地將綠意擷取下來。

也別忘了設置狹小通道

「宇都宮之家」
狹小通道剖面詳細圖
[S=1：6]

在狹小通道內裝設不至於會感到礙眼的鋼製扶手，並當成防墜柵欄來使用。

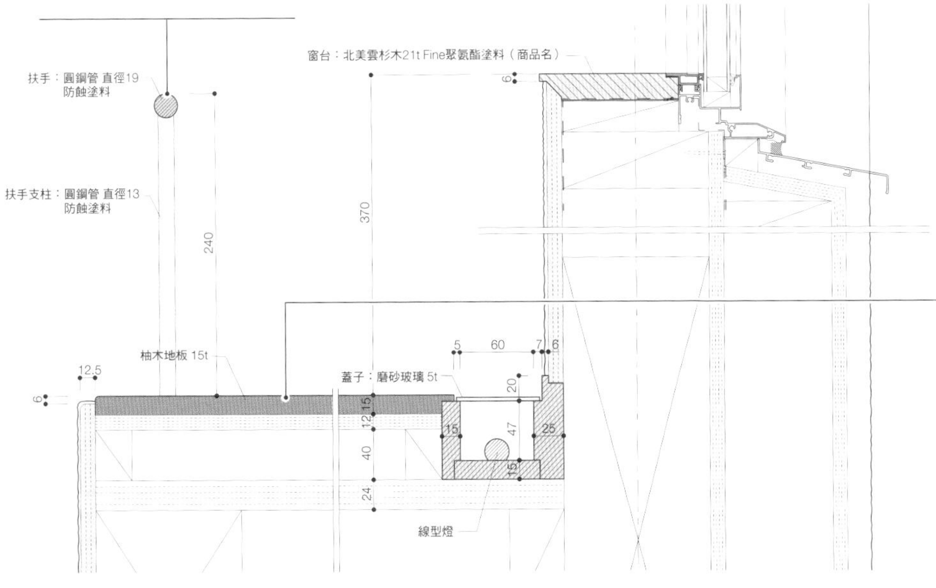
窗台：北美雲杉木21t Fine聚氨酯塗料（商品名）
扶手：圓鋼管 直徑19
防蝕塗料
扶手支柱：圓鋼管 直徑13
防蝕塗料
370
240
6
柚木地板 15t
12.5
6
蓋子：磨砂玻璃 5t
5
60
7
6
20
15
12
40
24
15
47
25
15
線型燈

狹小通道的寬度為33～75公分。1樓與2樓之間的構造差異會直接反映在狹小通道的寬度上。

「宇都宮之家」8／32／44／78／115／117／140／152頁

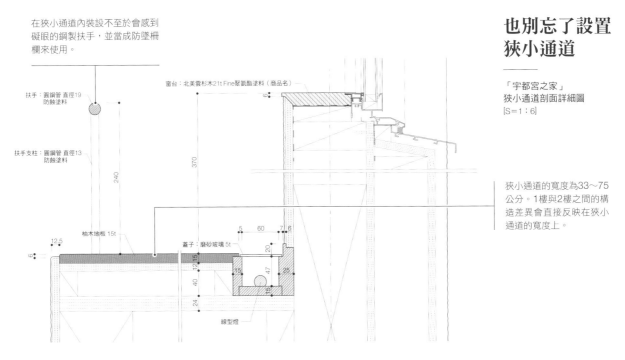

正因為是小窗戶 所以更不能偷工減料

若不讓房間變得漆黑，就睡不好——對這種人來說，寢室的遮陽措施會變得很重要。

位於「羊腸小道之家」2樓的和室是被當成寢室來使用的房間。裝設在大型清掃窗上的防雨板，與其說是防盜對策，倒不如說是遮陽措施。為了減輕白天的日照強度，日式拉門也是不可或缺的。另一方面，位於東側的小型外推窗上則裝設了用來遮陽的隔扇。為了不破壞小窗戶的輕盈感，所以要將隔扇與日式拉窗結合在一起，裝設在單槽式滑軌上。只需打開、關上一扇窗就能調整光線。這種不著痕跡的設計與動作很適合寂靜的和風空間。

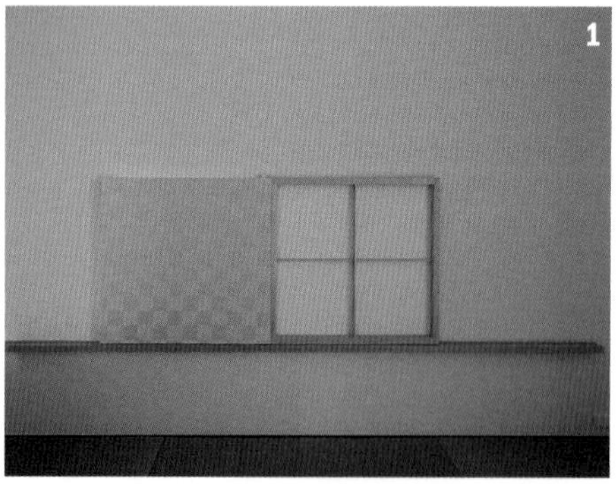
1

2

1 想要遮陽時，要將拉窗的隔扇部分與窗戶結合。
2 想要通風時，就將整個拉窗往右拉。

透過一扇拉窗，既能遮陽，也能調整光線

「羊腸小道之家」
和室展開圖 [S=1：50]

想要盡量讓小窗戶顯得簡潔。為了避免門檻／門楣周圍顯得粗糙，所以在此處要將隔扇和日式拉窗連接成一扇窗戶。

清掃窗與南側的屋頂露臺相通。只要將防雨板、紗門、框門這3扇門收進防雨板套內，並將室內這邊的日式拉門也收進牆壁內，就會形成完全開放的空間。

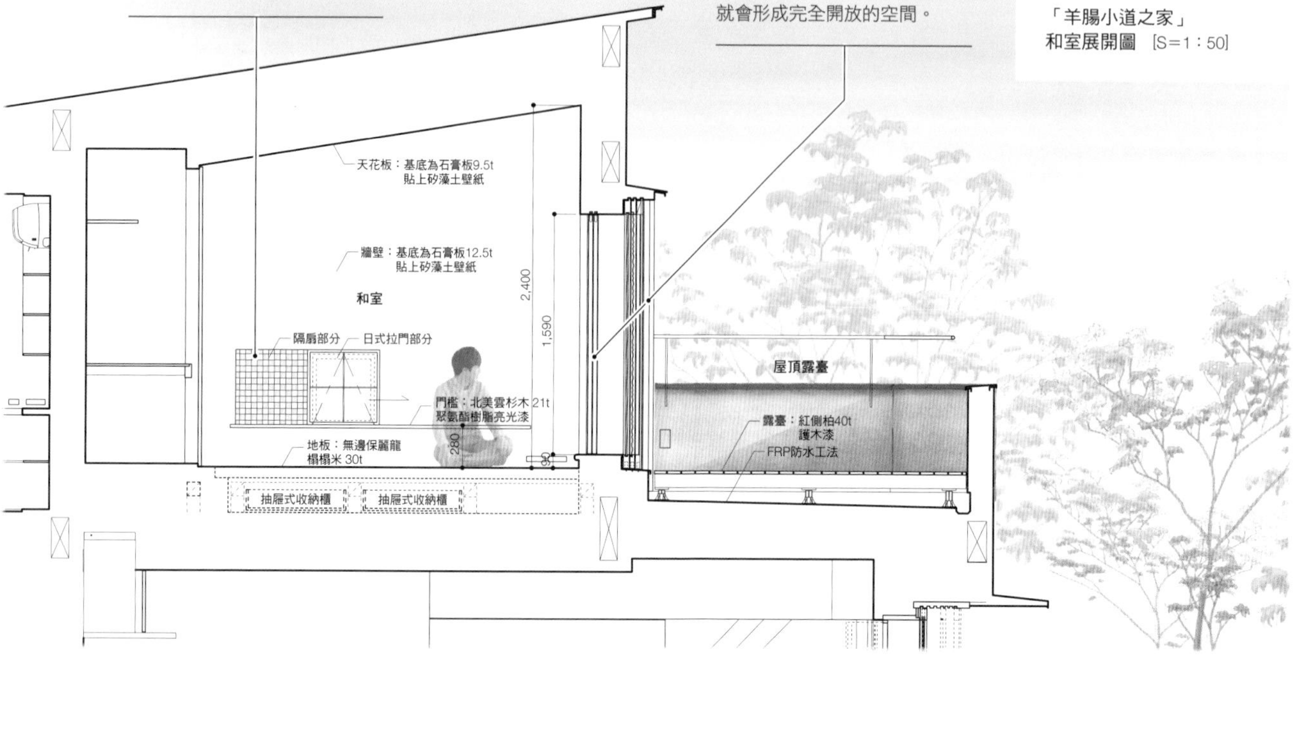
天花板：基底為石膏板9.5t
貼上矽藻土壁紙
牆壁：基底為石膏板12.5t
貼上矽藻土壁紙
和室
2,400
1,590
隔扇部分
日式拉門部分
門檻：北美雲杉木 21t
聚氨酯樹脂亮光漆
地板：無邊保麗龍
榻榻米 30t
280
抽屜式收納櫃
抽屜式收納櫃
屋頂露臺
露臺：紅側柏40t
護木漆
FRP防水工法

長度比窗戶來得長的門檻有如簡約的小架子。市松花紋（雙色格子花紋）的隔扇與日式拉門被連接在一起。在照片中，窗前裝設了日式拉窗。由於強烈日照對榻榻米不好，所以對於和室來說，日式拉窗是必要的。

附有隔扇的單槽式日式拉窗

「羊腸小道之家」
外推窗周圍詳細圖
（左：剖面、右：平面）[S=1：20]

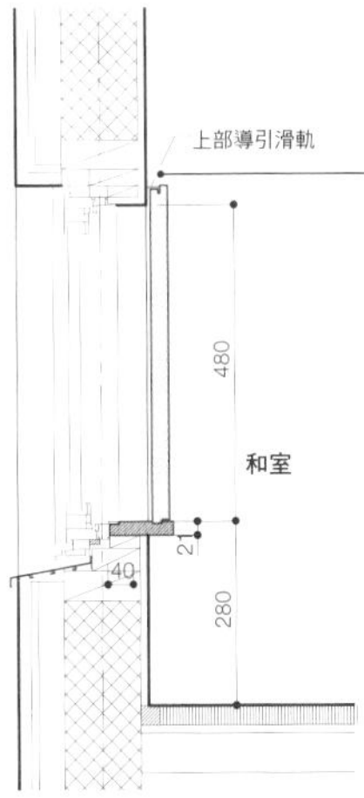
上部導引滑軌
480
和室
21
40
280

由於窗戶周圍採用簡約風格的結構工法，所以省略了門楣，只在開口部位上部裝設導引滑軌。

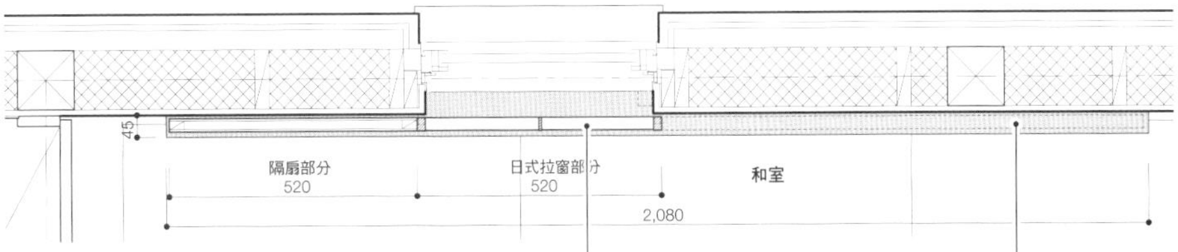
45
隔扇部分
520
日式拉窗部分
520
和室
2,080

由於要盡量減少從牆壁突出的部分，所以採用單扇式的窗戶。

由於門檻採用單槽式設計，所以只需較小的突出部分（45公分）。

「羊腸小道之家」10／34／94／106／133／156頁

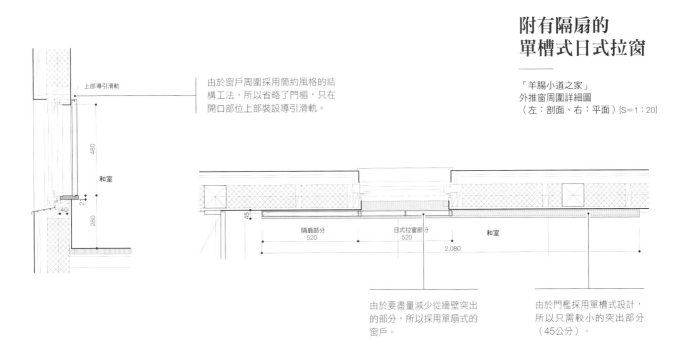

大門中也蘊含著款待之心

住宅會被許多人觀看，並觸動許多人的內心。因此，在挑選素材時，不僅要考慮到功能性，質感也變得很重要。當然，也要考慮到手腳等身體部位會直接接觸到的部分所使用的素材，以及觸碰時所感受到的柔軟度／硬度、冰涼／溫暖程度。

在「元淺草之家」中，為了幫鋼製玄關大門增添趣味，所以採用了鏽蝕風格塗裝。為了避免鐵鏽沾到衣服等物，所以要多塗幾層透明塗料。門把必須要能夠確實握住才行。在此處，我將橢圓形剖面的鋼管設計成略長的長桿狀把手。確認好開關門時的易握角度後，再進行焊接。由於在手會接觸到的部分捲上了略細的皮繩，所以在冬天也不會因為握到鋼製門把而感到冰冷。

深處的玄關門廊部分。採用鏽蝕風格塗裝的鋼製大門，即使和紅側柏排列在一起，也不會顯得輕佻。長度2.19公尺的不鏽鋼長桿看起來不像門把，而且也很有威嚴。

觸感也很好的玄關大門

「元淺草之家」
玄關大門部分平面詳細圖
[S=1：3]

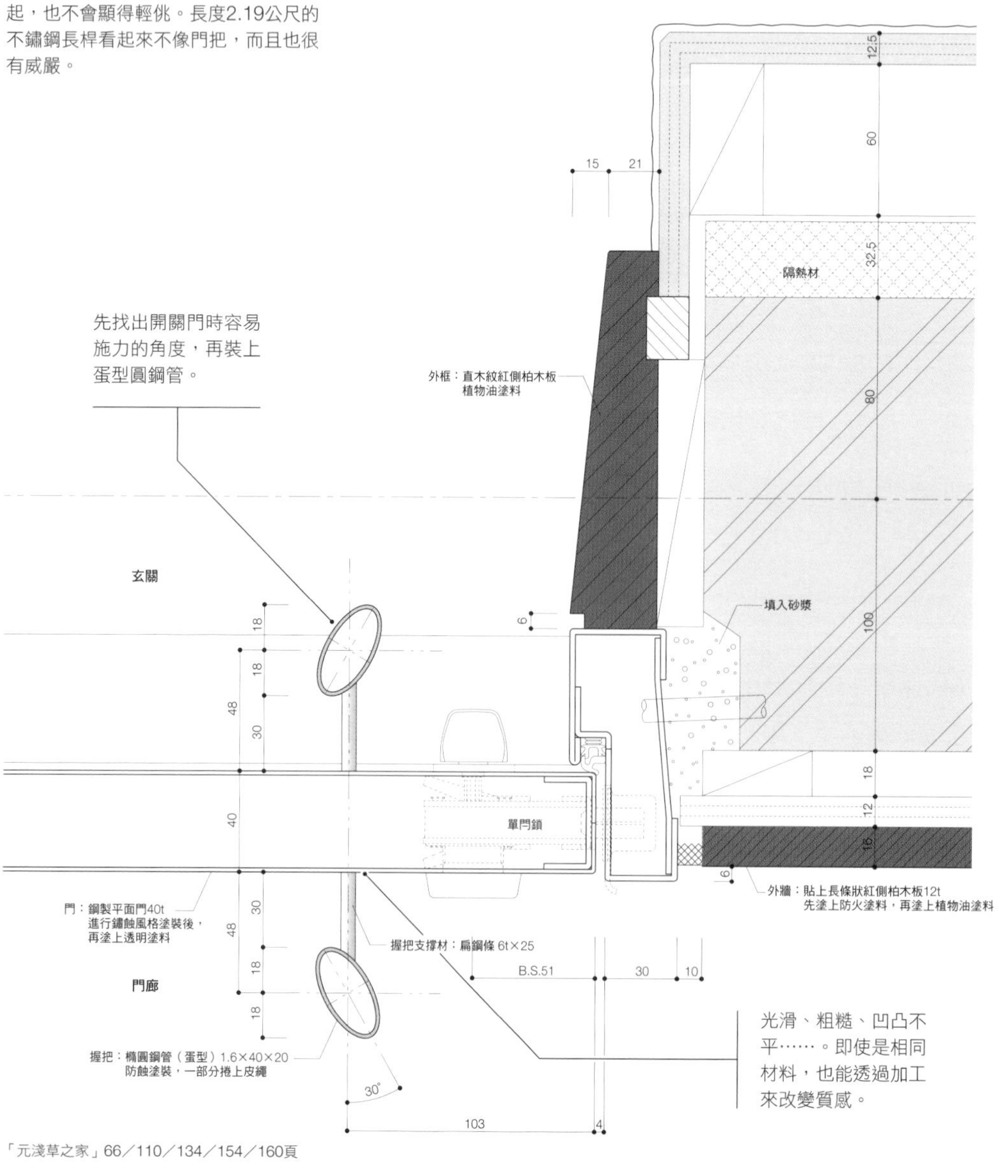
先找出開關門時容易施力的角度，再裝上蛋型圓鋼管。
外框：直木紋紅側柏木板
植物油塗料
隔熱材
填入砂漿
玄關
單門鎖
門廊
門：鋼製平面門40t
進行鏽蝕風格塗裝後，再塗上透明塗料
握把支撐材：扁鋼條 6t×25
握把：橢圓鋼管（蛋型）1.6×40×20
防蝕塗裝，一部分捲上皮繩
外牆：貼上長條狀紅側柏木板12t
先塗上防火塗料，再塗上植物油塗料
15
21
12.5
60
32.5
80
100
18
12
18
6
48
30
40
B.S.51
10
30°
103
4
光滑、粗糙、凹凸不平……。即使是相同材料，也能透過加工來改變質感。

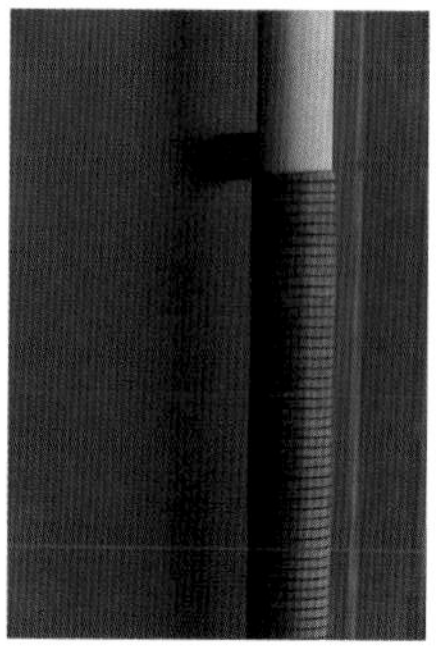

在長桿狀把手中，只在會握住的部分捲上寬度6mm的皮繩。堅硬冰冷的把手觸感也會提升。

「元淺草之家」66／110／134／154／160頁

消除盥洗室大門的存在感

門把意外地有存在感，如實地說出門在這裡喔。在「縱露地之家」中，盥洗室與飯廳．廚房相鄰，其大門距離飯廳的餐桌很近。因此，我設計了既簡約又不花俏的握把。因為由圓鋼管和扁鋼條所組成的握把裝設在平面門表面內側的挖空部分上，所以整扇門看起來很清爽。

1 位於廚房旁邊的盥洗室大門。在牆上設置細縫，根據是否有光線，就能得知裡面是否有人。牆壁的面材採用與大門相同的素材，降低大門本身的存在感。
2 估算平開門的握把尺寸，將其嵌入較厚（48mm）的門中。

簡約的溝槽式握把

「縱露地之家」
握把詳細圖 [S=1：2]

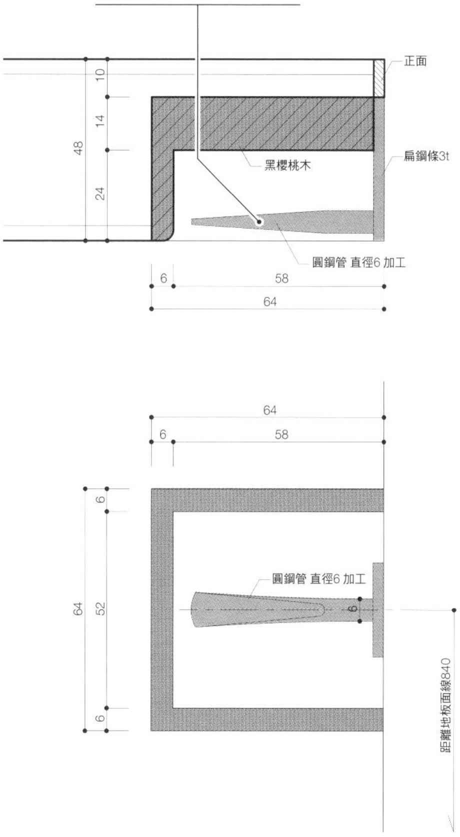
由於是沒有突出部分的溝槽式握把，所以正適合用於狹小的空間。
正面
黑櫻桃木
扁鋼條3t
圓鋼管 直徑6 加工
距離地板面線840

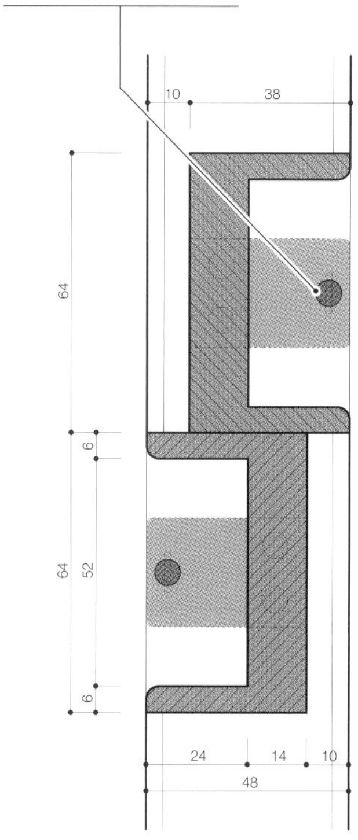
握把由圓鋼管和扁鋼條所組成。門的溝槽部分採用純櫻桃木製成。

「縱露地之家」52／70／132／150／162頁

透過簡約的楣窗來讓空間呈現整體感

位於門楣與窗戶・出入口上部的開口部位叫做楣窗。雖然有時也會嵌入格子板或鏤空雕花板來當作裝飾，但在採光與通風方面都能發揮出色作用。能夠連接相鄰空間，將室外氣息傳到室內的楣窗，應該也很適合現代住宅。

「縱露地之家」的建築面積僅有9坪，主臥室僅2.7坪大。因此，隔間方式採用日式拉門，並在上部設置楣窗。由於視線能達到樓梯間的窗戶對面，所以即使將門關上，也不會感到狹小。楣窗上沒有鑲嵌任何東西，採用很簡約的設計，只由浮在空中的細門楣與具有現代風格窗櫺的日式拉門所組成。也能順利地融入西式房間。

透過有裝設楣窗的日式拉門，可以眺望位於深處的樓梯間，以及隔著一道窗戶的風景。在狹小空間中營造出縱深感。

透過楣窗來讓空間相連

「縱露地之家」2樓平面詳細圖
[S＝1：60]

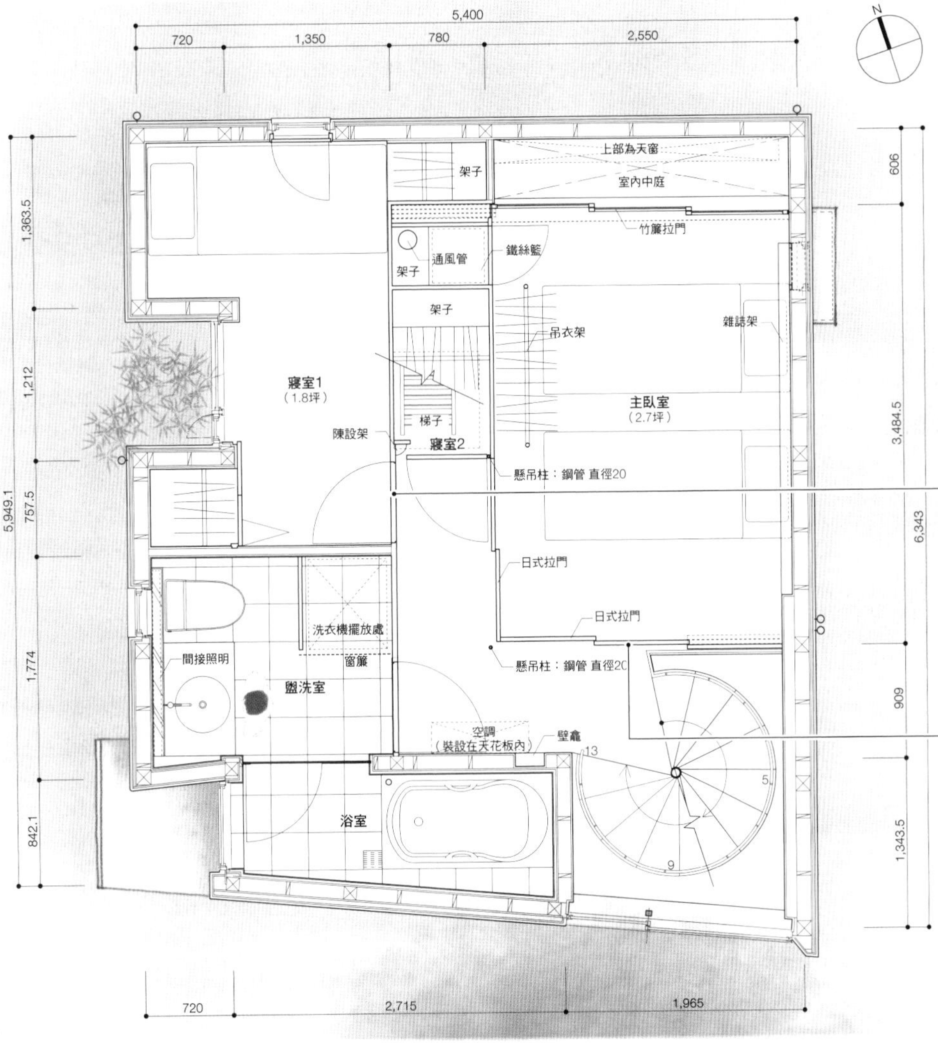

寢室1的出入口上部裝設了通風用的轉動式楣窗。

即使把門關上，主臥室與走廊．樓梯間還是會透過上部的楣窗來連接。在空間中打造出連貫性，使人感到寬敞。

把古寺當作啟示

高山寺．石水院（京都）

京都．高山寺的石水院興建於鎌倉時代。在開放式的門楣中，蛙腿形裝飾很有特色。

打造現代風格的楣窗

「縱露地之家」門楣部分剖面詳細圖 [S＝1：3]

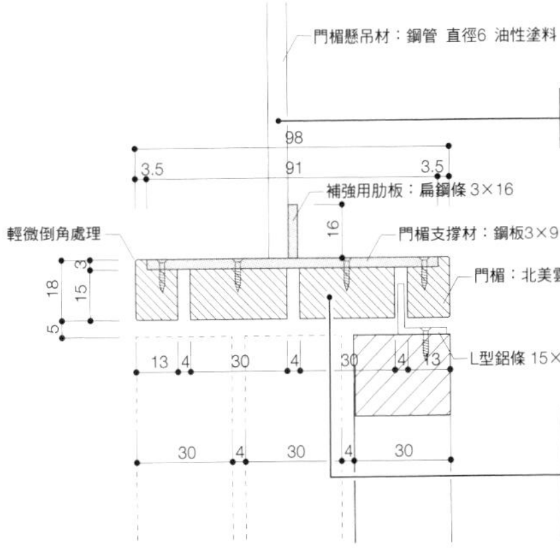

懸吊式鋼管束柱的間距為900mm。

門楣是由北美雲杉木和鋼板所組成，正面部分較細，僅有18mm。

「縱露地之家」52／70／132／149／162頁

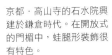

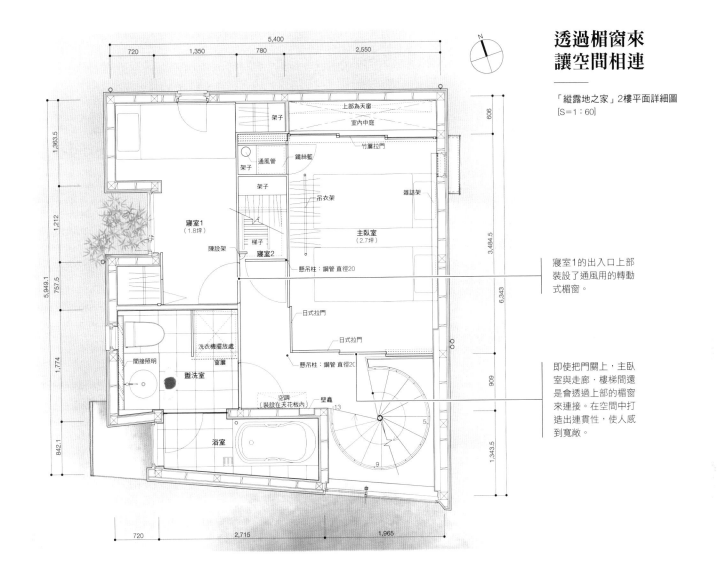

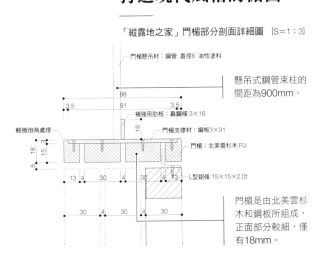

既美觀又實用的樓梯

「椅子沒人坐的時間也很長。我們當然要做出好坐的椅子。不過，不使用時，也會成為一項室內裝飾，經常映入我們的眼簾，所以也要將椅子當成裝飾品來設計。也就是說，要將椅子設計成，即使失去了坐的功能，還是會想要將其擺在那裡。」

這是我大學時代的恩師，建築造型設計師小野襄的教誨。對於身邊所有事物來說，都能這樣說，這點讓我銘刻在心。舉例來說，像是位於客廳角落的樓梯。樓梯會經常映入人們的眼簾，並對家人的內心造成某種影響。「方便上下樓」這一點當然不用說，設計師也必須經常去思考「是否要為了美化空間而採用稍具點綴作用的設計呢？」

沒有樓梯豎板的纖細鋼骨樓梯，要搭配使用扁鋼條和圓鋼管等材料來維持強度。

迷人的鋼骨樓梯

「宇都宮之家」
右：2樓平面圖（部分）[S=1：80]
左：樓梯詳細圖 [S=1：20]

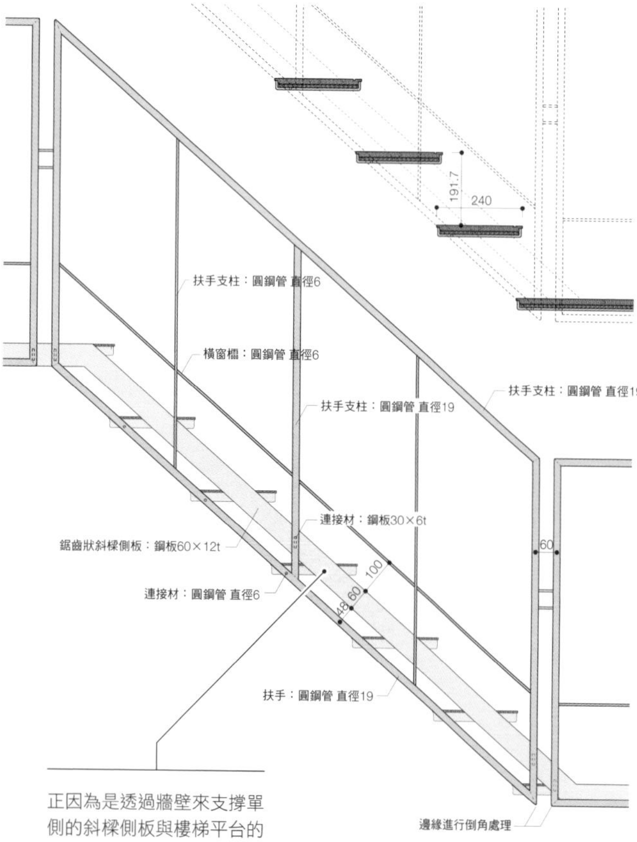
191.7
240
扶手支柱：圓鋼管 直徑6
橫窗櫺：圓鋼管 直徑6
扶手支柱：圓鋼管 直徑19
扶手支柱：圓鋼管 直徑19
連接材：鋼板30×6t
鋸齒狀斜樑側板：鋼板60×12t
連接材：圓鋼管 直徑6
60
100
60
48
扶手：圓鋼管 直徑19
邊緣進行倒角處理

正因為是透過牆壁來支撐單側的斜樑側板與樓梯平台的兩面，所以才能採用既纖細又俐落的設計。

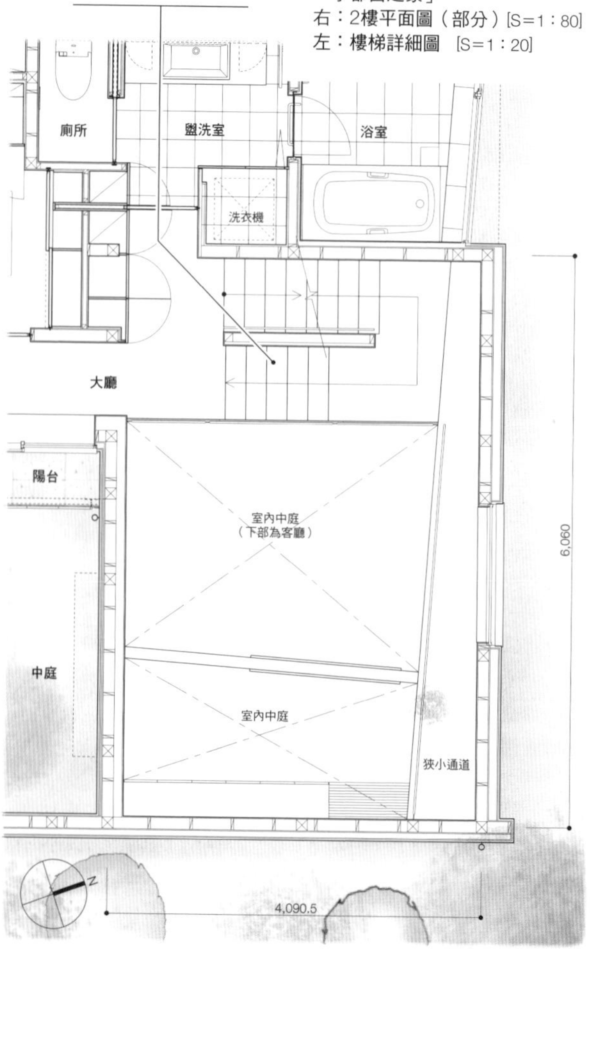
廁所
盥洗室
浴室
洗衣機
大廳
陽台
室內中庭
（下部為客廳）
中庭
室內中庭
狹小通道
6,060
4,090.5
N

在U型樓梯的中心設置牆壁，讓人從客廳只能看到其中一邊。

從客廳能看到的樓梯只有樓梯平台以上的6階，藉此來讓樓梯巧妙地融入空間中。樓梯平台下方深處有個小型工作場所，漏出的燈光會擴散到客廳。

「宇都宮之家」8／32／44／78／115／117／140／144頁

兼具功能性與設計感的複合材質樓梯

樓梯的構造未必與建築物主體的構造一致。先考慮功能性、設計性、經濟效益等，再透過最適合各住宅的構造與材料來製作樓梯。當然，也能將不同種類的構造組合起來。

雖然「元淺草之家」為鋼筋混凝土結構，但樓梯則是同時採用鋼筋混凝土結構與鋼骨結構的混合型構造。為了提升地板表面的剛性，所以U型樓梯的其中一半採用鋼筋混凝土結構，剩下的另一半則做成鋼骨結構的鏤空樓梯，讓上下樓層的生活氣息與光線能互相傳遞。為了讓人在上下樓時不會在意構造的差異，所以腳和手會直接接觸到的踏板與扶手部分則統一採用相同的素材、形狀。

鋼筋混凝土結構×鋼骨結構的U型樓梯

「元淺草之家」
上：樓梯周圍平面圖 [S=1：60]
下：樓梯部分剖面詳細圖 [S=1：6]

U型樓梯的其中一半（電梯側）採用鋼筋混凝土結構，連接地板與牆壁，確保地板表面的剛性。另一半則做成鋼骨結構，採用纖細的結構材料，並省略了樓梯豎版。

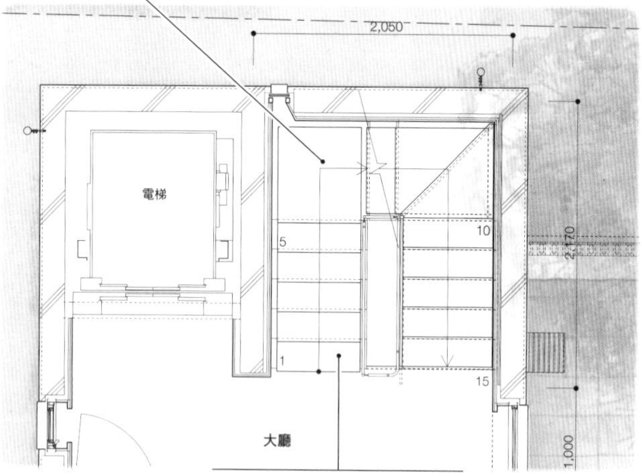

2,050
電梯
5
10
2,170
1
15
大廳
1,000

由於和沒有鋪設地板的家用電梯相鄰，所以必須透過樓梯間來確保地板的剛性。

鋼骨結構部分設計成能夠傳遞光線、風、生活氣息。

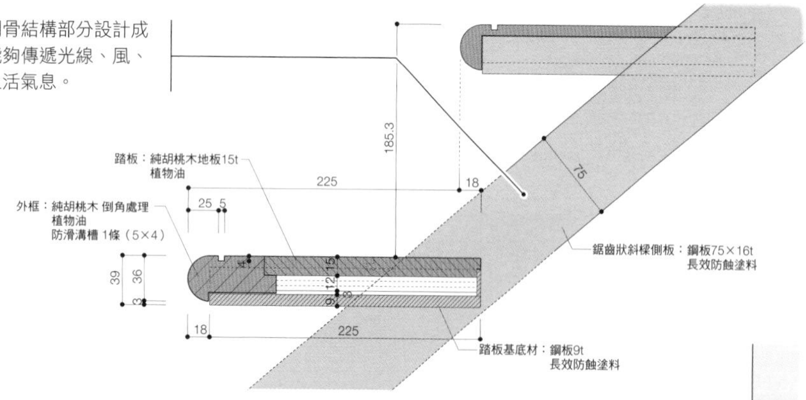

185.3
踏板：純胡桃木地板15t
植物油
225
18
75
外框：純胡桃木 倒角處理
植物油
防滑溝槽 1條（5×4）
25
5
鋸齒狀斜樑側板：鋼板75×16t
長效防蝕塗料
39
36
3
15
12
9
18
225
踏板基底材：鋼板9t
長效防蝕塗料

會直接接觸到皮膚的踏板全都統一採用相同的素材、形狀。

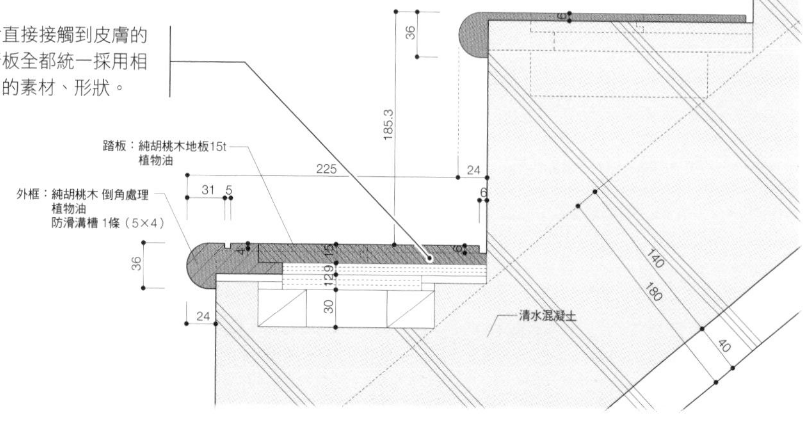

36
185.3
踏板：純胡桃木地板15t
植物油
225
24
外框：純胡桃木 倒角處理
植物油
防滑溝槽 1條（5×4）
31
5
6
36
15
12
9
30
24
清水混凝土
140
180
40

由鋼筋混凝土結構與鋼骨結構所組成的混合型樓梯。照片右側為鏤空樓梯。扶手全都為鋼製。

「元淺草之家」66／110／134／148／160頁

最簡單也最好的鋼骨樓梯

設置在客廳與飯廳的樓梯，不僅要能夠讓人順暢地上下樓，還必須很自然地融入空間之中。

「光邊之家」的客廳．飯廳約為7坪大，設置在牆邊的鋼骨鏤空樓梯很自然地融入空間中。雖然給人纖細的印象，但由於結構材料具備厚度，並在重要部分進行了補強，所以上下樓時也能很放心。

在圓形餐桌的後方可以看到通往2樓的簡約鋼骨樓梯。由纖細的結構材料所組成的鏤空樓梯，能夠讓來自樓上的光線照進LDK。

融入空間中的鏤空樓梯

「光邊之家」
樓梯部分詳細圖 [S＝1：6]

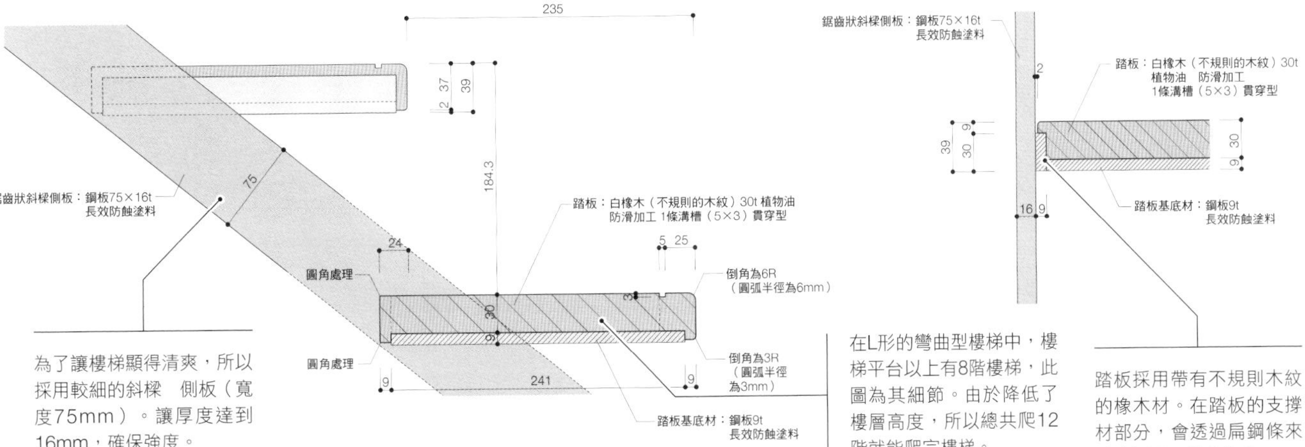
235
37
39
2
184.3
75
鋸齒狀斜樑側板：鋼板75×16t
長效防蝕塗料
踏板：白橡木（不規則的木紋）30t 植物油
防滑加工 1條溝槽（5×3）貫穿型
24
5 25
圓角處理
倒角為6R
（圓弧半徑為6mm）
30
9
3
圓角處理
倒角為3R
（圓弧半徑
為3mm）
9
241
9
踏板基底材：鋼板9t
長效防蝕塗料
鋸齒狀斜樑側板：鋼板75×16t
長效防蝕塗料
踏板：白橡木（不規則的木紋）30t
植物油 防滑加工
1條溝槽（5×3）貫穿型
2
39
9
30
30
9
16 9
踏板基底材：鋼板9t
長效防蝕塗料

為了讓樓梯顯得清爽，所以採用較細的斜樑 側板（寬度75mm）。讓厚度達到16mm，確保強度。

在L形的彎曲型樓梯中，樓梯平台以上有8階樓梯，此圖為其細節。由於降低了樓層高度，所以總共爬12階就能爬完樓梯。

踏板採用帶有不規則木紋的橡木材。在踏板的支撐材部分，會透過扁鋼條來補強切面，提升強度。

「光邊之家」12／24／46／92／128頁

能夠突顯光線的簡約家具

擺放式家具比想像中來得有存在感。依照情況，有時候採用嵌入式家具，讓家具融入建築中，會比較合適。

在「羊腸小道之家」的客廳內，用來營造氣氛的是從天窗照下來的柔和光線。為了突顯此光線，風格寧靜簡約的室內裝潢是必要的。因此，我將屋主想要的沙發、書桌、各種大小不同的收納櫃設計成嵌入式，進行統整，並決定在牆壁與地板上製造出較多的留白感。沿著牆壁延伸的樓梯不僅會形成收納空間，最下層的踏板還會持續延伸、彎曲，形成沙發椅和書桌的形狀。此處的重要主題在於，採用盡量不會讓家具本身功能外露的設計。

樓梯收納空間採用令人不易察覺的設計。必須在收納櫃門的結構工法與面材選擇上多下一些工夫。

從樓梯上方的天窗所進入的光線，會讓客廳的白牆明亮地浮現。牆邊的家具全都是嵌入式家具。採用將書桌、沙發椅、收納櫃等與樓梯融合為一體的設計。

從樓梯到書桌看起來融為一體

「羊腸小道之家」
LDK展開圖 [S=1：50]

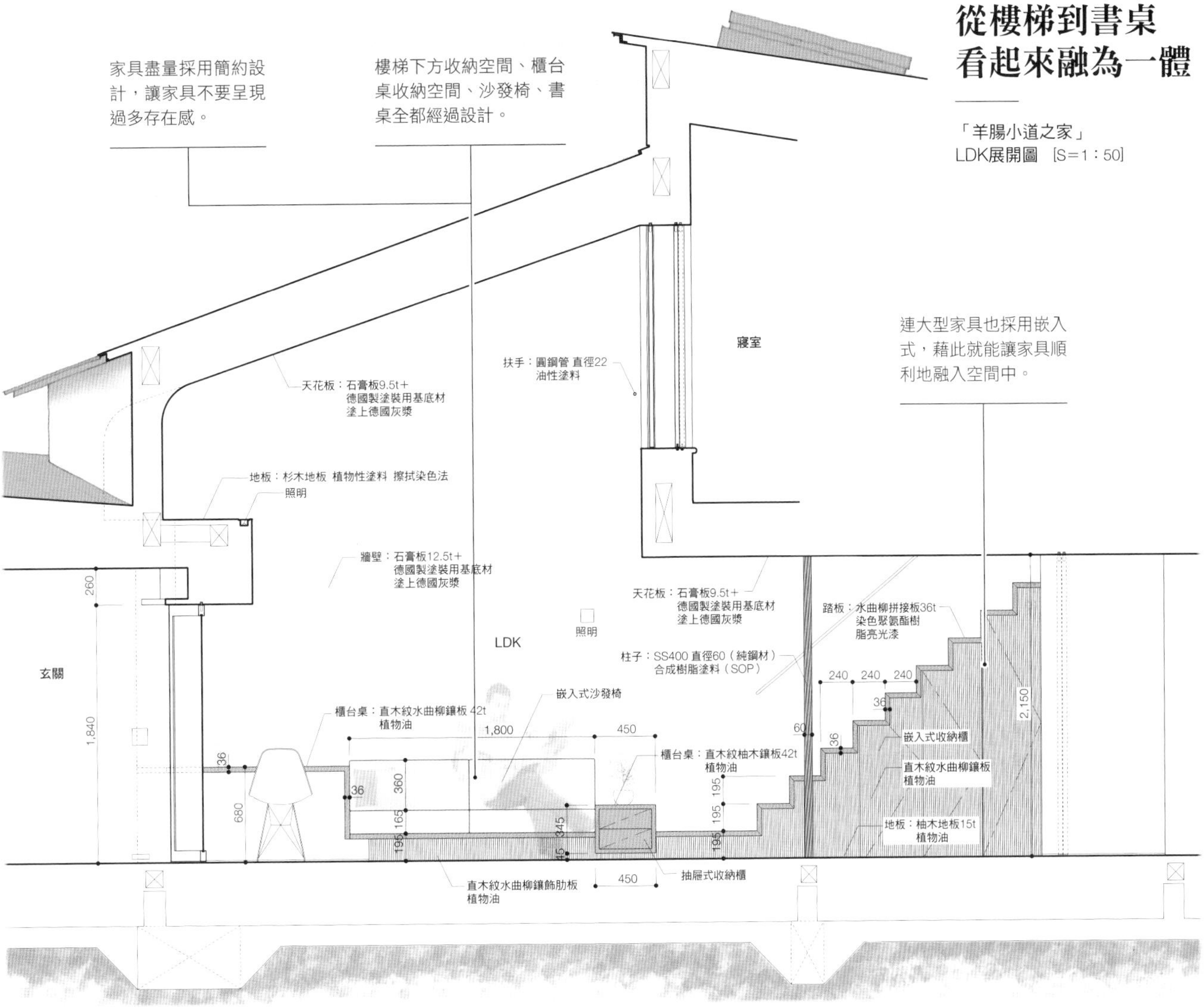
家具盡量採用簡約設計，讓家具不要呈現過多存在感。
樓梯下方收納空間、櫃台桌收納空間、沙發椅、書桌全都經過設計。
連大型家具也採用嵌入式，藉此就能讓家具順利地融入空間中。
寢室
扶手：圓鋼管 直徑22
油性塗料
天花板：石膏板9.5t+
德國製塗裝用基底材
塗上德國灰漿
地板：杉木地板 植物性塗料 擦拭染色法
照明
牆壁：石膏板12.5t+
德國製塗裝用基底材
塗上德國灰漿
天花板：石膏板9.5t+
德國製塗裝用基底材
塗上德國灰漿
踏板：水曲柳拼接板36t
染色聚氨酯樹
脂亮光漆
照明
LDK
柱子：SS400 直徑60（純鋼材）
合成樹脂塗料（SOP）
玄關
嵌入式沙發椅
櫃台桌：直木紋水曲柳鑲板 42t
植物油
櫃台桌：直木紋柚木鑲板42t
植物油
嵌入式收納櫃
直木紋水曲柳鑲板
植物油
地板：柚木地板15t
植物油
直木紋水曲柳鑲飾肋板
植物油
抽屜式收納櫃
260
1,840
680
36
36
360
165
195
1,800
450
345
45
35
195
195
195
60
36
36
240
240
240
2,150
450

實際上為4個分開來的家具

「羊腸小道之家」
LDK平面圖（部分）
[S=1：50]

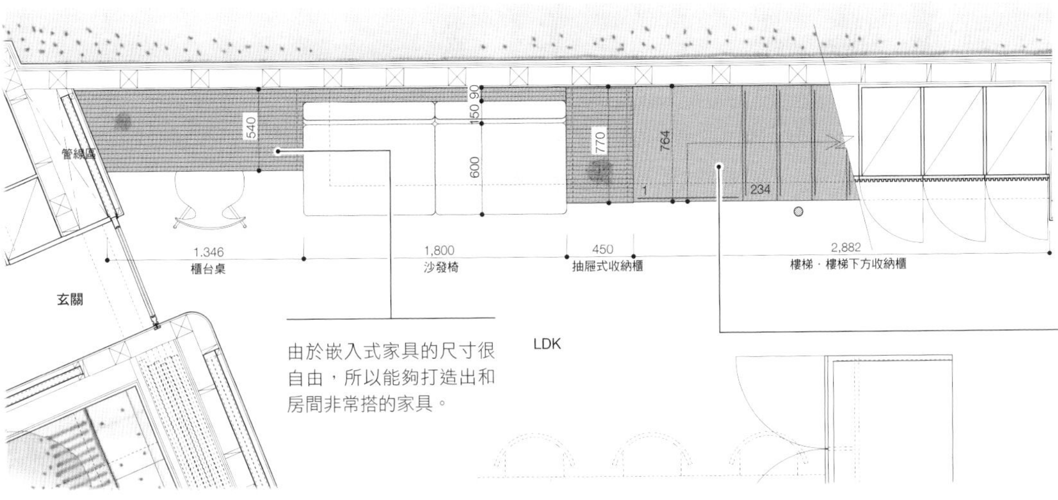
管線區
540
150
90
600
770
764
1
234
1,346
櫃台桌
1,800
沙發椅
450
抽屜式收納櫃
2,882
樓梯．樓梯下方收納櫃
玄關
LDK
由於嵌入式家具的尺寸很自由，所以能夠打造出和房間非常搭的家具。

樓梯的踏板會形成沙發椅的底板、書桌。藉由縮減要素來實現極簡設計。

「羊腸小道之家」10／34／94／106／133／146頁

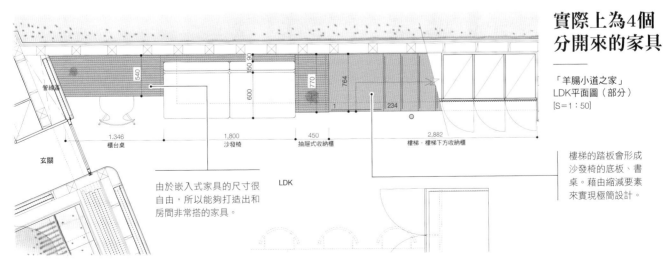

不著痕跡的優秀設計

在客廳的窗邊設置一個高度比地板低一階的凹槽（Pit）。在尺寸約2.1公尺見方的小型凹槽空間中，設置了嵌入式沙發椅。當然，可以將地板的高低落差部分當成椅背，就算直接坐下來也無妨。這是個能和家人、朋友促膝長談的親密空間。

設置在中央的是很可愛的腳凳。只要將坐墊拿掉，鋪在地板上，就能迅速轉變為坐墊與小型咖啡桌，是很棒的設計。正因為是小空間，所以重點在於，要設計出適合這種空間尺寸的便利家具。

設置在客廳角落的小凹槽空間，是由溫馨風格的材質所打造而成。在具備安穩圍繞感的凹槽空間內，隔著窗戶的光線和綠意也是不可或缺的。

搭配小凹槽空間來使用的腳凳桌

「常盤之家」
上：腳凳桌側面圖．剖面圖 [S=1：10]
下：同處的詳細圖 [S=1：2]

具備多種用途的腳凳。不但要配合小凹槽空間來採用小型的腳凳，在設計上也採用簡約風格。

素材要配合嵌入式沙發椅。在小空間內，要盡量減少要素，並取得平衡。

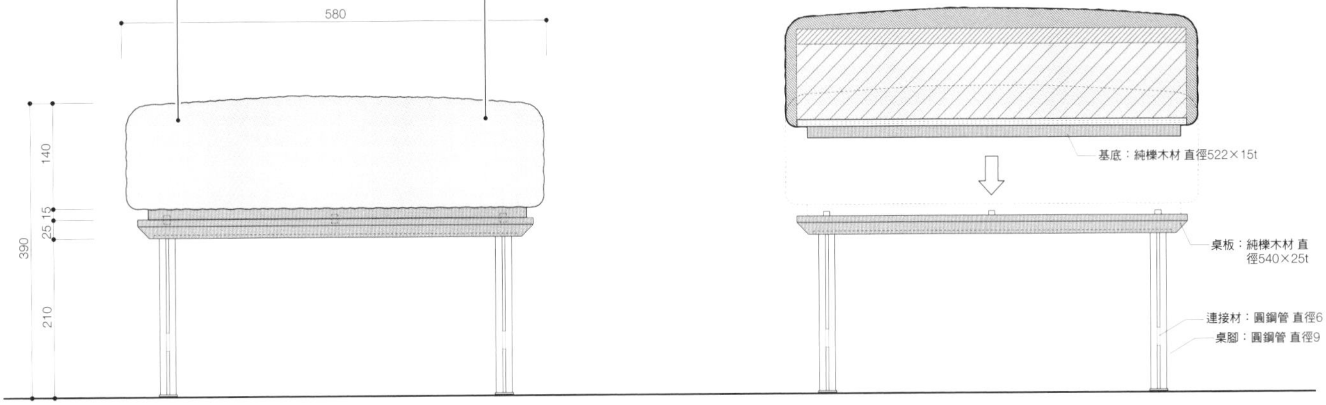
580
140
15
25
390
210
基底：純櫟木材 直徑522×15t
桌板：純櫟木材 直徑540×25t
連接材：圓鋼管 直徑6
桌腳：圓鋼管 直徑9

使用兩根略細的圓鋼管來維持強度，並呈現出纖細感。

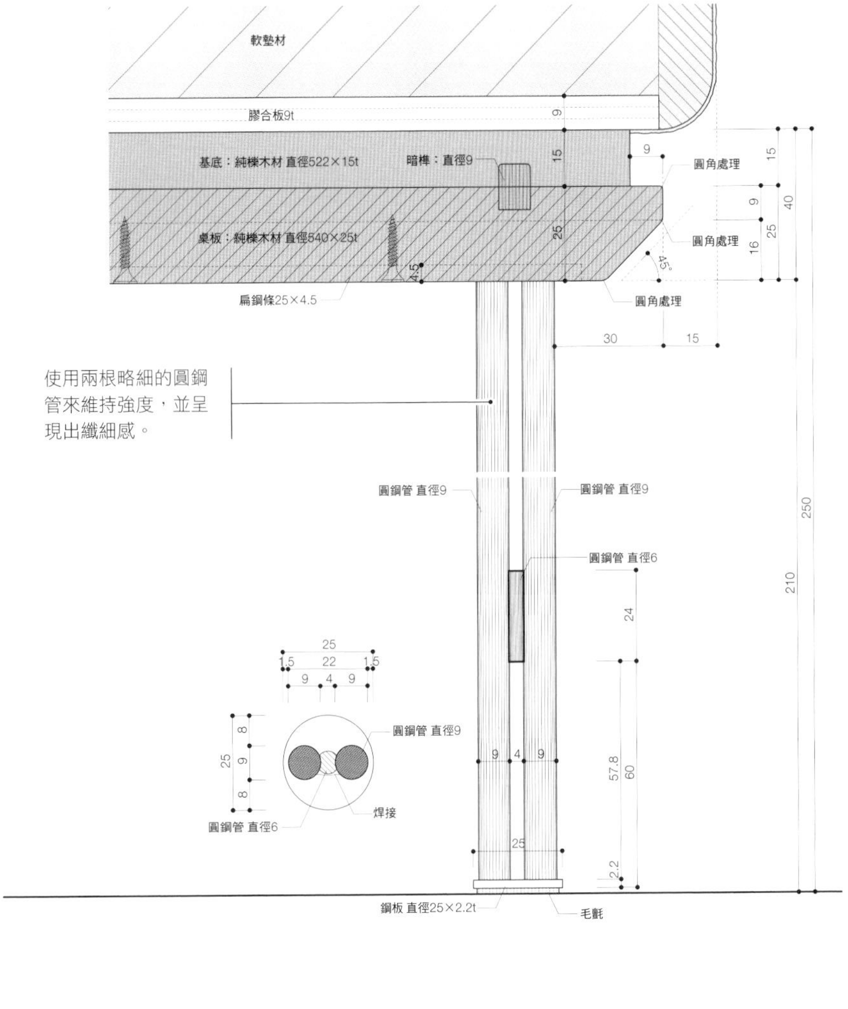
軟墊材
膠合板9t
基底：純櫟木材 直徑522×15t
暗榫：直徑9
桌板：純櫟木材 直徑540×25t
扁鋼條25×4.5
圓角處理
圓角處理
圓角處理
45°
9
15
9
25
16
15
40
4.5
30
15
圓鋼管 直徑9
圓鋼管 直徑9
圓鋼管 直徑6
250
210
24
57.8
60
2.2
25
22
1.5
1.5
9 4 9
8
9
8
25
圓鋼管 直徑9
焊接
圓鋼管 直徑6
9 4 9
25
鋼板 直徑25×2.2t
毛氈

雖然平常會當成腳凳來使用（上），但只要將軟墊取下，就會變成桌子（下）。

「常盤之家」20／86／102／130頁

宛如嵌入式家具般的日式客廳

「元淺草之家」
日式客廳剖面詳細圖 [S=1：15]

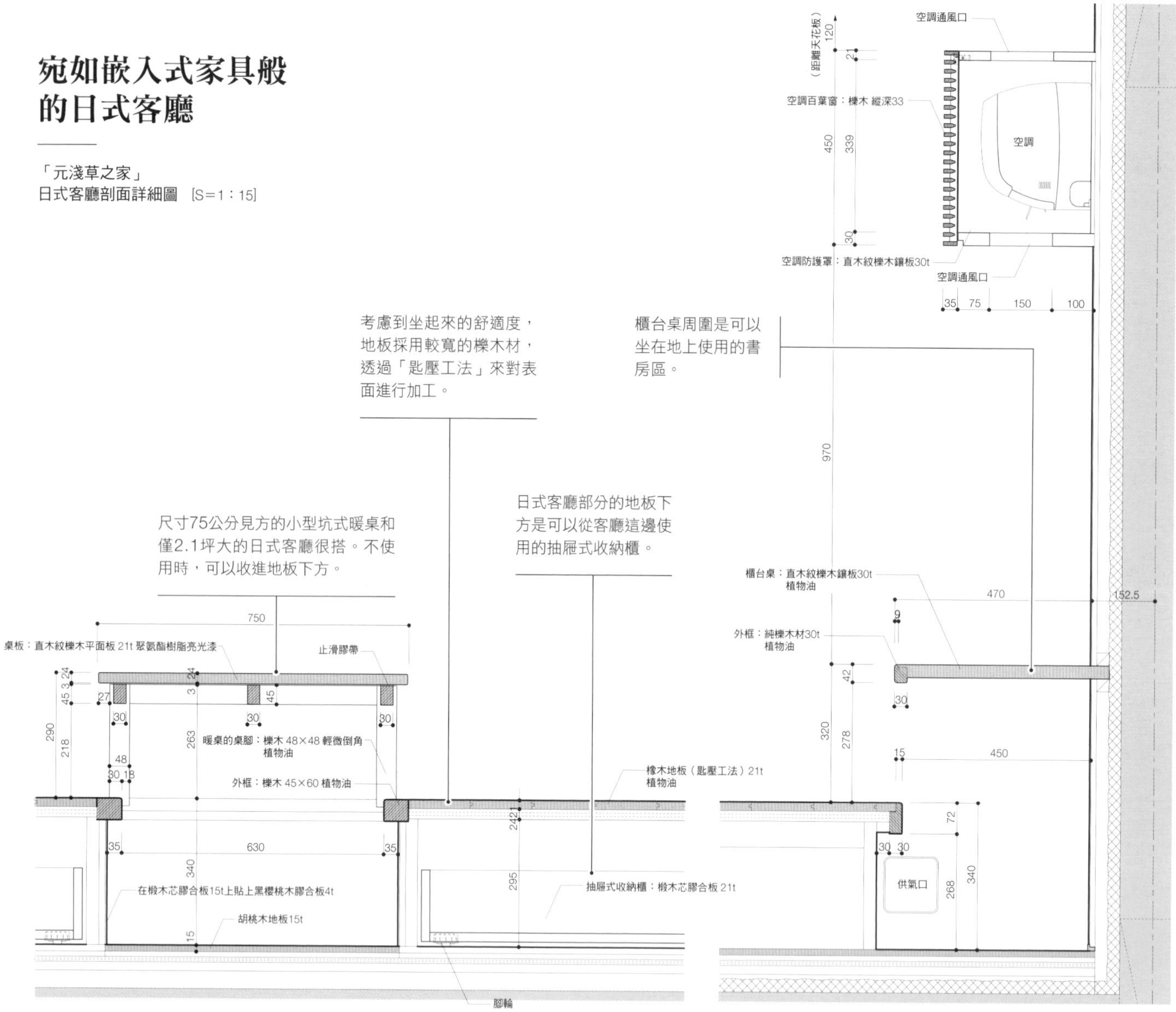
（距離天花板）120
空調通風口
空調百葉窗：櫟木 縱深33
空調
空調防護罩：直木紋櫟木鑲板30t
空調通風口
450
339
30
21
35 75 150 100
考慮到坐起來的舒適度，地板採用較寬的櫟木材，透過「匙壓工法」來對表面進行加工。
櫃台桌周圍是可以坐在地上使用的書房區。
970
日式客廳部分的地板下方是可以從客廳這邊使用的抽屜式收納櫃。
尺寸75公分見方的小型坑式暖桌和僅2.1坪大的日式客廳很搭。不使用時，可以收進地板下方。
櫃台桌：直木紋櫟木鑲板30t 植物油
470
152.5
外框：純櫟木材30t 植物油
750
桌板：直木紋櫟木平面板 21t 聚氨酯樹脂亮光漆
止滑膠帶
暖桌的桌腳：櫟木 48×48 輕微倒角 植物油
外框：櫟木 45×60 植物油
櫟木地板（匙壓工法）21t 植物油
320
278
42
30
15
450
290
218
263
48
630
35
340
15
在椴木芯膠合板15t上貼上黑櫻桃木膠合板4t
胡桃木地板15t
295
抽屜式收納櫃：椴木芯膠合板 21t
供氣口
268
340
72
腳輪

日式客廳空間比客廳的地板高出34公分。地板採用摸起來和踩起來都很舒服的匙壓加工櫟木材。也能順利地融入客廳的西式裝潢中。

就是要席地而坐的日式客廳

對於日本人來說「脫鞋子」、「坐在地板上」的習慣已根深蒂固。不會將外面的髒汙帶進來的乾淨室內空間，最適合讓人坐在地板上放鬆。

在「元淺草之家」中，客廳的角落設置了日式客廳。雖然大小僅有2.1坪，但設置了可收納式的坑式暖桌與櫃台型書桌。在日式客廳內可以依照喜好坐或躺在地上，或是當成長椅。此處也成了全家人都很喜愛的空間。地板下方設置了很大的抽屜，可以確保充足的收納量。

「元淺草之家」66／110／134／148／154頁

透過兼用式設計來打造出清爽的大門

大門是住宅的門面。由於空間並不怎麼寬敞，所以要盡量將會呈現生活感的物品收起來，讓空間顯得清爽。要特別留意的一點為，設置陳設架與扶手等時，也要採用簡約的設計。若能將多種功能整合為一的話，就能打造出漂亮的結構。

「下高井戶之家」的玄關約為1.5坪大，與鞋櫃相鄰。玄關內只有窗戶和一個陳設架。其實，在脫鞋子時，這個簡約的架子也能當成扶手來使用。在物品很少的玄關內，能透過地窗來窺視的中庭綠意會很顯眼。

明明沒有東西，卻很方便的玄關

「下高井戶之家」
上：玄關周圍平面圖 [S=1：50]
下：同處的展開圖 [S=1：50]

正因為是小空間，所以窗戶的效果非常大。盡量減少除此之外的物品，使空間變得簡約。

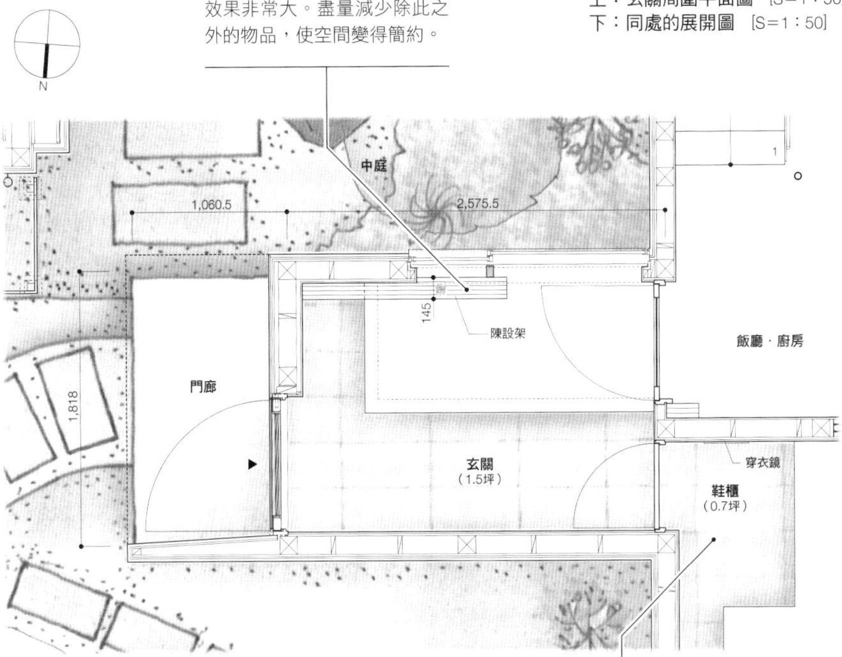
N
中庭
1,060.5
2,575.5
145
陳設架
飯廳・廚房
門廊
1,818
玄關
（1.5坪）
穿衣鏡
鞋櫃
（0.7坪）

鞋櫃內不僅能放鞋子，也能放清掃用具等物。

兼作扶手的陳設架。若採用過度突顯功能的設計的話，有限的空間就容易顯得更加狹小。

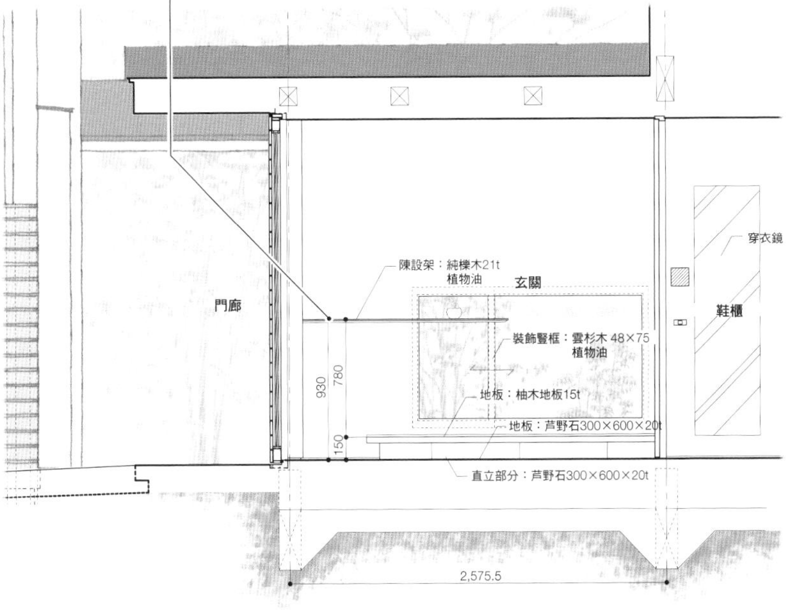
穿衣鏡
陳設架：純櫸木21t
植物油
玄關
門廊
鞋櫃
裝飾豎框：雲杉木 48×75
植物油
930
780
地板：柚木地板15t
地板：芦野石300×600×20t
150
直立部分：芦野石300×600×20t
2,575.5

將兼作扶手的陳設架與窗戶結合，可說是既方便又美觀的設計。

「下高井戶之家」74／84頁

小小的留白感能使生活更加豐富

在設計中，事先在住宅內留下留白感是很重要的。若有一面全新的牆，就能掛上畫作或照片，即使是有如空隙般的小空間，只要透過居民本身的巧思，像是擺放小東西來作為裝飾，就能使生活變得更加豐富。

在建築面積僅9坪的「縱露地之家」中，只要一進入玄關，就會立刻看到螺旋梯。事實上，正因為是空間不充裕的小住宅，留白感才能發揮作用。在室內中庭的牆壁上設置壁龕，並擺放小雕像與陶器，就能溫馨地迎接家人與來訪者。擺放在大窗戶前的小型觀葉植物不僅能在空間中營造出安穩感，還能在本身和位於其前方的行道樹的綠意之間呈現出縱深感。

從樹葉縫隙落下的陽光照在樓梯間內，家人能在此欣賞盆栽與隔著一道窗戶的綠意，以及小小的裝飾品。

只是讓牆壁凹進去，使用方式就會很自由

「縱露地之家」樓梯部分剖面圖 [S=1：20]

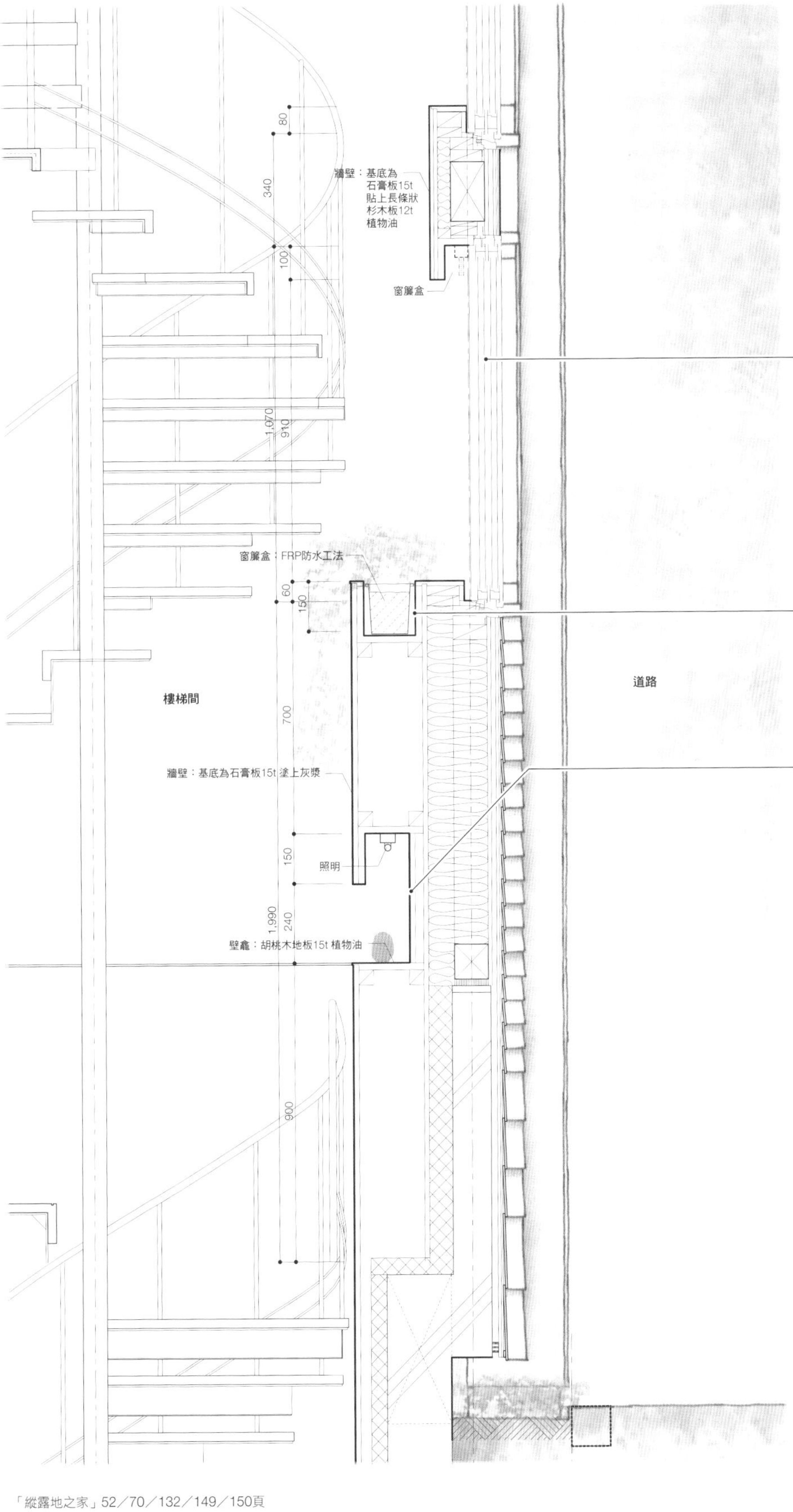
80
340
牆壁：基底為
石膏板15t
貼上長條狀
杉木板12t
植物油
100
窗簾盒
1,070
910
窗簾盒：FRP防水工法
60
150
樓梯間
道路
700
牆壁：基底為石膏板15t 塗上灰漿
150
照明
1,990
240
壁龕：胡桃木地板15t 植物油
900

縱向3層樓相連起來的大窗戶，能將三角槭帶進室內。在小住宅內打造開放的視野、寬敞感、季節感。

在窗前設置採用FRP防水工法的花盆盒。綠意會從室內持續延伸到室外。

在一部分的牆壁上設置長方形壁龕，嵌入照明設備。將製造時代與來歷都不同的小東西擺放在此處。裝飾也是享受生活樂趣的要素之一。

從樹葉縫隙落下的陽光照在室內中庭的灰漿牆上。在樓梯間內能夠盡情觀賞持續不斷變化的光影。

「縱露地之家」52／70／132／149／150頁

column

打造一個家　試著住看看

「羊腸小道之家」※的完工時間是距今3年前。我向屋主野田夫婦詢問了，在打造住宅中所感受到的辛苦、開始住進去後的感想等問題。

※刊載在10、34、94、109、133、146、156頁。

住宅概要

羊腸小道之家

構造規模　2層樓木造建築（168頁）
家庭成員　夫婦2人
設計期間　2013年11月～2014年7月
施工期間　2014年8月～2015年3月

這個家就像是一位很有魅力的人

「已經痛苦到快無法呼吸了。」

無論是誰，都有過這樣的心情。在那種情況下，會想要趕快回家。不過，還是先繞遠路去其他地方後，再回家吧！當腦中還在思考這件事時，就已經到家了。對了，在我家中也要「繞遠路」喔！從建地的入口必須稍微繞一下遠路才能抵達玄關。家中成了「羊腸小道」。無法以直線的方式，而是要以蜿蜒的方式才能朝玄關前進。雖然看似很棒的宅邸，但其實路程僅約10步左右。「進入建地後，要穿過一片綠意。在行走時，會從工作模式轉變為放鬆模式。」設計師幫我將設計前的個人夢想實現了，在打開玄關大門時，我已經完全放鬆了。感覺像是在作夢。

『搞不懂為何要刻意做成需要多走兩三步的彎路。』

在設計時感到訝異的妻子現在也會帶著笑容回家。

與家人一起在家中度過的假日。絕對不會有「一直在一起的話，會感到喘不過氣來」這種事。這是因為，我家中有很多小巧的「棲木」。不是很多，應該說到處都是才對。

客人也能放鬆地仰躺在起居室內。在那一瞬間，客人會看著天花板說出：「啊，這景色太棒了！」客人會常常找到連居民也不知道的新發現。這種考慮到各種角度構造的，應該只有專業的建築造型設計師才能辦到吧！

孩子們興奮地跑來跑去，大人們也聊到忘了時間。我覺得，設計師將此處當成對居民、鄰居、客人、路人、所有人都敞開的空間，並站在各種角度來設計出讓五感很舒適的構造。

從空中所看到的空拍機視點也很漂亮，這點確實印證了我剛才說的。如此一來，對鳥兒來說，也許我家會成為休息用的「棲木」。

由於我覺得我家與外部是間接相連的，所以假日也想要整天待在家中。不過，絕對不會成為懶散的假日。這也許是因為，我會不知不覺地感受到，貫穿空間且又合乎道理的哲學與尊嚴，並自然地認真起來。不強制他人接受價值觀的寬闊胸襟，以及適度的緊張感。在凜然的站姿中看到迷人的笑容，感覺像是個富有魅力的人。

條理分明，毫無破綻。沒有過失。在尊崇這種態度的現代，如果必須將「繞遠路」、「棲木」、「羊腸小道」視為沒有效率的話，人的內心平衡肯定會遭到破壞，並感到苦悶。

住了一年後，我突然發現一件事。原來「遊空間」是這個意思。我也想要活得像這個家一樣。

（丈夫）

用來擷取綠意的窗戶

LDK的窗戶上裝設了雪見障子（門會下上移動的日式拉門），藉此來擷取中庭的景色。

具有沉浸感的書房

高度降低了約2階的書房。也能將階梯當成長椅來使用。

就算一整天都待在家中也不會膩

來到這個家後，生活完全改變了。只要將防雨板打開，就能享受早上最先看到的寬敞庭院與照進客廳的光線，並趁著天色還黑時早起。插上幾根庭院的樹枝後，夫妻倆一起做早餐。在楓樹上喧鬧的是灰椋鳥嗎？今年的香橙樹會長出多少果實呢？能切身感受到季節變化的樂趣也會加入話題中。

無論是平日還是假日，待在家中的時間變得特別多是因為，不管待在家中的內外何處，都能感受到與大自然之間的整體感。因為有很多事想在家中做。想坐在樓梯上看書、想要用收成的加拿大唐棣果實來製作瑪芬麵包。打掃、整理、修整庭院等家中的維護工作也成為了樂趣之一。2樓的日式客廳最適合讓人在從小窗戶照進來的午後陽光中一邊感受令人依戀的假日，一邊看報紙。只要將拉門打開來，就會形成大空間，所以也很受來玩的孩子們的歡迎。浮現在暮色中的日式拉門燈光看起來有如方形紙罩座燈。直到現在，我每天還是會找到許多驚喜和新發現。

其中，在可以看到中庭的客廳內，與家人或朋友一起放鬆休息，是最棒的時光，所以我們變得幾乎不外食。牆邊的沙發、樓梯、廚房、2樓。無論位在何處，雪見障子所擷取到的鮮明青苔綠意都會宛如繪畫般地映入眼簾。當自己回過神時，才發現客人正在廚房內泡咖啡、幫忙善後工作，這種事也很常發生。1樓的書房具有沉浸感，也能搖身一變，化為休息處，讓人一邊聽著鋼琴聲，一邊坐在階梯上聊天。在結構稍有差異，但卻相連在一起的不同房間之間移動，就像是在散步。因此，就算一整天都待在家中，也不會膩。這個「大家的家」能夠編織出難以忘懷的回憶。

在委託高野先生進行設計時，丈夫沒有提出詳細要求，而是說「交給你處理吧」。一開始對其含意完全沒有頭緒的我，也一起討論「想要什麼樣的生活、理想的未來」，親自參與了超越想像的設計每天逐漸實現的過程，並感到相當驚訝。雖然高野先生絕對不算多話，但在逐一說明用語和設計的背景下，其實是很龐大的過程。在不知不覺中，比起說明要求，我們更想要知道設計中所蘊藏的意義，並拚命地發問。

我們家明明採用了嶄新的設計，卻有溫故知新的感覺。代代傳承的文化為現在的街道帶來新氣象，儘管如此，卻能感受到宛如從以前就存在於此處的懷念之情與安穩感，所以我感到很不可思議。最近，我感受到這個家也是家中的一員與街道的居民。（妻子）

眺望自己的家

將LDK的窗戶全部打開，隔著中庭眺望書房。

窗邊的長椅

書房的窗台具有深度，也能坐下來觀賞窗外景色。

「羊腸小道之家」的視角

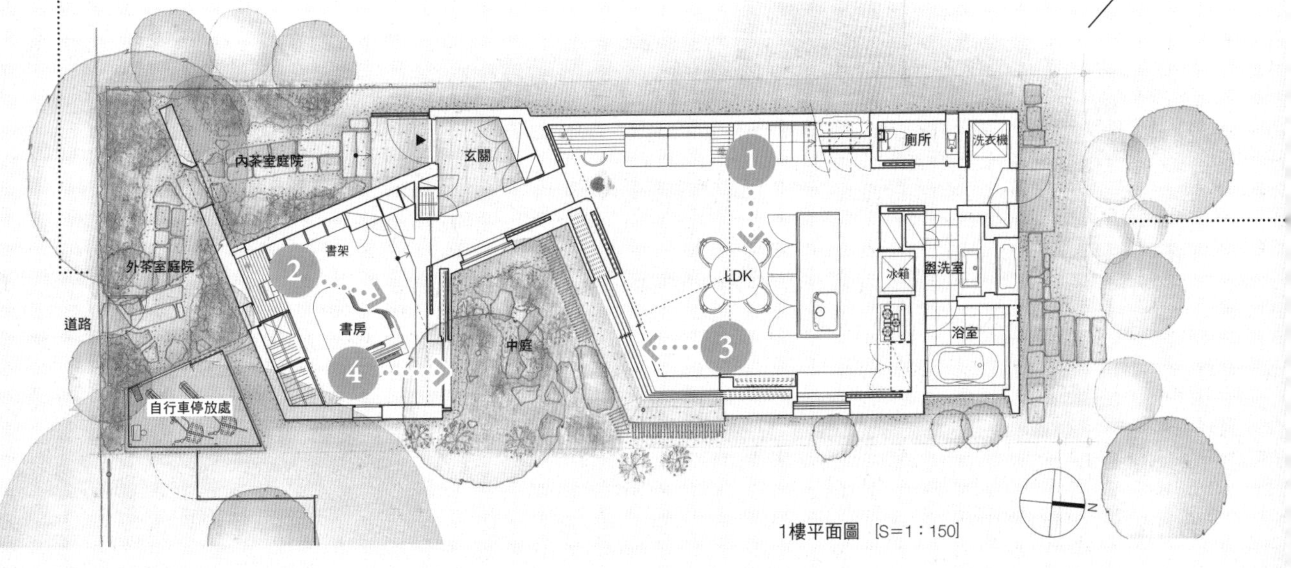

1樓平面圖 [S=1：150]

index

03｜宇都宮之家

規模：2層樓木造／建地：190.90m^2／
總樓地板面積：141.53m^2
施工：渡邊建工
構造：長坂設計工舍
造園：荻野壽也景觀設計
刊載頁：8、32、44、78、115、117、140、144、152

02｜內茶室庭院之家

規模：2層樓木造／建地：59.05m^2／
總樓地板面積：59.92m^2
施工：渡邊技建
構造：正木構造研究所
造園：青山造園
刊載頁：16、120

01｜稻毛之家

規模：2層樓木造／建地：137.95m^2／
總樓地板面積：94.69m^2
施工：中野工務店
構造：長坂設計工舍
造園：青山造園
刊載頁：50、141

06｜北千束之家

規模：2層樓木造／建地：189.73m^2／
總樓地板面積：138.66m^2
施工：渡邊技建
構造：山崎亨構造設計事務所
造園：佐伯造園
刊載頁：116

05｜上用賀之家

規模：2層樓木造／建地：197.01m^2／
總樓地板面積：99.51m^2
施工：渡邊技建
構造：正木構造研究所
造園：豐前屋庭石店
刊載頁：40、60

04｜神樂坂之家

規模：2層樓木造／建地：56.95m^2／
總樓地板面積：79.00m^2
施工：司建築計畫
構造：西村建築設計事務所
造園：佐伯造園
刊載頁：64

09 | 狛江之家

規模：2層樓木造／建地：195.20m^2／總樓地板面積：320.84m^2
施工：渡邊技建
構造：長坂設計工舍
造園：青山造園
刊載頁：62

08 | 御殿山之家

規模：2層樓木造／建地：133.14m^2／總樓地板面積：91.52m^2
施工：渡邊技建
構造：長坂設計工舍
造園：青山造園
刊載頁：72

07 | 經堂之家

規模：2層樓木造＋鋼筋混凝土／建地：100.00m^2／總樓地板面積：98.77m^2
施工：滝新
構造：長坂設計工舍
造園：青山造園
刊載頁：112

12 | 石神井町之家III

規模：2層樓木造／建地：122.02m^2／總樓地板面積：101.34m^2
施工：渡邊技建
構造：正木構造研究所
造園：青山造園
刊載頁：54

11 | 石神井町之家II

規模：2層樓木造／建地：105.31m^2／總樓地板面積：103.63m^2
施工：內田產業
構造：山崎亨構造設計事務所
造園：青山造園
刊載頁：18

10 | 下高井戶之家

規模：2層樓木造／建地：270.26m^2／總樓地板面積：112.09m^2
施工：內田產業
構造：長坂設計工舍
造園：青山造園
刊載頁：74、84、161

15 | 千駄木之家

規模：2層樓木造＋地下1層樓鋼筋混凝土／建地：100.34m²／總樓地板面積：123.69m²
施工：內田產業
構造：長坂設計工舍
造園：青山造園
刊載頁：14、22、48

14 | 淺間町的廂房

規模：2層樓木造／建地：412.74m²／總樓地板面積：75.28m²
施工：武田工務店
構造：長坂設計工舍
造園：——
刊載頁：96

13 | 成城之家

規模：2層樓木造／建地：235.74m²／總樓地板面積：163.52m²
施工：渡邊技建
構造：長坂設計工舍
造園：荻野壽也景觀設計
刊載頁：28、30、36、58

18 | 羊腸小道之家

規模：2層樓木造／建地：147.90m²／總樓地板面積：105.29m²
施工：渡邊技建
構造：正木構造研究所
造園：青山造園
刊載頁：10、34、94、106、133、146、156

17 | 包覆庭院之家

規模：2層樓木造／建地：100.85m²／總樓地板面積：106.28m²
施工：渡邊技建
構造：正木構造研究所
造園：荻野壽也景觀設計
刊載頁：38、122、142

16 | 縱露地之家

規模：3層樓木造＋地下1層樓鋼筋混凝土／建地：44.12m²／總樓地板面積：89.66m²
施工：內田產業
構造：正木構造研究所
造園：青山造園
刊載頁：52、70、132、149、150、162

21 ｜ 東村山之家

規模：2層樓木造／建地：277.87m^2／
總樓地板面積：111.04m^2
施工：內田產業
構造：長坂設計工舍
造園：青山造園
刊載頁：104、114

20 ｜ 西大口之家

規模：2層樓木造／建地：206.46m^2／
總樓地板面積：104.94m^2
施工：石和建設
構造：長坂設計工舍
造園：青山造園
刊載頁：68、93

19 ｜ 常盤之家

規模：2層樓木造／建地：79.71m^2／
總樓地板面積：83.78m^2
施工：內田產業
構造：長坂設計工舍
造園：青山造園
刊載頁：20、86、102、130、158

24 ｜ 府中之家

規模：2層樓木造／建地：121.04m^2／
總樓地板面積：108.80m^2
施工：內田產業
構造：長坂設計工舍
造園：青山造園
刊載頁：56、98

23 ｜ 二子玉川之家

規模：2層樓木造／建地：115.03m^2／
總樓地板面積：79.80m^2
施工：大同工業
構造：正木構造研究所
造園：青山造園
刊載頁：80、90

22 ｜ 光邊之家

規模：2層樓木造／建地：139.96m^2／
總樓地板面積：83.43m^2
施工：中野工務店
構造：正木構造研究所
造園：青山造園
刊載頁：12、24、46、92、128、155

27 | one-story house

規模：1層樓木造／建地：500.00m²／
總樓地板面積：163.05m²
施工：上村建設
構造：正木構造研究所
造園：青山造園
刊載頁：36、126

26 | 元淺草之家

規模：3層樓鋼筋混凝土／建地：122.59m²／
總樓地板面積：235.87m²
施工：monolith秀建
構造：正木構造研究所
造園：荻野壽也景觀設計
刊載頁：66、110、134、148、154、160

25 | 妙蓮寺之家

規模：2層樓木造／建地：183.50m²／
總樓地板面積：114.77m²
施工：石和建設
構造：正木構造研究所
造園：青山造園
刊載頁：100

29 | Trapéze

規模：3層樓鋼筋混凝土／建地：147.90m²／
總樓地板面積：259.23m²
施工：豊昇
構造：正木構造研究所
造園：荻野壽也景觀設計
刊載頁：26

28 | Terrace & House

規模：2層樓木造／建地：860.45m²／
總樓地板面積：266.33m²
施工：渡邊技建
構造：長坂設計工舍
造園：青山造園
刊載頁：82、88、108、124

圖爾庫的復活禮拜堂（芬蘭）／艾瑞克・布雷曼（Erik Bryggman）

credit

照片

雨宮秀也	P16下、17（166上中）
石井雅義	P64（166下右）
石曽根昭仁	P68左上、93下、106左
岡村亨則	P2下（44上）、8、9、33、74右（167下右）・左、79、84下、96、97、98、99、115、117、140、144上、145、152、157右・左上・左下、161、166上左、168上中、169下左
冨田治	P18上（167下中）・下、19、120右・左
鳥村鋼一	P2上（28）、4（108上）、5（136下）、14（168上左）、23下右・下左、27上・下右・下左、28、30上・下、36上・下、38、40上・下左、48上・下、54、55、58下、60、61、72上・下、77、80上・下、82、83右・左、88上・下、89、90、91（169下中）、104上・下、108下、112右・左（167上右）、114、122右・左、123、124上・下、126、127、136上、142右・左、163、166下中、167上中・下左、168上右・下中、169上左、170上左・下右・下左、カバー
西川公朗	P7、10、13、20右上・左（169上右）、24、25、35下、46右・左、51上・下右・下左、52右・左、66、67、70、86、87、100上・下、101、102、103、106右、110右・左、128、129右・左、130、131、132右、133、134、135、139、141、148上・下、150、154、155、158、159上・下、160、162、164右・左、165上・下、166上右、168下右、170上右・上中
畑拓	P168下左
平井広行	P116、166下左
目黒伸宣	P44下右・下左、78、144、153
Flavio Gallozzi	P43、175

※クレジット記載のないものはすべて遊空間設計室による撮影

後記

間隙、空隙與日本之美

達文西（1452～1519）的『維特魯威人體圖』是非常知名的畫作，是根據古代羅馬建築家維特魯威（BC80／70左右～BC15之後）的著作『建築論』當中的敘述所繪製而成。據說，「成年男性的手腳剛好與正圓形以及正方形內切」的這張圖是用來表示「比例準則（Canon of Proportions）」。不限於這張畫，人們也經常將「理想」的比例準則和人體的比例等黃金比例放在一起討論。

另一方面，在日本，自古以來人們就會使用許多固定比例，像是摺紙的正方形為1比1、榻榻米為1比2，在建築、工藝、繪畫的領域，則有三五比例（3比5）、五八比例（5比8）。三五比例為1比1.666，五八比例為1比1.6，可以得知，這些都很接近黃金比例（1比1.618）。話雖如此，我認為維持這種微妙的差距（間隙），不讓基準只有一種，應該算是日本人的獨特之處吧！我認為，比起「美只存在於黃金比例中」，「讓空間帶有間隙與空隙，正因為位於其近處，才能找到其身邊的美」這種觀點，以及在某種範圍中能夠自在變化的事物，才是日本人對於美的定義。

達文西所追求的「理想」，也就是神一般的完美人體，是非常少見的。即使去想像一個人出生時的可愛模樣，和成年後的模樣、年老後的模樣，也全都不同。此道理在建築中也一樣。在個體差異、地區差異、屋齡等各種因素的影響下，幾乎都不符合理想的尺寸比例。稍微有點偏移，或是稍微有點歪斜、缺口、空隙，比較能夠讓人感受到生命的美與魅力，不知為何，總覺得內心深深地受到吸引。

在理論與情感之間

從聚集在樹葉堆中的混雜落葉當中，也能找出美。這種日本人的獨特美感也是一種高水準的玩心。據說，日本人之所以會將「看似沒有秩序，但卻很協調的情況」視為美，是自出於「情感」。就像是，在枯山水中感受到水的存在，在長谷川等伯的松林圖的留白中感受到光線……。

不過，近年來，人們仍持續認為「美、任意性、感覺、體驗」等要透過身體感覺來計算的事物是情感方面的表現，不給予認同（無法評價）。在建築設計的領域也一樣，設計規劃與合乎邏輯的設計手法具備壓倒性的說服力。不過，作為另一項設計主軸，「情感」、「觸覺性」、「生物性」等日常感覺當然也是無法去除的重要元素。我會基於「不是從理論和情感中做選擇，而是認為兩者都很重要」的理念，一邊反覆嘗試，一邊進行設計工作。本書中所刊載的29個住宅實例都是透過這種想法來打造的住宅。雖然我本身也還在學習中，但如果住宅設計初學者，或是今後想要興建住宅的人，能獲得某些啟示的話，那就太好了。

在本書中，會透過一整頁的插圖來呈現。這是因為，我想一邊讓文字、照片互相補充，一邊描繪出住宅的豐富度與舒適度。舉例來說，雖然外部結構與造園一般會被畫在1樓配置平面圖中，但在本書中，若有可以從2樓、3樓看到樹木的話，即使不是地上樓層，也會在該樓層的平面圖中確實地將綠意畫出來。在剖面圖與詳細圖中，之所以會同樣地出現綠意、人、生活情況，也都是源自這種想法。

最後，我要向讓我有機會製作本書的X-Knowledge的三輪浩之、擔任編輯的野上廣美、設計師米倉英弘、伊藤寬、負責DTP的竹下隆雄、以住戶的身份提供評論的野田夫妻、答應讓自宅成為本書實例的各家庭的成員們，以及為了製作本書，一邊處理一般設計業務，一邊幫我畫設計圖和插圖的現任工作人員金山貴文、小林敏、金兵祐太、從事住宅設計與興建的相關工作者、協助過我的所有人、我的家人們表達感謝，謝謝你們。

2018年4月 高野保光

高野保光

Yasumitsu Takano

1956年出生於栃木縣。1979年畢業於日本大學生產工學學院建築工學系後，在同學院擔任教學助理，84年成為同學系的助手。91年成立以「住宅設計・監工」為主的一級建築師事務所「遊空間設計室」。之後，透過兼具住宅舒適度與高水準的建築設計，不僅只於業界獲得很高的評價。日本大學生產工學學院建築工學系兼任講師。NPO法人「房屋建造協會」設計會員。

主要得獎經歷包含了「新製作協會空間設計部門」新設計師獎（1983年、86年）、「FOREST MORE木之國日本住宅設計競賽」最優秀獎（2003年）、「『街道住宅』100選」日本建築師協會聯盟會長獎（2004年）等。

主要著作為 高野保光的住宅設計（X-Knowledge出版）、 最棒的外部結構的設計方法（合著，X-Knowledge出版）。

代表 ——— 高野保光
staff ——— 金山貴文
小林 敏
金兵祐太

〒167-0022
東京都杉並区下井草1-23-7

Tel 03-3301-7205
Fax 03-3301-7265
URL http://www.u-kuukan.jp
Mail info@u-kuukan.jp

TITLE

高野保光的優美住宅設計

STAFF

出版　瑞昇文化事業股份有限公司
作者　高野保光　遊空間設計室
譯者　李明穎
監譯　大放譯彩翻譯社

總編輯　郭湘齡
責任編輯　蕭妤秦
文字編輯　徐承義　張聿雯
美術編輯　許菩真
排版　菩薩蠻數位文化有限公司
製版　明宏彩色照相製版有限公司
印刷　龍岡數位文化股份有限公司

法律顧問　立勤國際法律事務所　黃沛聲律師

戶名　瑞昇文化事業股份有限公司
劃撥帳號　19598343
地址　新北市中和區景平路464巷2弄1-4號
電話　(02)2945-3191
傳真　(02)2945-3190
網址　www.rising-books.com.tw
Mail　deepblue@rising-books.com.tw

初版日期　2020年9月
定價　900元

ORIGINAL JAPANESE EDITION STAFF

デザイン　細山田デザイン事務所（米倉英弘、伊藤 寛）
組版　TKクリエイト（竹下隆雄）

國家圖書館出版品預行編目資料

高野保光的優美住宅設計 / 高野保光作
; 李明穎譯. -- 初版. -- 新北市：瑞昇文
化, 2020.09
176面；21 X 25.7公分
ISBN 978-986-401-437-8(平裝)

1.房屋建築 2.室內設計 3.空間設計

441.58　109012032